机器人视觉技术及应用

主　编　赖周艺
副主编　郭　婷　周彦兵　肖琴琴　雷旭昌
参　编　陈三风　顾　礼　李　欣
何　懂　夏雨晴　张晓莉

重庆大学出版社

内容提要

本书以机器人视觉应用综合职业能力为导向，以工作过程为主线构建了5个项目，主要内容包括LabVIEW机器视觉开发软件环境的搭建与硬件安装调试、机器人静态单颜色识别与分拣、机器人静态多颜色识别与分拣、机器人静态综合识别与分拣、机器人随动识别与分拣。任务设计从易到难、循序渐进，旨在有效培养职教学生职业行动能力。

本书既可作为职业院校工业机器人技术、智能控制技术、电气自动化技术等相关专业的教材，也可作为相关工程技术人员的参考用书。

图书在版编目（CIP）数据

机器人视觉技术及应用 / 赖周艺主编. -- 重庆：重庆大学出版社，2022.11

ISBN 978-7-5689-3634-7

Ⅰ. ①机… Ⅱ. ①赖… Ⅲ. ①工业机器人－计算机视觉－高等职业教育－教材 Ⅳ. ①TP242.2

中国版本图书馆 CIP 数据核字（2022）第228251号

机器人视觉技术及应用

JIQIREN SHIJUE JISHU JI YINGYONG

主　编　赖周艺

副主编　郭　婷　周彦兵　肖琴琴　雷旭昌

参　编　陈三风　顾　礼　李　欣

何　懂　夏雨晴　张晓莉

策划编辑：鲁　黎

责任编辑：鲁　黎　　版式设计：鲁　黎

责任校对：邹　忌　　责任印制：张　策

*

重庆大学出版社出版发行

出版人：饶帮华

社址：重庆市沙坪坝区大学城西路21号

邮编：401331

电话：（023）88617190　88617185（中小学）

传真：（023）88617186　88617166

网址：http://www.cqup.com.cn

邮箱：fxk@cqup.com.cn（营销中心）

全国新华书店经销

重庆市国丰印务有限责任公司印刷

*

开本：787mm×1092mm　1/16　印张：16　字数：420千

2022年11月第1版　2022年11月第1次印刷

印数：1—2 000

ISBN 978-7-5689-3634-7　定价：48.00元

前　言

随着机器视觉技术的快速发展，机器视觉与机器人的集成越来越广泛，并不断在PCB、SMT、半导体、太阳能、LCD、印刷、表面检测、制药包装、汽车等行业推广应用。为了满足行业对机器人视觉应用技术技能人才的需求，贯彻落实党的二十大精神，推动制造业高质量发展，本书从机器视觉开发平台入手，结合工业机器人实体工作站情况，基于可视化视觉平台原理、函数、配置、调试、编程和应用完整流程，采用循序渐进的实例模式，培养职教学生机器人视觉应用的职业行动能力和综合职业能力。

本书以机器人视觉应用典型工作任务分析为逻辑起点、以工作过程为主线构建教学内容。全书包括5个项目。项目1介绍了LabVIEW机器视觉开发软件环境的搭建与硬件安装调试。项目2为工业机器人在静态单颜色识别与分拣上的机器视觉应用实例，通过机器视觉图像采集、机器视觉工件识别、机器视觉数据通信等设置，实现工业机器人视觉对单颜色工件判断编程的应用。项目3为工业机器人在静态多颜色识别与分拣上的机器视觉应用实例，通过机器视觉多颜色工件分辨和分拣设置，实现工业机器人视觉对多颜色工件分拣编程的应用。项目4为工业机器人在静态综合识别与分拣的机器视觉应用实例，通过机器视觉多颜色、多形状工件分辨和分拣组合设置，实现工业机器人视觉对不同颜色与形状识别分拣的应用。项目5为工业机器人在随动识别与分拣上的机器视觉应用实例，通过在机器人系统工程中开发物体追踪功能和视觉程序设置，实现工业机器人视觉在动态工件追踪分拣编程中的应用。

本书有机融入工程思维、劳动精神和创新意识，采用活页式新形态呈现方式，配套开发了丰富的教学资源，建立了动态化、立体化的教学资源体系，充分满足了线上线下混合式教学的要求，还为教学实施“按需重组”以及更新课程内容提供了便捷条件。

本书由深圳信息职业技术学院赖周艺担任主编，深圳信息职业技术学院郭婷、深圳信息职业技术学院周彦兵以及深圳市华兴鼎盛科技有限公司肖琴琴、深圳市华兴鼎盛科技有限公司雷旭昌担任副主编。具体编写分工如下：郭婷（任务 1）、周彦兵（任务 2）、赖周艺（任务 3）、肖琴琴（任务 4）和雷旭昌（任务 5）。全书由赖周艺统稿。

在本书编写过程中，深圳信息职业技术学院的陈三风、顾礼、李欣、何懂、张晓莉和深圳市华兴鼎盛科技有限公司的夏雨晴等给予了大量指导和帮助，同时也参阅了多种相关文献资料，在此表示衷心的感谢。希望本书能起到抛砖引玉的作用，为广大读者打开思路，并在实际运用上实现举一反三、融会贯通。

限于编写水平，本书定有不妥之处，恳请读者批评指正。

编　者

2022 年 5 月

目　录

项目 1　机器人机器视觉系统建立

某工厂购置了若干套机器视觉设备，为了能尽快投入生产，现需安装 LabVIEW 视觉软件，并了解机器视觉硬件各个部分的型号、参数及调试方法。

任务 1.1　机器视觉软件介绍与安装

关键词	机器视觉系统功能	机器视觉软件介绍
	机器视觉系统构成	机器视觉软件安装

【任务描述】

本任务讲解 LabVIEW 机器视觉开发环境软件的组成，使学生了解机器视觉开发环境软件各个部分的作用和功能，为这些软件的应用打下基础。其中，重点讲解了 .Net Framework、LabVIEW、VAS 及 Vision 4 个软件的安装方法，帮助学生熟练掌握这 4 个软件的安装过程和安装步骤，能够独立安装机器视觉软件。

【任务目标】

1. 知识目标

（1）了解机器视觉系统的作用。

（2）了解机器视觉系统在工业生产中可实现的功能类别。

（3）了解本项目学习的机器视觉系统的功能。

（4）了解机器视觉的组成。

（5）了解 LabVIEW 开发环境的优缺点。

2. 能力目标

（1）熟知 LabVIEW 机器视觉开发环境软件的组成。

（2）熟知 LabVIEW 机器视觉开发环境软件各部分的功能。

（3）熟知 LabVIEW 机器视觉开发环境软件的安装过程和安装步骤。

3. 素质目标

（1）能主动学习，在完成任务的过程中发现问题、分析问题和解决问题。

（2）能主动与小组成员协商、交流、配合完成任务。

（3）严格遵守安全规范。

随堂记录

课程思政

熟练掌握一个软件，需要不断学习，我能坚持下去吗？

想一想

Q：机器视觉系统的作用有哪些？它在工业生产中可实现哪些功能？

随堂记录

（4）勇于奋斗、乐观向上，具有自我管理能力，有较强的集体意识和团队合作精神。

【相关知识】

1.1.1　机器视觉系统的功能

机器视觉系统是用于自动检验、工件加工和装配自动化以及生产过程控制和监视的图像识别机器及软件系统。机器视觉系统的图像识别过程是按任务需要从原始图像数据中提取有关信息，描述图像内容，以便对图像的某些内容加以解释和判断。

机器视觉系统可广泛应用于种类繁多的生产任务，比如工业生产中的目标定位、定向和识别；缺陷检查（如金属元件的裂痕）；分拣（如从果壳中挑果仁）；分级（如计算肉的肥瘦率）；测定瓶或罐内的液面；在线测量食品、布料或机加工件的尺寸；检验组装的正确性；检验食物、化妆品、药品的污染；检测化学物质的泄漏；仪表校准；工具磨损检测以及产品包装检验等。

机器视觉系统按被测景物的特点和复杂性以及所处理的特定任务大致可分为自动检验、部件加工和装配、生产过程控制三类。

本任务讲解与工业机器人协作的机器视觉系统，主要能实现以下几种功能：

1）形状识别

识别工件的外形，便于工业机器人分拣操作时对不同外形的工件，进行不同的分拣操作处理。

2）颜色识别

识别工件的颜色，便于工业机器人分拣操作时对不同颜色的工件，进行不同的分拣操作处理。

3）位置识别

识别出工件中心点在参考坐标系下的 X 轴和 Y 轴坐标，便于工业机器人抓取操作时的工具定位。

4）角度识别

识别工件相对于工件模板偏移的夹角，便于工业机器人抓取操作时调整工具方向。

5）长度测量

识别方形工件的长度或者圆心工件的直径，便于工业机器人对尺寸不合格的工件进行不同的分拣操作处理。

Q：机器视觉系统硬件的构成有哪些？

6）字符图形码识别

识别机器打印的英文字母和数字组成的工件序列号，或者喷涂打印在产品上的条形码或者二维码，便于产品在整个生命周期内被快速识别记录产品唯一序号，借以实现产品的追踪追溯。

随堂记录

1.1.2　机器视觉系统的构成

机器视觉系统由硬件和软件两大部分组成。其硬件主要由工业相机、镜头和可调光源以及运行软件的处理器（电脑）4 部分组成。软件由相机驱动软件、界面软件、图像处理软件以及辅助软件等组成。

本任务中的软件采用 NI 公司的机器视觉开发平台软件，其界面软件采用 LabVIEW 软件，图像采集软件为 Measurement Automation Explorer（NI MAX）软件，图像处理软件为 Vision Assistant 软件和 Vision 视觉识别软件包。

NI 公司的机器视觉开发平台具有以下特点：

1）优点

LabVIEW 平台入门相对简单；开发速度快。

2）缺点

LabVIEW 平台下的算法的效率不够；算法的准确性与稳定性依赖于更好的图像素质，与其他算法还是有一定差距的。

采用 NI 公司的机器视觉开发平台，适合于效率要求不太高，图像质量相对较好，且要求交货周期比较短的项目。

Q：LabVIEW 机器视觉开发环境软件各部分的功能有哪些？

练一练

1.1.3　机器视觉软件介绍

运行 NI 机器视觉开发平台，需要安装以下 4 个软件：

1）.Net Framework

.NET Framework 是微软公司基于 Windows 平台用来快速开发、部署网站服务及应用程序的一个开发平台。许多 Windows 应用软件基于该平台而开发，在使用时必须首先安装该平台。

2）LabVIEW

LabVIEW 是一种程序开发环境，由美国 NI 公司研制开发，类似于 C 和 BASIC 开发环境，但是 LabVIEW 与其他计算机语言的显著区别是：其他计算机语言都是采用基于文本的语言产生代码，而 LabVIEW 使用的是图形化编辑语言 G 编写程序，产生的程序是框图的形式。

LabVIEW 软件是 NI 设计平台的核心，也是开发测量或控制系统的理想选择。 LabVIEW 开发环境集成了工程师和科学家快速构建各种应用所需的所有工具，旨在帮助工程师和科学家解决问题、提高生产力并不断创新。

3）VAS 视觉采集软件

视觉采集软件（VISION Acquisition Software，简称 VAS）是一组驱动程序和实用程序，用于采集、显示和保存各种摄像机类型的图像，包括使用 GigE Vision、IEEE 1394（FireWire）、USB 2.0、USB 3.0 的摄像机 Vision 或 Camera Link 标准。

4）Vision 视觉开发模块

视觉开发模块（Vision Development Module，简称 VDM）为 LabVIEW，C / C++，Visual Basic 和 .NET 环境提供机器视觉和图像处理功能。

随堂记录

小提示
在安装.Net Framework过程中，如果提示已经安装，可以跳过此步。

【任务演练】

1）任务分组

学生任务分配表

<table>
<tr><td>班级</td><td></td><td>组号</td><td></td><td>指导老师</td><td></td></tr>
<tr><td>组长</td><td></td><td>学号</td><td colspan="3"></td></tr>
<tr><td rowspan="4">组员</td><td>姓名</td><td>学号</td><td>姓名</td><td colspan="2">学号</td></tr>
<tr><td></td><td></td><td></td><td colspan="2"></td></tr>
<tr><td></td><td></td><td></td><td colspan="2"></td></tr>
<tr><td></td><td></td><td></td><td colspan="2"></td></tr>
<tr><td colspan="6">任务分工</td></tr>
<tr><td colspan="6"></td></tr>
</table>

2）任务准备

①准备电脑。
②准备机器视觉软件安装包。

3）实施步骤

（1）解压安装包

打开安装包前，需解压安装包，见表1.1.1。

表1.1.1 解压安装包

序号	操作说明	效果图
1	使用解压工具将4个软件的安装包解压到电脑本地硬盘	0.NET 1.labview2014 2.VAS_2016_09 3.VISION_2016

（2）安装.Net Framework

安装.Net Framework，见表1.1.2。

表1.1.2 安装.Net Framework

序号	操作说明	效果图
1	双击“0.NET文件夹”	0.NET 1.labview2014 2.VAS_2016_09 3.VISION_2016

续表

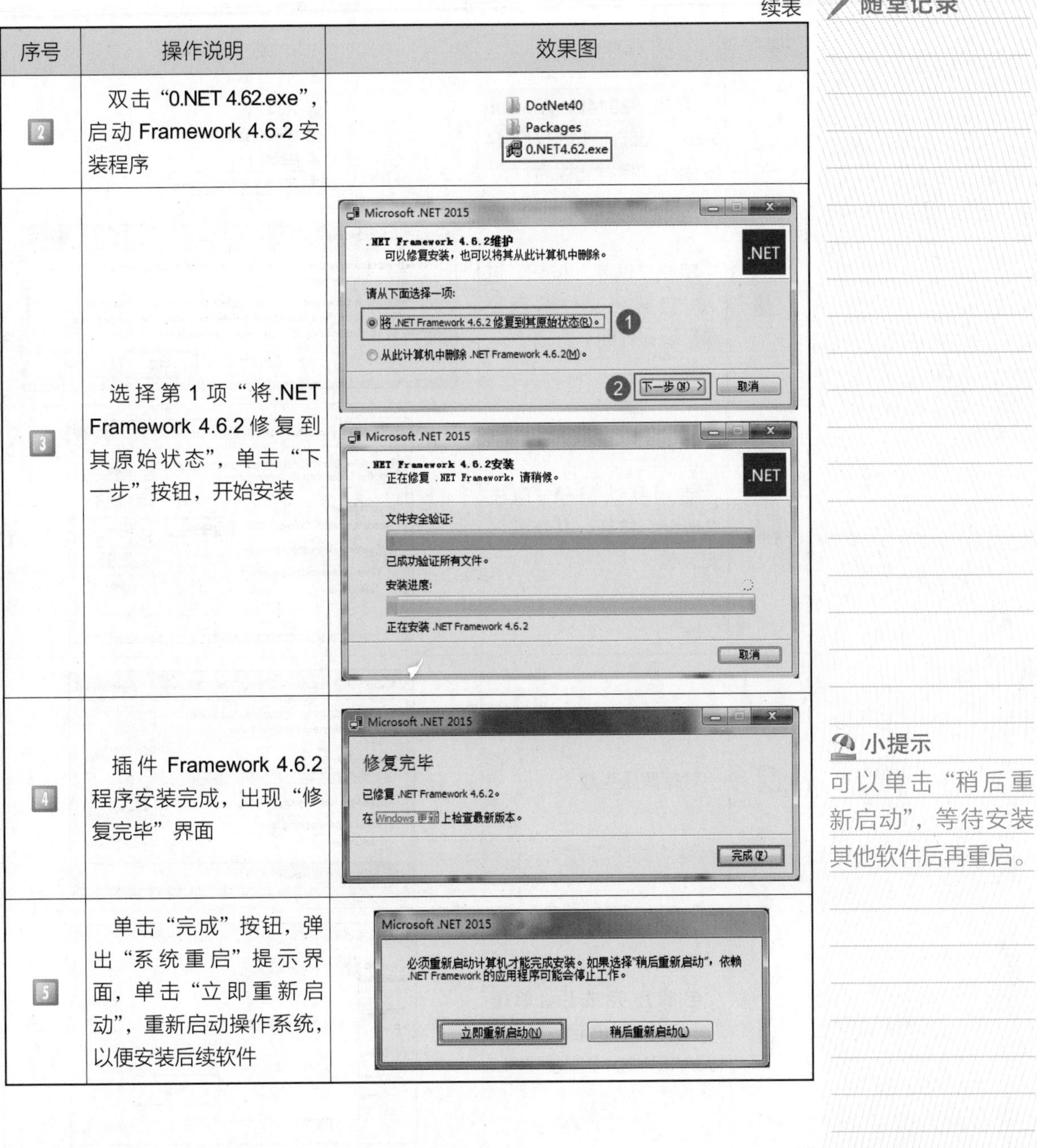

序号	操作说明	效果图
2	双击“0.NET 4.62.exe”，启动 Framework 4.6.2 安装程序	DotNet40 Packages 0.NET4.62.exe
3	选择第 1 项“将.NET Framework 4.6.2 修复到其原始状态”，单击“下一步”按钮，开始安装	Microsoft .NET 2015 .NET Framework 4.6.2维护 可以修复安装，也可以将其从此计算机中删除。 请从下面选择一项: 将 .NET Framework 4.6.2 修复到其原始状态(R)。 ① 从此计算机中删除 .NET Framework 4.6.2(M)。 ② 下一步(N) > 取消 Microsoft .NET 2015 .NET Framework 4.6.2安装 正在修复 .NET Framework，请稍候。 文件安全验证: 已成功验证所有文件。 安装进度: 正在安装 .NET Framework 4.6.2 取消
4	插件 Framework 4.6.2 程序安装完成，出现“修复完毕”界面	Microsoft .NET 2015 修复完毕 已修复 .NET Framework 4.6.2。 在 Windows 更新 上检查最新版本。 完成(F)
5	单击“完成”按钮，弹出“系统重启”提示界面，单击“立即重新启动”，重新启动操作系统，以便安装后续软件	Microsoft .NET 2015 必须重新启动计算机才能完成安装。如果选择“稍后重新启动”，依赖 .NET Framework 的应用程序可能会停止工作。 立即重新启动(N)　稍后重新启动(L)

随堂记录

小提示

可以单击“稍后重新启动”，等待安装其他软件后再重启。

（3）安装 LabVIEW

安装 LabVIEW，见表 1.1.3。

表 1.1.3　安装 LabVIEW

序号	操作说明	效果图
1	单击进入“1.labview 2014”文件夹	0.NET 1.labview2014 2.VAS_2016_09 3.VISION_2016

随堂记录

续表

序号	操作说明	效果图
2	单击“2014LV-WinChn.exe”，启动 LabVIEW2014 安装包的自解压程序	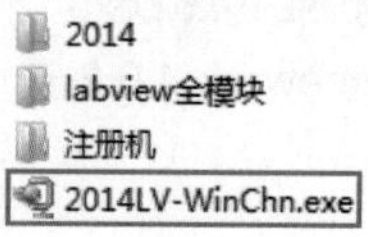 2014 labview全模块 注册机 2014LV-WinChn.exe
3	单击“确定”按钮，进入“自解压文件解压目录”设置界面	 LabVIEW 2014 (Chinese) This self-extracting archive will create an installation image on your hard drive and launch the installation. After installation completes, you may delete the installation image to recover disk space. You should not delete the installation image if you wish to be able to modify or repair the installation in the future. 确定 取消
4	使用默认目录，单击“Unzip”按钮，开始解压安装包	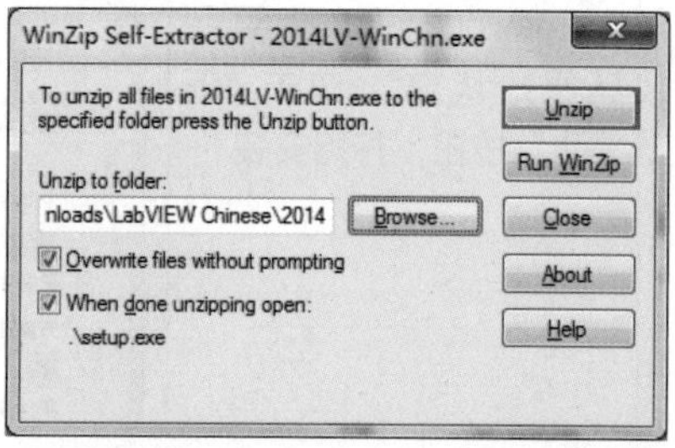 WinZip Self-Extractor - 2014LV-WinChn.exe To unzip all files in 2014LV-WinChn.exe to the specified folder press the Unzip button. Unzip to folder: nloads\LabVIEW Chinese\2014 Browse... Overwrite files without prompting When done unzipping open: .\setup.exe Unzip Run WinZip Close About Help
5	等待解压完成	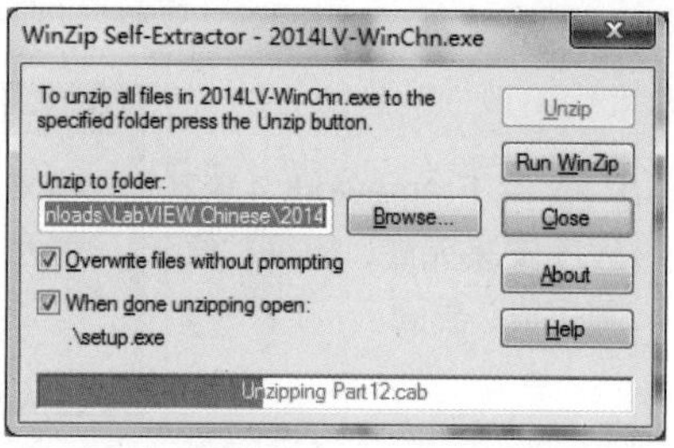 WinZip Self-Extractor - 2014LV-WinChn.exe To unzip all files in 2014LV-WinChn.exe to the specified folder press the Unzip button. Unzip to folder: nloads\LabVIEW Chinese\2014 Browse... Overwrite files without prompting When done unzipping open: .\setup.exe Unzip Run WinZip Close About Help Unzipping Part12.cab
6	自解压完成后，单击“确定”，系统自动启动 LabVIEW2014 安装程序	 WinZip Self-Extractor - 2014LV-WinChn.exe WinZip Self-Extractor 962 file(s) unzipped successfully 确定
7	单击“下一步”按钮，进入“用户信息”输入界面	 LabVIEW 2014 ni.com/labview NATIONAL INSTRUMENTS LabVIEW 2014 National Instruments Corporation是Microsoft Silverlight的授权分销商。 © 1986–2014 National Instruments. 版权所有. NATIONAL INSTRUMENTS <<上一步(B) 下一步(N)>> 取消(C)

续表

序号	操作说明	效果图
8	再单击“下一步”按钮，进入“序列号”输入界面	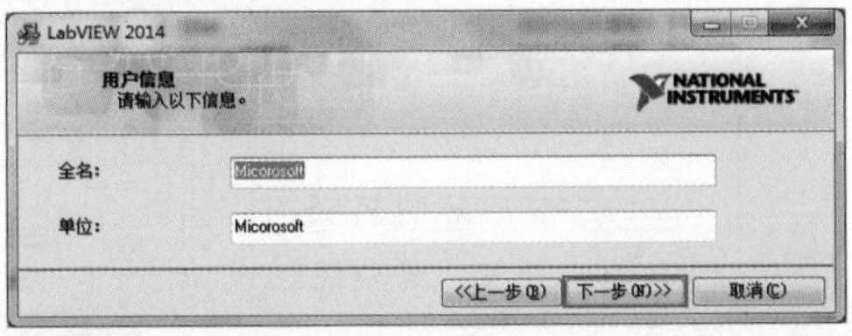
9	再单击“下一步”按钮，进入“主安装文件夹”选择界面 注：如果C盘的空间不够，两个安装位置请自定义安装，最好不要安装在C盘上	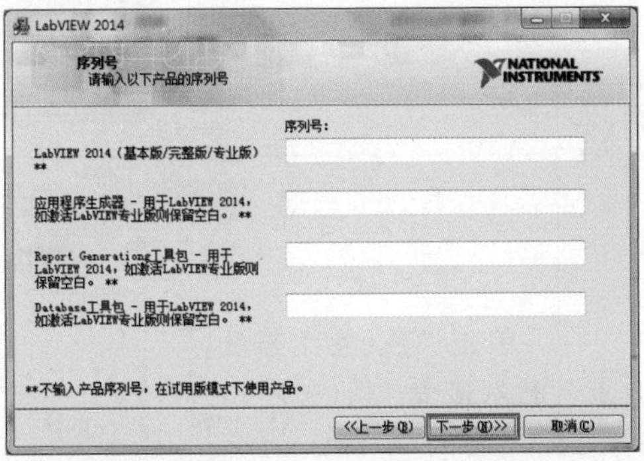
10	单击“下一步”按钮，进入“安装组件”选择界面 建议选择“所有组件”进行安装	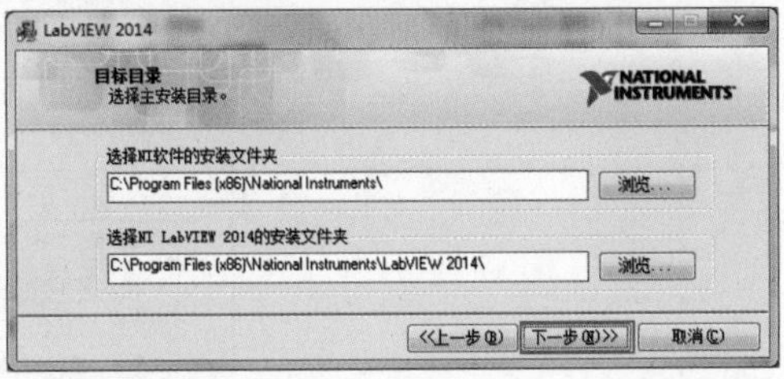
11	单击“下一步”按钮，进入“产品安装注意事项”界面	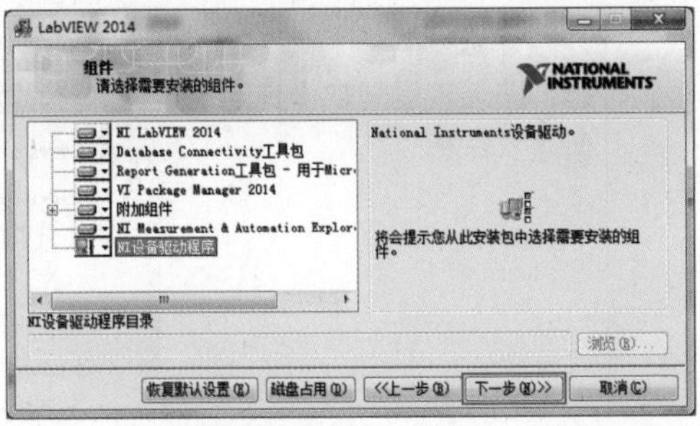
12	单击“下一步”按钮，进入“安装产品联系通知服务器”进度界面	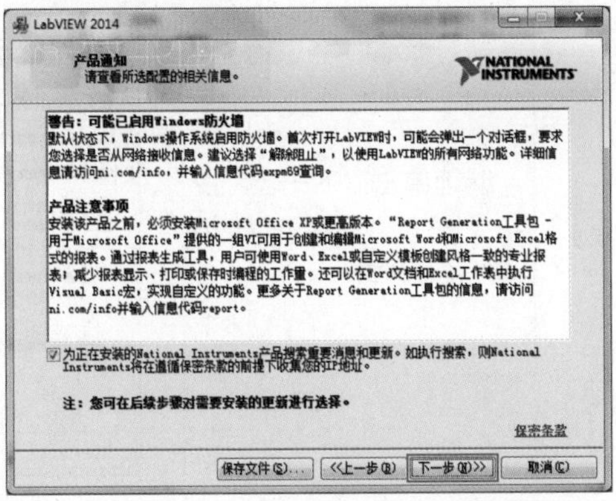

随堂记录

小提示

直接单击“下一步”，暂时不输入LabVIEW2014序列号。

小提示

默认组件一般不更改，用户也可以根据自身的需要选择安装。

随堂记录

续表

序号	操作说明	效果图
13	连接安装产品联系通知服务器，进入“系统最新通知”显示界面	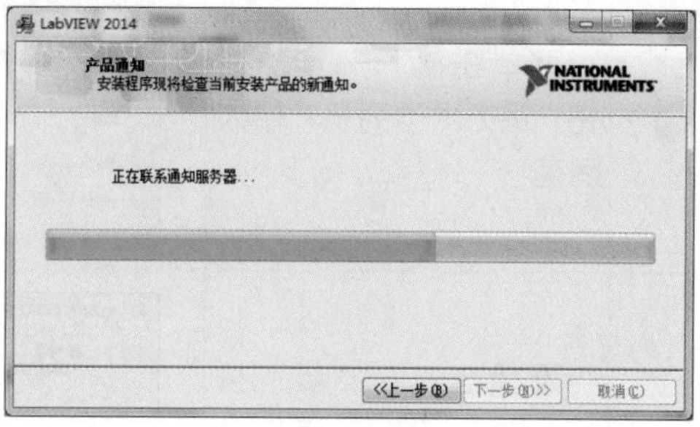 LabVIEW 2014 产品通知 安装程序现将检查当前安装产品的新通知。 NATIONAL INSTRUMENTS 正在联系通知服务器… <<上一步(B) 下一步(N)>> 取消(C)
14	单击“下一步”按钮，进入接受“软件许可协议”界面	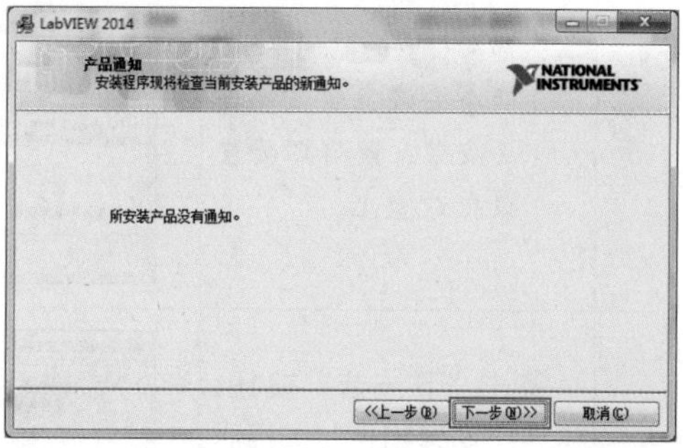 LabVIEW 2014 产品通知 安装程序现将检查当前安装产品的新通知。 NATIONAL INSTRUMENTS 所安装产品没有通知。 <<上一步(B) 下一步(N)>> 取消(C)
15	再单击“下一步”按钮，进入接受“软件许可条款”界面	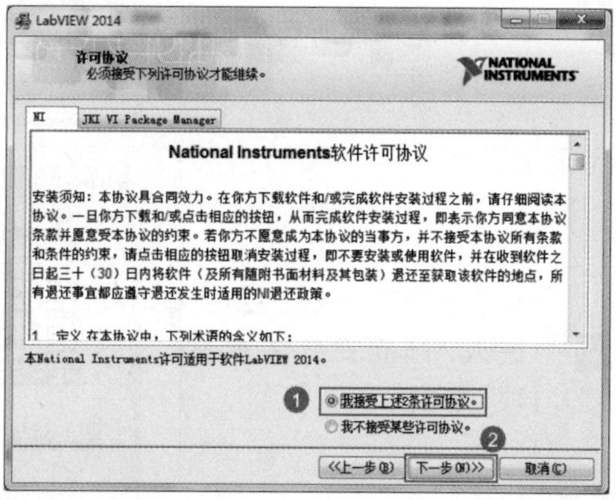 LabVIEW 2014 许可协议 必须接受下列许可协议才能继续。 NATIONAL INSTRUMENTS NI JKI VI Package Manager National Instruments软件许可协议 安装须知：本协议具合同效力。在你方下载软件和/或完成软件安装过程之前，请仔细阅读本协议。一旦你方下载和/或点击相应的按钮，从而完成软件安装过程，即表示你方同意本协议条款并愿意受本协议的约束。若你方不愿意成为本协议的当事方，并不接受本协议所有条款和条件的约束，请点击相应的按钮取消安装过程，即不要安装或使用软件，并在收到软件之日起三十（30）日内将软件（及所有随附书面材料及其包装）退还至获取该软件的地点，所有退还事宜都应遵守退还发生时适用的NI退还政策。 1. 定义 在本协议中，下列术语的含义如下： 本National Instruments许可适用于软件LabVIEW 2014。 1 我接受上述2条许可协议。 我不接受某些许可协议。 2 <<上一步(B) 下一步(N)>> 取消(C)
16	继续单击“下一步”按钮，进入“安装产品组件”确认界面	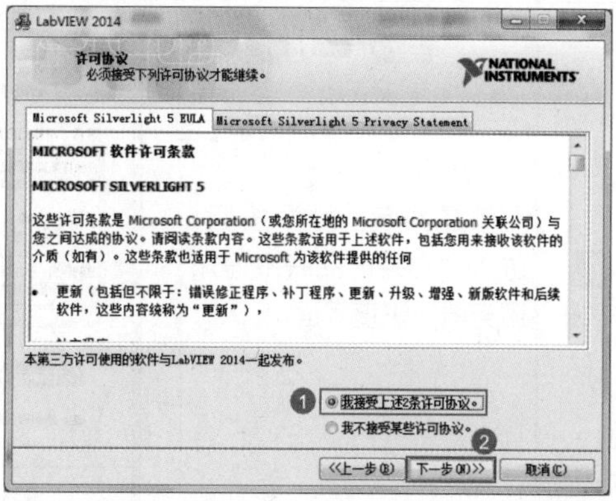 LabVIEW 2014 许可协议 必须接受下列许可协议才能继续。 NATIONAL INSTRUMENTS Microsoft Silverlight 5 EULA Microsoft Silverlight 5 Privacy Statement MICROSOFT 软件许可条款 MICROSOFT SILVERLIGHT 5 这些许可条款是 Microsoft Corporation（或您所在地的 Microsoft Corporation 关联公司）与您之间达成的协议。请阅读条款内容。这些条款适用于上述软件，包括您用来接收该软件的介质（如有）。这些条款也适用于 Microsoft 为该软件提供的任何 • 更新（包括但不限于：错误修正程序、补丁程序、更新、升级、增强、新版软件和后续软件，这些内容统称为“更新”）， 本第三方许可使用的软件与LabVIEW 2014一起发布。 1 我接受上述2条许可协议。 我不接受某些许可协议。 2 <<上一步(B) 下一步(N)>> 取消(C)

✓随堂记录

续表

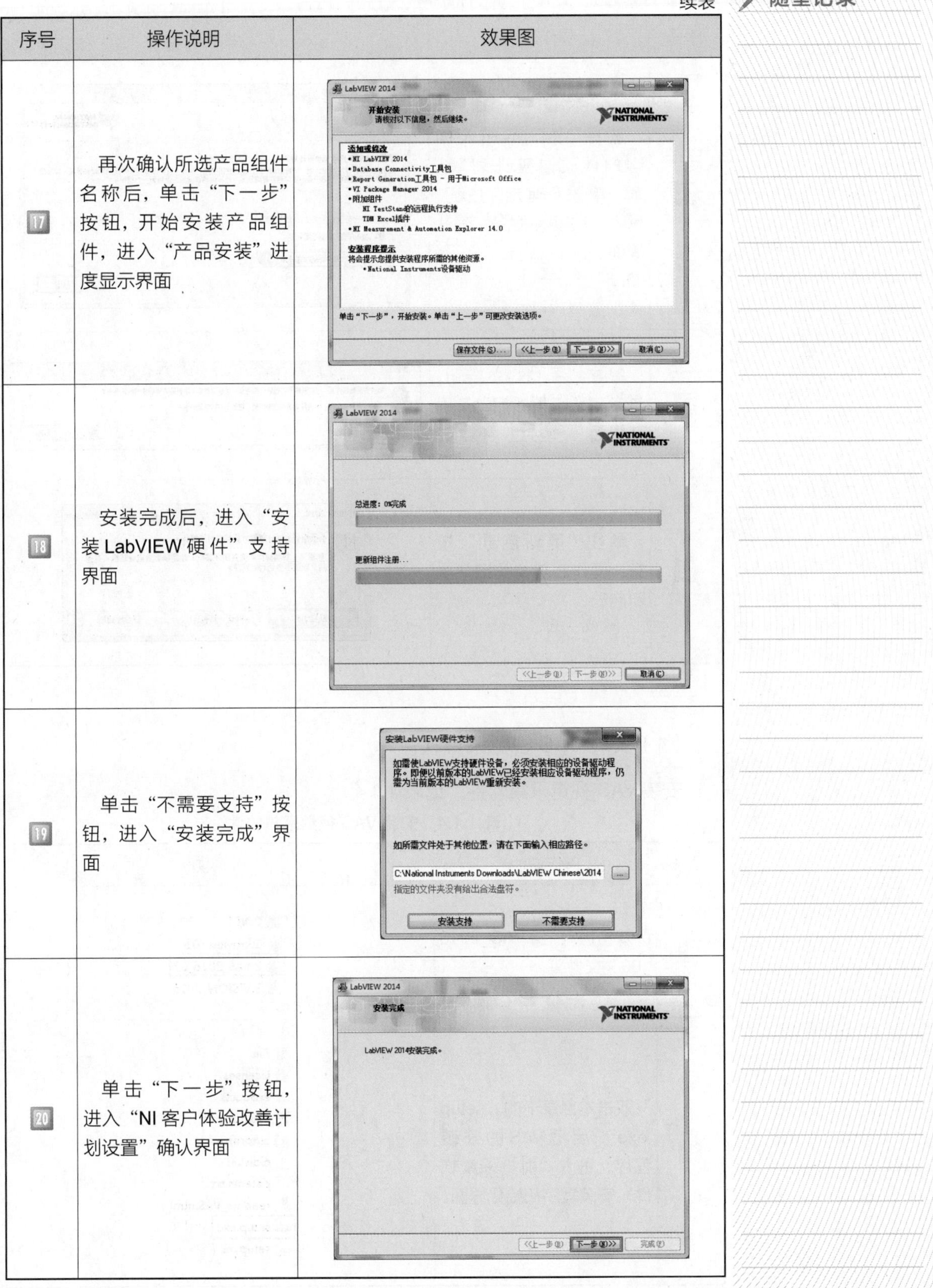

序号	操作说明	效果图
17	再次确认所选产品组件名称后，单击“下一步”按钮，开始安装产品组件，进入“产品安装”进度显示界面	
18	安装完成后，进入“安装 LabVIEW 硬件”支持界面	
19	单击“不需要支持”按钮，进入“安装完成”界面	
20	单击“下一步”按钮，进入“NI 客户体验改善计划设置”确认界面	

随堂记录

续表

序号	操作说明	效果图
21	选择“否，不加入NI客户体验改善计划”选项，单击“确定”按钮，进入“NI更新服务”确认界面	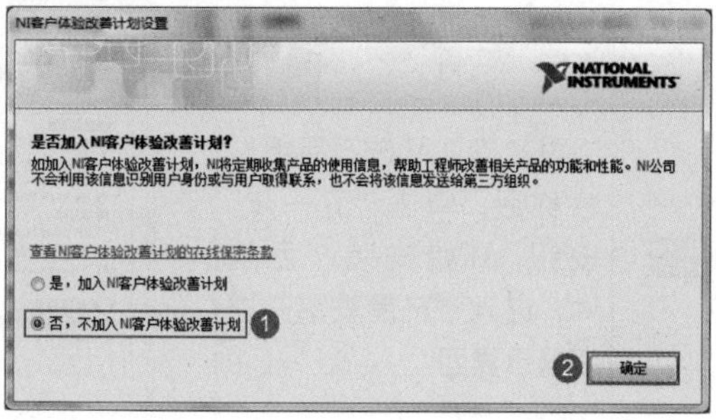
22	单击“否（N）”按钮，进入“系统重新启动”确认界面	
23	单击“重新启动”按钮，操作系统将关闭并重新启动	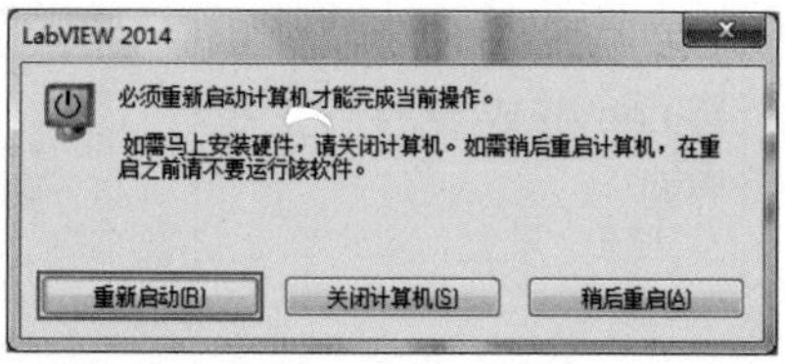

（4）安装 VAS 视觉采集软件

安装 VAS 视觉采集软件，见表 1.1.4。

表 1.1.4　安装 VAS 视觉采集软件

序号	操作说明	效果图
1	双击进入“2.VAS_2016_09”文件夹	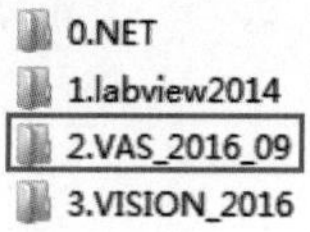
2	双击本目录下的“setup.exe”，启动 VAS 的安装程序，进入“视觉采集软件”安装程序初始化界面	

续表

序号	操作说明	效果图
3	安装程序初始化完成后，进入“安装确认”界面	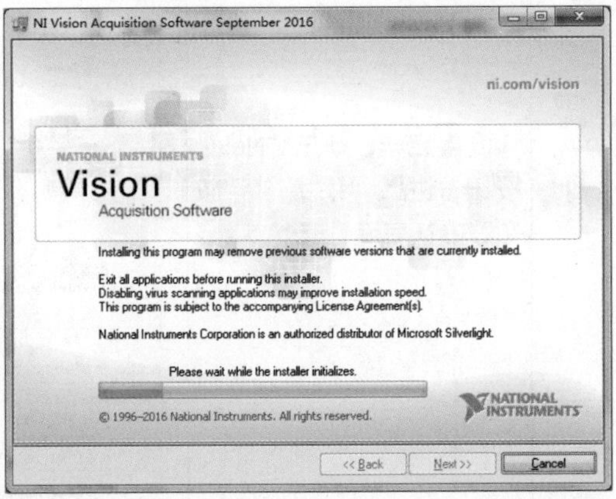
4	单击“Next”按钮	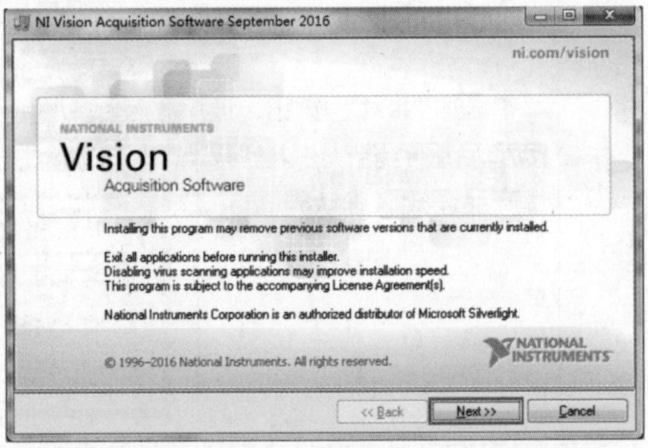
5	进入“安装组件选择设置”界面	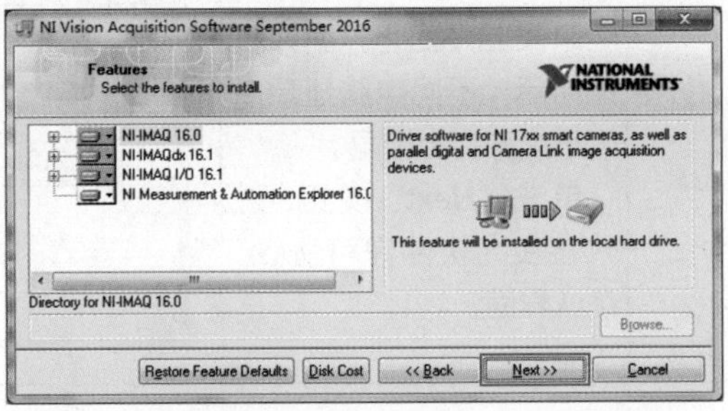
6	单击每个安装组件树的每个叶子节点，会弹出“安装”和“不安装”两个菜单，选择需要安装的模块	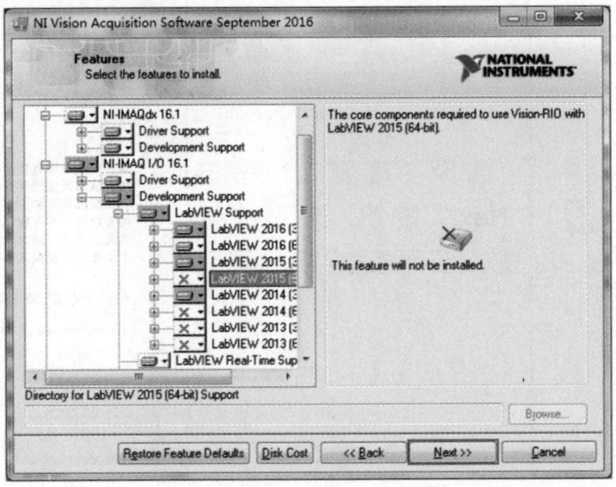

随堂记录

小提示

默认组件一般不更改，用户也可以根据自身的需要选择安装。

随堂记录

续表

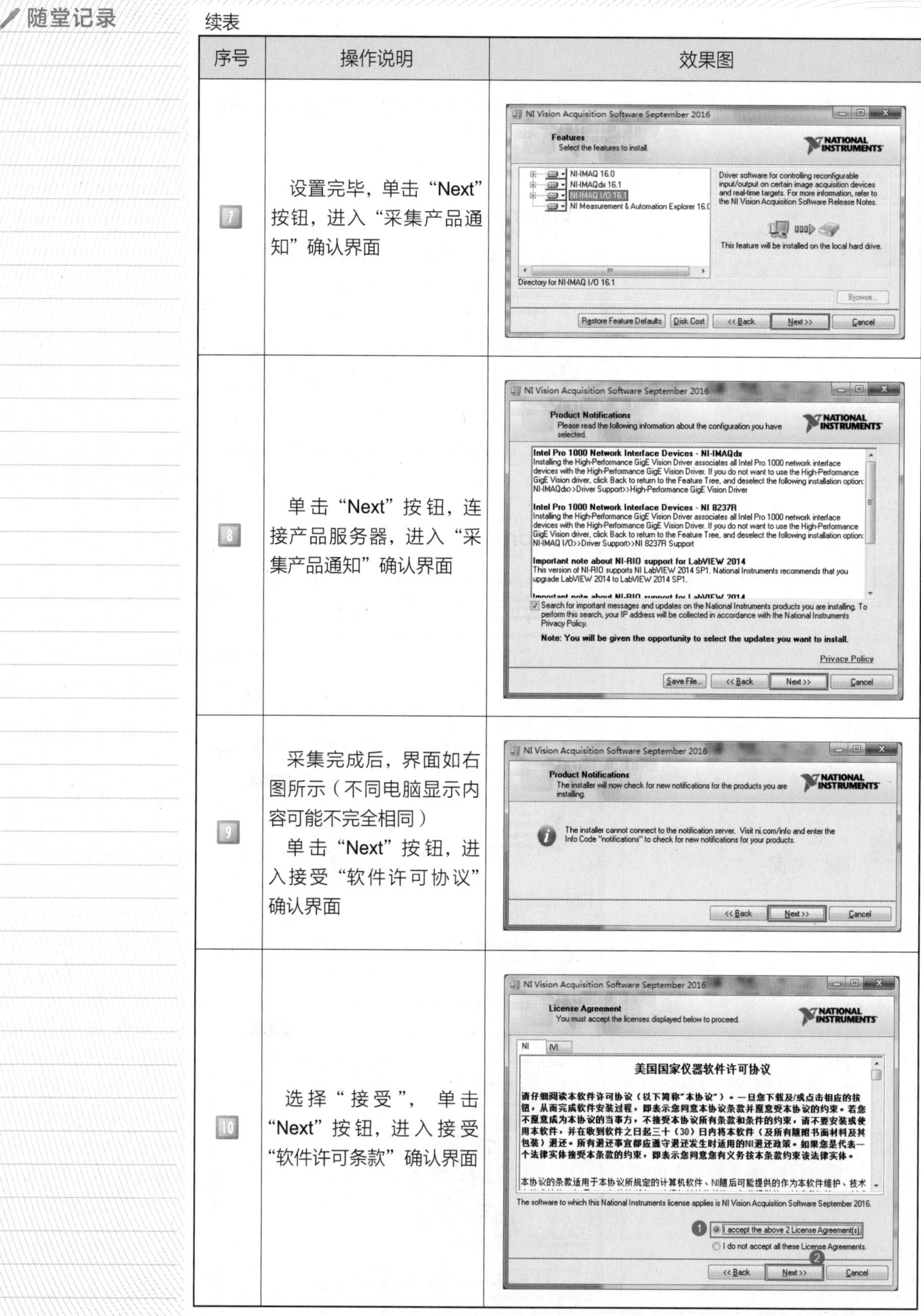

序号	操作说明	效果图
7	设置完毕，单击“Next”按钮，进入“采集产品通知”确认界面	
8	单击“Next”按钮，连接产品服务器，进入“采集产品通知”确认界面	
9	采集完成后，界面如右图所示（不同电脑显示内容可能不完全相同） 单击“Next”按钮，进入接受“软件许可协议”确认界面	
10	选择“接受”，单击“Next”按钮，进入接受“软件许可条款”确认界面	

随堂记录

续表

序号	操作说明	效果图
11	选择“接受”,单击“Next”按钮，进入“驱动安装”确认界面	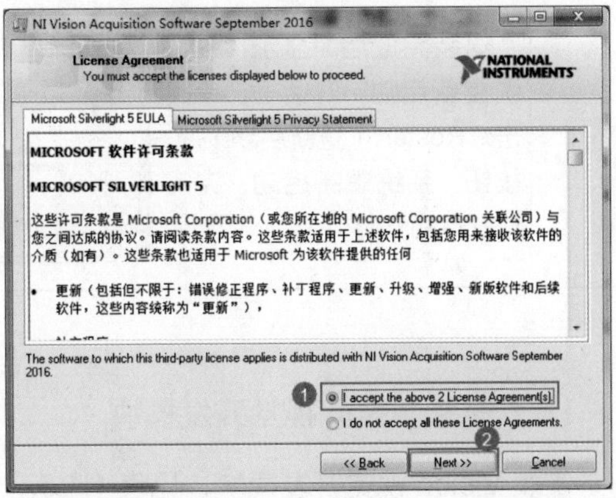
12	选中“总是信任NI公司的软件”选项，单击“Next”按钮，进入“安装组件”确认界面	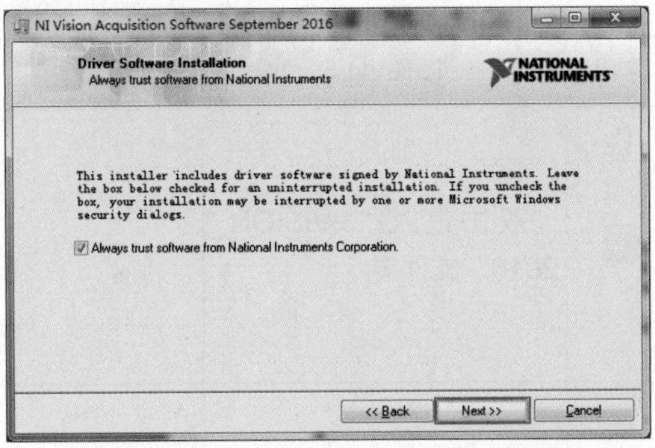
13	单击“Next”按钮，开始安装系统，进入“软件安装进度”显示界面	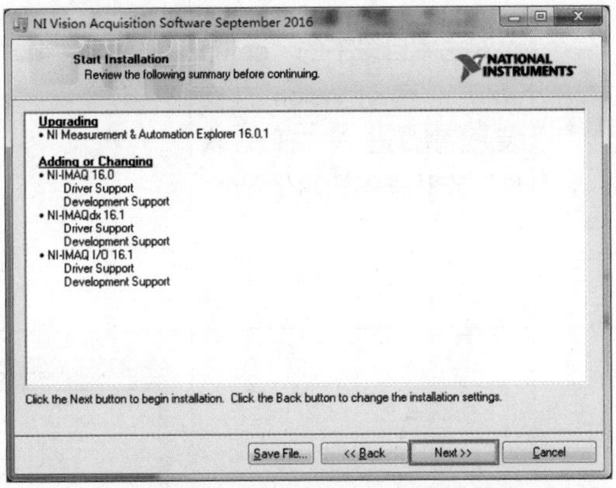
14	等待安装完成（安装时间较长）	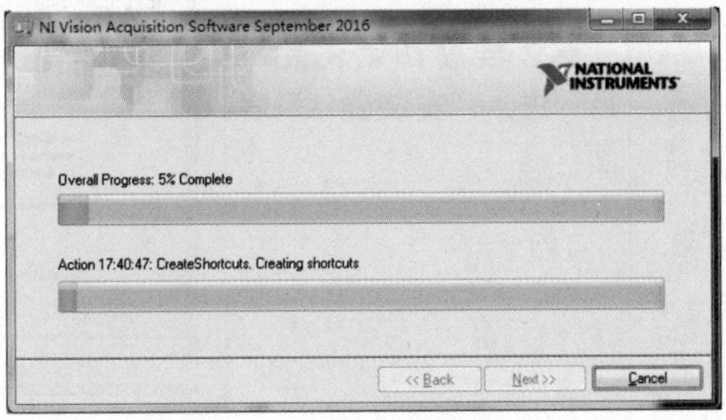

随堂记录

续表

序号	操作说明	效果图
15	安装完成后，显示“系统重新启动”对话框，单击“Restart（重新启动）”按钮，系统重新启动，完成软件的安装	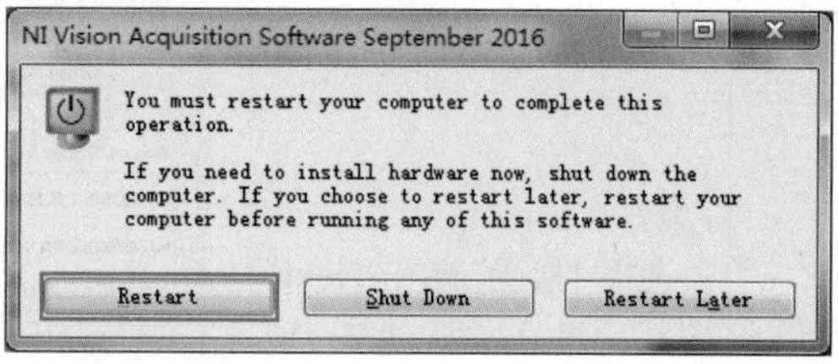 NI Vision Acquisition Software September 2016 You must restart your computer to complete this operation. If you need to install hardware now, shut down the computer. If you choose to restart later, restart your computer before running any of this software. Restart Shut Down Restart Later

（5）安装 Vision 视觉开发模块

安装 Vision 视觉开发模块，见表 1.1.5。

表 1.1.5　安装 Vision 视觉开发模块

序号	操作说明	效果图
1	双击进入“3.VISION_2016”文件夹	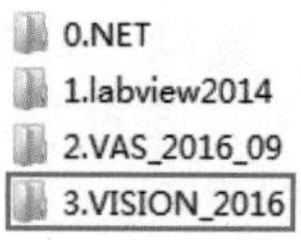 0.NET 1.labview2014 2.VAS_2016_09 3.VISION_2016
2	双击本目录下的“setup.exe”，启动 Vision 的安装程序，进入“视觉软件”安装程序初始化界面	 Bin Licenses Products autorun.exe autorun.inf nidist.id patents.txt readme.html setup.exe setup.ini
3	安装程序初始化完成后，进入“安装确认”界面	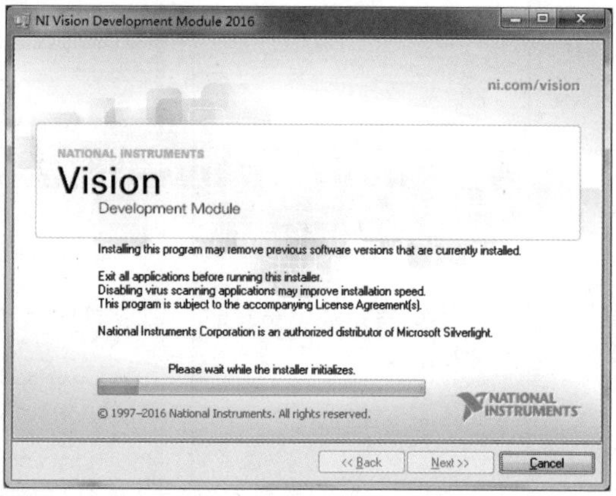 NI Vision Development Module 2016 ni.com/vision NATIONAL INSTRUMENTS Vision Development Module Installing this program may remove previous software versions that are currently installed. Exit all applications before running this installer. Disabling virus scanning applications may improve installation speed. This program is subject to the accompanying License Agreement(s). National Instruments Corporation is an authorized distributor of Microsoft Silverlight. Please wait while the installer initializes. © 1997–2016 National Instruments. All rights reserved. NATIONAL INSTRUMENTS << Back Next >> Cancel

续表　随堂记录

序号	操作说明	效果图
4	安装程序初始化完成后，进入“安装确认”界面，单击“Next”按钮，开始安装系统	NI Vision Development Module 2016 ni.com/vision NATIONAL INSTRUMENTS Vision Development Module Installing this program may remove previous software versions that are currently installed. Exit all applications before running this installer. Disabling virus scanning applications may improve installation speed. This program is subject to the accompanying License Agreement(s). National Instruments Corporation is an authorized distributor of Microsoft Silverlight. © 1997–2016 National Instruments. All rights reserved. NATIONAL INSTRUMENTS << Back　Next >>　Cancel
5	进入“用户信息”和“序列号”输入界面，输入	NI Vision Development Module 2016 User Information Enter the following information. NATIONAL INSTRUMENTS Full Name: Micorosoft Organization: Micorosoft Install this product using the following serial number Serial Number: Install this product for evaluation << Back　Next >>　Cancel
6	选择“安装评估版”，单击“Next”按钮，进入“安装组件”选择界面	NI Vision Development Module 2016 User Information Enter the following information. NATIONAL INSTRUMENTS Full Name: Micorosoft Organization: Micorosoft Install this product using the following serial number Serial Number: Install this product for evaluation ① ② << Back　Next >>　Cancel
7	单击“Next”按钮，开始安装系统，进入“软件安装进度”显示界面	NI Vision Development Module 2016 Features Select the features to install. NATIONAL INSTRUMENTS NI Vision 2016 Application Development Support LabVIEW Support LabVIEW Real-Time Support LabWindows/CVI Support .NET Languages Support C/C++ Support Visual Basic Support Legacy .NET Interoperability NI Vision Assistant (32-bit) NI Vision Assistant (64-bit) NI Vision Runtime 2016 NI Measurement & Automation Explorer 16.0 NI Vision components that support development in LabWindows/CVI 2010, 2012, 2013, or 2015. This feature will not be installed. Directory for LabWindows/CVI Support Browse... Restore Feature Defaults　Disk Cost　<< Back　Next >>　Cancel

随堂记录

续表

序号	操作说明	效果图
8	单击每个安装组件树的每个叶子节点，会弹出“安装”和“不安装”两个选项，根据实际需求进行选择设置；设置完安装组件选项，单击“Next”按钮，进入“采集产品通知”确认界面	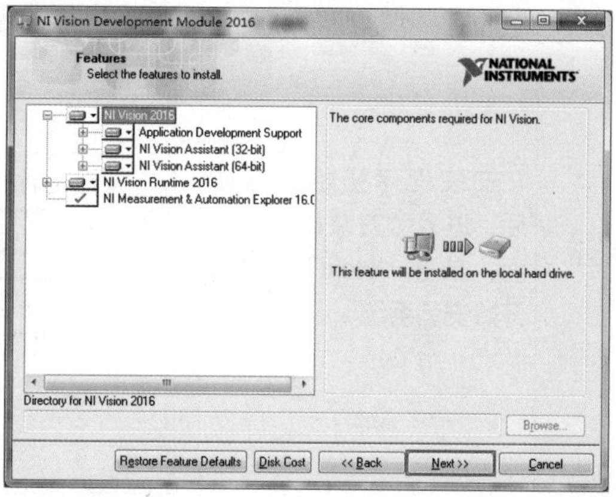
9	单击“Next”按钮，开始采集产品通知信息 完成后，进入“产品信息采集”结果显示界面	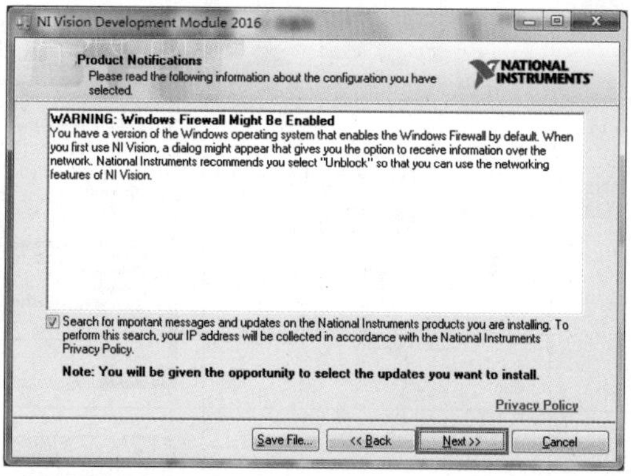
10	单击“Next”按钮，进入“软件许可协议”接受界面	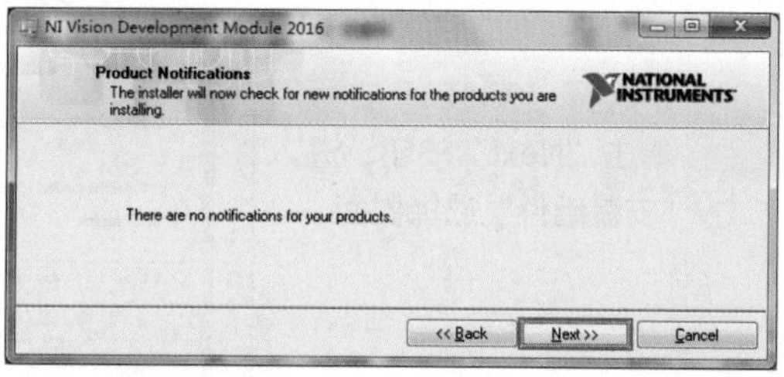
11	选中“接受许可协议”选项。单击“Next”按钮，进入“软件安装组件”选项确认界面	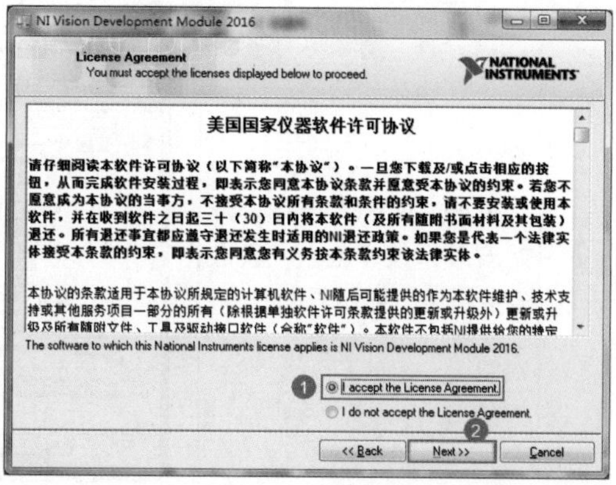

随堂记录

续表

序号	操作说明	效果图
12	单击“Next”按钮，开始安装系统，进入“软件安装进度”显示界面	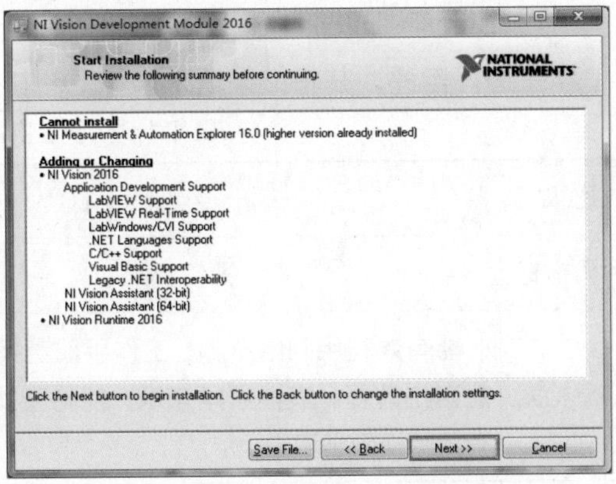 NI Vision Development Module 2016 Start Installation Review the following summary before continuing. NATIONAL INSTRUMENTS Cannot install • NI Measurement & Automation Explorer 16.0 (higher version already installed) Adding or Changing • NI Vision 2016 Application Development Support LabVIEW Support LabVIEW Real-Time Support LabWindows/CVI Support .NET Languages Support C/C++ Support Visual Basic Support Legacy .NET Interoperability NI Vision Assistant (32-bit) NI Vision Assistant (64-bit) • NI Vision Runtime 2016 Click the Next button to begin installation. Click the Back button to change the installation settings. Save File... << Back Next >> Cancel
13	等待软件安装完成	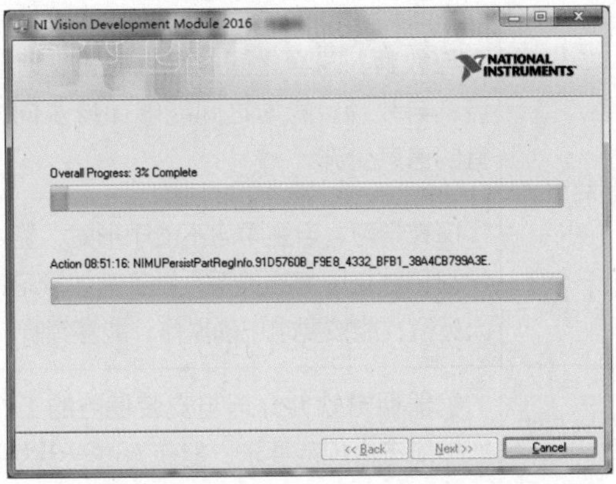 NI Vision Development Module 2016 NATIONAL INSTRUMENTS Overall Progress: 3% Complete Action 08:51:16: NIMUPersistPartRegInfo.91D5760B_F9E8_4332_BFB1_38A4CB799A3E. << Back Next >> Cancel
14	软件安装完成，弹出“软件安装完成”通知界面。单击“Next”按钮，弹出“系统重新启动”确认界面	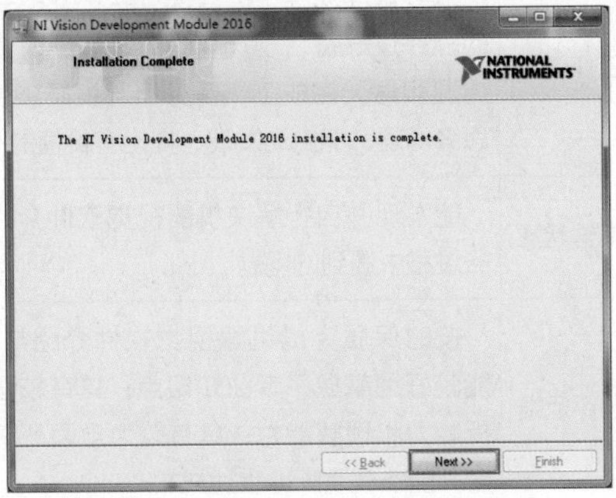 NI Vision Development Module 2016 Installation Complete NATIONAL INSTRUMENTS The NI Vision Development Module 2016 installation is complete. << Back Next >> Finish
15	单击“Restart”按钮，系统重启	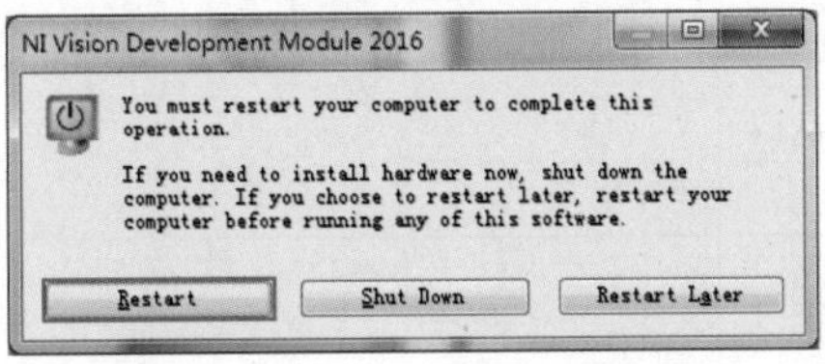 NI Vision Development Module 2016 You must restart your computer to complete this operation. If you need to install hardware now, shut down the computer. If you choose to restart later, restart your computer before running any of this software. Restart Shut Down Restart Later

随堂记录

【任务评价】

(1)学生自评

学生进行自评，并将结果填入表 1.1.6 中。

表 1.1.6　学生自评表

班级		组名		日期	年　月　日
评价指标	评价要素			分数	分数评定
信息检索	能有效利用网络资源、工作手册查找有效信息；能自主解释、表述所学知识；能将查找到的信息有效转换到学习中			10	
感知工作	能在学习中获得满足感			10	
参与状态	与教师、同学之间能相互尊重、理解、平等交流；与教师、同学之间能够保持多向、丰富、适宜的信息交流			10	
	探究学习、自主学习不流于形式，能处理好合作学习和独立思考的关系，做到有效学习；能发表个人见解；能按要求正确操作；能够倾听、协作分享			10	
学习方法	机器视觉软件介绍与安装任务的工作计划、操作技能符合规范要求；能获得进一步发展的能力			10	
工作过程	遵守管理规程，机器视觉软件介绍与安装任务的操作过程符合现场管理要求；平时上课的出勤情况和每天完成工作任务情况良好；善于多角度思考问题，能主动发现、提出有价值的问题			15	
思维状态	能发现并自行解决机器视觉软件介绍与安装任务过程中遇到的问题			10	
自评反馈	按时保质完成机器视觉软件介绍与安装任务；能较好地掌握了专业知识点；具有较强的信息分析能力和理解能力；具有较为全面严谨的思维能力并能条理清晰地表述成文			25	
合计				100	
经验总结					
反思					

评一评

随堂记录

（2）学生互评

学生以小组为单位，对以上学习情境的过程与结果进行互评，并将结果填入表 1.1.7 中。

表 1.1.7　学生互评表

班级		被评组名		日期	年　月　日
评价指标	评价要素			分数	分数评定
信息检索	该组能有效利用网络资源、工作手册查找有效信息			5	
	该组能用自己的语言有条理地去解释、表述所学知识			5	
	该组能将查找到的信息有效转换到工作中			5	
感知工作	该组能熟悉自己的工作岗位，认同工作价值			5	
	该组成员在工作中能获得满足感			5	
参与状态	该组与教师、同学之间能相互尊重、理解、平等交流			5	
	该组与教师、同学之间能够保持多向、丰富、适宜的信息交流			5	
	该组能处理好合作学习和独立思考的关系，做到有效学习			5	
	该组能提出有意义的问题或能发表个人见解；能按要求正确操作；能够倾听、协作分享			5	
	该组能积极参与，在实训练习的过程中不断学习，提升动手能力			5	
学习方法	该组的机器视觉软件介绍与安装工作计划、操作技能符合规范要求			5	
	该组能获得进一步发展的能力			5	
工作过程	该组能遵守管理规程，操作过程符合现场管理要求			5	
	该组平时上课的出勤情况和每天完成工作任务情况良好			5	
	该组成员能正确地安装软件，并善于多角度思考问题，能主动发现、提出有价值的问题			15	
思维状态	能自行解决机器视觉软件介绍与安装任务过程中遇到的问题			5	
自评反馈	该组能严肃认真地对待自评，并独立完成自测试题			10	

随堂记录

续表

合计		100	
简要评述			

（3）教师综合评价

教师对学生的工作过程与结果进行评价，并将结果填入表 1.1.8 中。

表 1.1.8　教师综合评价表

<table>
<tr><td colspan="2">班级</td><td></td><td>组名</td><td></td><td>姓名</td><td></td></tr>
<tr><td colspan="2">出勤情况</td><td colspan="5"></td></tr>
<tr><td>序号</td><td>评价指标</td><td colspan="3">评价要求</td><td>分数</td><td>分数评定</td></tr>
<tr><td>一</td><td>任务描述、接受任务</td><td colspan="3">口述任务内容细节</td><td>2</td><td></td></tr>
<tr><td>二</td><td>任务分析、分组情况</td><td colspan="3">依据软件分析安装步骤</td><td>3</td><td></td></tr>
<tr><td>三</td><td>制订计划</td><td colspan="3">①制定安装步骤
②准备 LabVIEW 安装包</td><td>15</td><td></td></tr>
<tr><td>四</td><td>计划实施</td><td colspan="3">安装软件</td><td>55</td><td></td></tr>
<tr><td>五</td><td>检测分析</td><td colspan="3">是否完成任务</td><td>15</td><td></td></tr>
<tr><td>六</td><td>总结</td><td colspan="3">任务总结</td><td>10</td><td></td></tr>
<tr><td colspan="5">合计</td><td>100</td><td></td></tr>
</table>

<table>
<tr><td rowspan="2">综合评价</td><td>自评
（20%）</td><td>小组互评
（30%）</td><td>教师评价
（50%）</td><td>综合得分</td></tr>
<tr><td></td><td></td><td></td><td></td></tr>
</table>

任务 1.2　机器视觉硬件介绍与安装调试

课程思政

硬件各有各的用处。那么我的作用在哪里？

<table>
<tr><td rowspan="2">关键词</td><td>工业相机</td><td>光源及调节器</td></tr>
<tr><td>镜头</td><td>硬件间的连接</td></tr>
</table>

【任务描述】

本任务讲解了机器视觉系统硬件各个部分的型号和参数，以及硬件的安装方法，使学生了解相机、镜头和光源的参数，掌握它们的安装方法。此外，对硬件的设备管理器、MAX 软件和相机调试等 3 种调试方法也进行了介绍，学生需充分掌握硬件的 3 种调试方法，熟悉其调试过程的每个步骤。

随堂记录

【任务目标】

1. 知识目标

（1）了解相机、镜头和光源的型号和参数。

（2）掌握设备管理器、MAX 软件和相机调试的功能。

2. 能力目标

（1）掌握相机、镜头和光源的安装方法。

（2）掌握镜头和光源的调试方法。

（3）掌握设备管理器、MAX 软件和相机调试的硬件调试方法。

3. 素质目标

（1）能主动学习，在完成任务的过程中发现问题、分析问题和解决问题。

（2）能主动与小组成员协商、交流、配合完成任务。

（3）具有深厚爱国情感和中华民族自豪感。

【相关知识】

1.2.1 机器视觉硬件介绍

1）工业相机

工业相机（图 1.2.1）是机器视觉系统中的一个关键组件，其最本质的功能是将光信号转变成有序的电信号，进而转换为数字信号发送给计算机。选择合适的相机也是机器视觉系统设计中的一个重要环节，相机的选择不仅直接决定所采集到的图像分辨率、图像质量等，同时也与整个系统的运行模式直接相关。

图 1.2.1 工业相机

想一想

Q：工业相机的本质功能有哪些？练习使用的相机的型号和参数是什么？

2）镜头

镜头（图 1.2.2）是用以生成影像的光学部件，主要功能为收集被照物体反射光并将其聚焦于 CCD 上，其投影至 CCD 上的图像是倒立的。摄像机电路具有将其反转的功能，其成像原理与人眼相同。

3）光源及调节器

光源及调节器（图 1.2.3）的主要目的是给光源供电，调节光源的亮度并控制光源照明状态（亮 / 灭），还可以通过给控制器发送信号来实现光源的频闪，进而大大延长光源的寿命。市面上常用的控制器有模拟控制器和数字控制器，模拟控制器通过手动调节，数字控制器可以通过电脑或其他设备远程控制。

想一想

Q：常用光源的型号和参数有哪些？

随堂记录

图 1.2.2 镜头

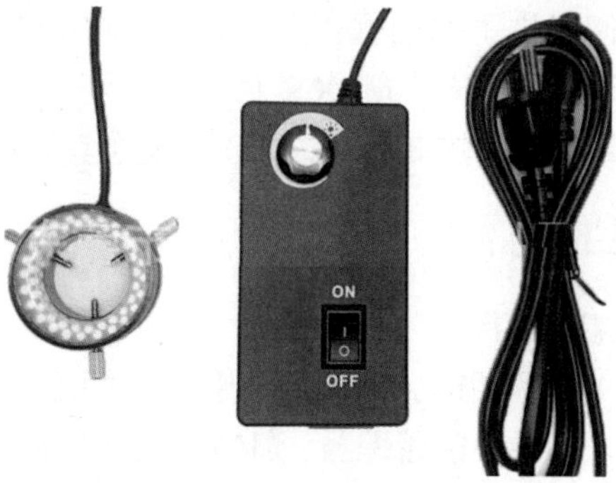

图 1.2.3 光源及调节器

1.2.2 相机型号及参数

本任务采用型号为 DC10101-G 的高清免驱 30 万像素彩色工业相机，其产品参数为：

①高速 USB2.0 接口，传输速率可达 480 Mb/s，每秒 60 帧，分辨率为 640*480。

② 1/4" 彩色 30 万像素 CMOS 逐行扫描图像采集，像素 6.0 μm × 6.0 μm，无压缩、无插补。

③支持静态的图像捕捉（JPG、BMP）与动态 AVI 图像捕捉，图像格式支持 MP4。

④硬件及底层软件电子快门，支持曝光时间、色差、亮度、对比度、饱和度等后期图像增强处理功能。

⑤图像色彩丰富、逼真，高档画质，输出格式 YUY2/UYVY，中低档价位。

⑥ USB 供电，无需单独外接电源。

⑦支持 Windows XP、Windows 等操作系统，USB2.0 免驱即插即用；方便使用。

⑧支持标准 C 口镜头及各类定制镜头。

⑨坚固耐用的铝合金外壳。

1.2.3 镜头型号及参数

Q：练习使用的镜头型号和参数是什么？

本任务采用型号为 SSV0358 的高清 3.5 ～ 8 mm 工业镜头，手动变焦，手动光圈监控，其产品参数为：

①焦距：3.5 ～ 8 mm。

②相对孔径：1∶1.4。

③安装接口：CS。

④相面尺寸：1/3 in。

⑤水平视场：82°～ 34°。

⑥外形尺寸：ϕ 32.2 × 45.5 mm。

⑦最小物镜：0.3 m。

⑧后焦距：6.42 mm。

随堂记录

⑩工作方式：聚焦 / 变倍 / 光圈：手动。

1.2.4　光源型号及参数

本项目采用型号为 MA40208 的可调 LED 环形光源，其产品特点：

①发光光源：F5 型 LED 发光二极管，数量 40 粒。

②输入电压 AC90 V ～ 240 V，输出电压：DC12 V，最大输出功率 3.8 W。

③ LED 灯寿命长达 25000 h，与荧光灯相比持久性远超 40 倍。

④工作距离：40 ～ 160 mm；最大照度：30000 ～ 35000 lx。

⑤亮度可调节 0 ～ 100%；调节亮度时色温保持不变。

⑥色温：6500 K—7000 K；灯色：正白 / 暖白。

⑦有效光距：75 mm；有效光径：30 mm。

⑧无闪光，对人眼在显微镜观察下起到良好的保护作用。

1.2.5　硬件安装

1）相机与镜头的连接

镜头接口有 C 口和 CS 口之分。

所有的摄像机镜头均是螺纹口的，CCD 摄像机的镜头安装有两种工业标准，即 C 安装座和 CS 安装座。两者螺纹部分相同，但两者从镜头到感光表面的距离不同。C 安装座：从镜头安装基准面到焦点的距离是 17.526 mm。CS 安装座：特种 C 安装，此时应将摄像机前部的垫圈取下再安装镜头。其镜头安装基准面到焦点的距离是 12.5 mm。如果要将一个 C 安装座镜头安装到一个 CS 安装座摄像机上时，则需要使用镜头转换器。

本项目选用的是 C 安装座镜头，直接旋转螺纹口安装在相机上。

2）光源与相机镜头的连接

光源的内径大于镜头的外径，自带 3 个可旋转调节的长螺杆。光源套在镜头上，调节这 3 个螺杆，将光源固定在镜头上。

3）相机与支架的连接

相机外壳的侧面有 4 个螺丝孔，并配有 4 个螺杆。通常相机支架需设计 4 个安装孔，将螺杆从支架安装孔位穿过，旋进相机的孔位，将相机固定在支架上。

【任务演练】

练一练

1）任务分组

学生任务分配表

班级		组号		指导老师	
组长		学号			

随堂记录

续表

<table>
<tr><td rowspan="4">组员</td><td>姓名</td><td>学号</td><td>姓名</td><td>学号</td></tr>
<tr><td></td><td></td><td></td><td></td></tr>
<tr><td></td><td></td><td></td><td></td></tr>
<tr><td></td><td></td><td></td><td></td></tr>
<tr><td colspan="5">任务分工</td></tr>
<tr><td colspan="5"></td></tr>
</table>

2）任务准备

①准备相机、镜头和光源。

②安装 MAX 软件和 NI LabVIEW。

3）实施步骤

（1）硬件调试

①打开设备管理器查看相机。查看驱动软件是否工作正常，见表 1.2.1。

表 1.2.1　打开设备管理器查看相机

序号	操作说明	效果图
1	打开资源管理器，鼠标右击左侧资源树的“计算机”节点，弹出相应的操作菜单，单击“管理”	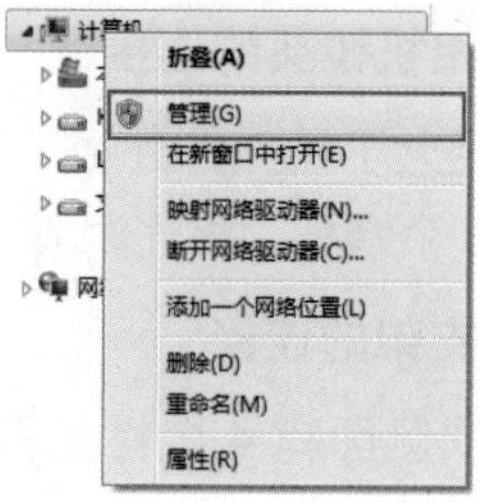
2	打开“计算机管理”主窗口	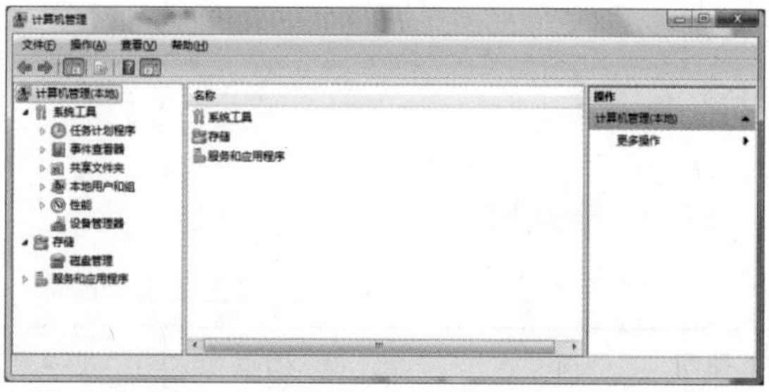

续表

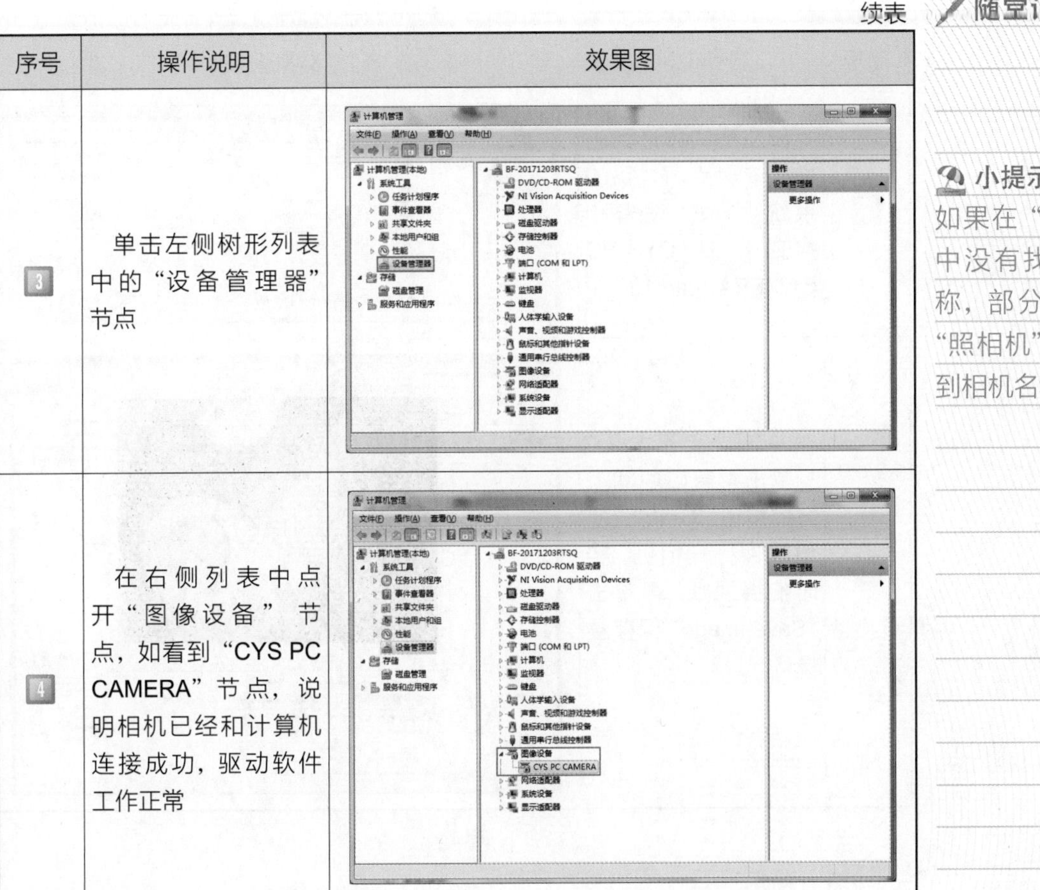

序号	操作说明	效果图
3	单击左侧树形列表中的“设备管理器”节点	
4	在右侧列表中点开“图像设备”节点，如看到“CYS PC CAMERA”节点，说明相机已经和计算机连接成功，驱动软件工作正常	

②使用 NI MAX 进行图像采集，见表 1.2.2。

表 1.2.2　MAX 软件采集图像

序号	操作说明	效果图
1	在桌面上，双击“NI MAX”图标	
2	双击图标，启动软件“Measurement & Automation Explorer”，进入主窗口	

随堂记录

小提示

如果在“图像设备”中没有找到相机名称，部分设备可在“照相机”分支内找到相机名称。

随堂记录

续表

序号	操作说明	效果图
3	在左侧的树形列表中，依次点开“我的系统”→“设备和接口”→“CYS PC CAMERA‘cam1’”	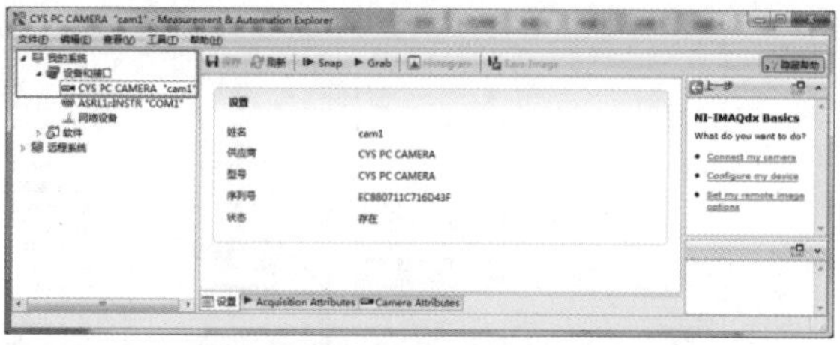
4	单击主窗口中间上方的按钮“Grab”，使用软件打开相机，实时拍摄视频，再单击“Save Image”保存图像	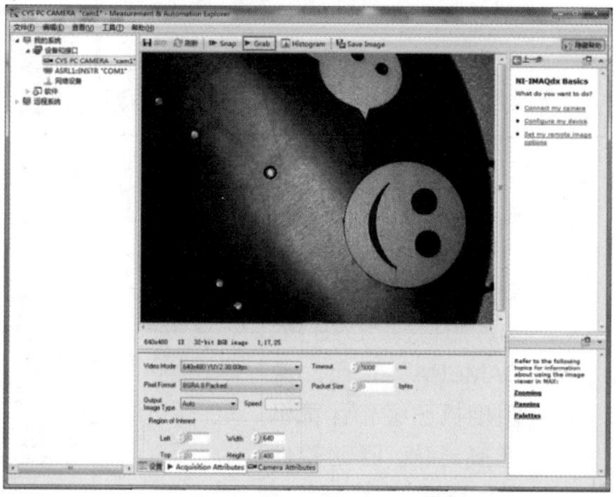

（2）软件调试

打开“相机调试.vi”，进行软件测试，见表 1.2.3。

表 1.2.3　软件调试

序号	操作说明	效果图
1	找到相机调试 LabVIEW 软件程序所在的目录，就可看到“相机调试.vi”	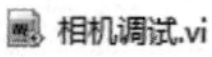 相机调试.vi
2	双击相机调试软件图标，打开该软件的前面板程序	

续表

随堂记录

序号	操作说明	效果图
3	单击主窗口上方的快捷工具按钮“运行”，程序启动	

【任务评价】

评一评

（1）学生自评

学生进行自评，并将结果填入表 1.2.4 中。

表 1.2.4　学生自评表

班级		组名		日期	年　月　日
评价指标	评价要素			分数	分数评定
信息检索	能有效利用网络资源、工作手册查找有效信息；能用自己的语言有条理地去解释、表述所学知识；能将查找到的信息有效转换到学习中			10	
感知工作	在学习中能获得满足感			10	
参与状态	与教师、同学之间能相互尊重、理解、平等交流；与教师、同学之间能够保持多向、丰富、适宜的信息交流			10	
	探究学习、自主学习不流于形式，处理好合作学习和独立思考的关系，做到有效学习；能提出有意义的问题或能发表个人见解；能按要求正确操作；能够倾听、协作分享			10	
学习方法	工作计划、操作技能符合规范要求；能获得进一步发展的能力			10	
工作过程	能遵守管理规程，机器视觉硬件介绍与安装调试任务的操作过程符合现场管理要求；平时上课的出勤情况和每天完成工作任务情况良好；善于多角度思考问题，能主动发现、提出有价值的问题			15	
思维状态	能发现并自行解决机器视觉硬件介绍与安装调试任务过程中遇到的问题			10	

随堂记录

续表

评价指标	评价要素	分数	分数评定
自评反馈	按时保质完成机器视觉硬件介绍与安装调试的工作任务；较好地掌握了专业知识点；具有较强的信息分析能力和理解能力；具有较为全面严谨的思维能力并能条理清晰地表述成文	25	
合计		100	
经验总结			
反思			

(2) 学生互评

学生以小组为单位，对以上学习情境的过程与结果进行互评，并将结果填入表 1.2.5 中。

表 1.2.5　学生互评表

班级		被评组名		日期	年　月　日
评价指标	评价要素			分数	分数评定
信息检索	该组能有效利用网络资源、工作手册查找有效信息			5	
	该组能用自己的语言有条理地去解释、表述所学知识			5	
	该组能将查找到的信息有效转换到工作中			5	
感知工作	该组能熟悉自己的工作岗位，认同工作价值			5	
	该组成员在工作中能获得满足感			5	
参与状态	该组与教师、同学之间能相互尊重、理解、平等交流			5	
	该组与教师、同学之间能够保持多向、丰富、适宜的信息交流			5	
	该组能处理好合作学习和独立思考的关系，做到有效学习			5	
	该组能提出有意义的问题或能发表个人见解；能按要求正确操作；该组能够倾听、协作分享			5	
	该组能积极参与，在实训练习的过程中不断学习，提升动手能力			5	
学习方法	该组的机器视觉硬件介绍与安装调试任务的工作计划、操作技能符合规范要求			5	
	该组能获得进一步发展的能力			5	

续表　随堂记录

评价指标	评价要素	分数	分数评定
工作过程	该组能遵守管理规程，操作过程符合现场管理要求	5	
	该组平时上课的出勤情况和每天完成工作任务情况良好	5	
	该组成员能完成硬件的安装调试，并善于多角度思考问题，该组能主动发现、提出有价值的问题	15	
思维状态	能自行解决机器视觉硬件介绍与安装调试任务过程中遇到的问题	5	
自评反馈	该组能严肃认真地对待自评，并能独立完成自测试题	10	
合计		100	
简要评述			

（3）教师综合评价

教师对学生的工作过程与结果进行评价，并将结果填入表 1.2.6 中。

表 1.2.6　教师综合评价表

班级			组名		姓名	
出勤情况						
序号	评价指标	评价要求			分数	分数评定
一	任务描述、接受任务	口述任务内容细节			2	
二	任务分析、分组情况	分析机器视觉系统硬件的型号、参数及硬件之间的安装方法			3	
三	制订计划	①了解相机、镜头和光源的型号和参数 ②了解设备管理器、MAX 软件和相机调试.vi 的功能 ③掌握相机、镜头和光源的安装方法 ④掌握镜头和光源的调试方法 ⑤掌握设备管理器、MAX 软件和相机调试.vi 的硬件调试方法			15	
四	计划实施	①硬件调试 ②软件调试			55	
五	检测分析	是否完成任务，过程是否合格，结果是否正确			15	
六	总结	任务总结			10	
合计					100	
综合评价		自评（20%）	小组互评（30%）	教师评价（50%）	综合得分	

随堂记录

课程思政

程序框架函数的建立有先有后，函数的连接有讲究，结合学习和生活实际，谈谈什么是规则意识。

项目 2　机器人静态单颜色识别与分拣

任务 2.1　机器视觉图像采集

关键词	图像采集	输入控件	While 循环
	前面板 / 程序框图	图像显示	局部变量

【任务描述】

本任务讲解了 LabVIEW 编程语言的特点、程序的前后面板、数据类型和程序结构，使学生了解编程语言环境及其优势，提高使用 LabVIEW 编程语言编写好程序的信心，激发学习兴趣。

本任务重点讲解了 LabVIEW 图像采集编程必需的几个函数，帮助学生熟练掌握这几个函数的功能、输入输出参数、调用顺序以及关系，以便独立完成图像采集程序。

【任务目标】

1. 知识目标

（1）了解 LabVIEW 编程特点。

（2）了解 LabVIEW 程序的前后面板、数据类型和程序结构。

（3）了解颜色和图像文件的相关知识。

（4）掌握 LabVIEW vi 程序的创建、保存、运行过程。

2. 能力目标

（1）掌握图像采集的几个函数的功能、输入输出参数和使用方法。

（2）掌握图像采集程序编写的步骤和过程，以及程序的运行和结束方法。

3. 素质目标

（1）遵纪守法、崇德向善、诚实守信、尊重生命、热爱劳动。

（2）履行良好的道德准则和行为规范。

（3）具有较高的社会责任感和社会参与意识。

【相关知识】

我们编写图像采集、处理的开发环境为 NI LabVIEW。虚拟仪器工程工作台实验室（Laboratory Virtual Instrument Engineering Workbench，简称 LabVIEW）是由公司 NI 研制开发的一种程序开发环境，类似于 C 和 BASIC 开发环境。LabVIEW 与其他计算机语言的最大区别是：其他计算机语言都是采用基于文本的语言产生代码，而 LabVIEW 使用的是图形化编辑语言 G 编写程序，产生的程序是框图形式。LabVIEW 软件是 NI 设计平台的核心，也是开发测量或控制系统的理想选择。

随堂记录

2.1.1　LabVIEW 编程的特点

LabVIEW 具有编程效率高，编程时间少，开发周期短，开发成本低等特点。

想一想

Q：LabVIEW 编程方式有哪些？

LabVIEW 改变了人们传统的撰写代码的编程方式，取而代之的是通过鼠标单击、拖拽图形、图标、连线节点等方式来进行编程。而这些图形、图标所代表的“控件”或“函数（或方法）”是通过对高级语言进行高度抽象所得，所以整个编程的过程变得更加简单、方便、有效，从而彻底将编程人员从复杂的语法结构及众多的数据类型和不停地编写代码、编译、查找错误的过程中解放出来，使程序设计者能够更加专注于应用程序的设计，而不用担心语法、指针等是否使用正确。这种编程方式大大降低了程序设计的复杂度。

使用 LabVIEW 图形化编程，可以简单、方便、非常灵活地实现程序设计，立即运行就可以看到分析处理结果。LabVIEW 是即时编译的，可以在编程的同时进行检查，及时发现错误代码，改动及替换方便，还可以实验验证或改进，甚至是边设计边改进。

LabVIEW 也有传统的程序调试工具，如设置断点、以动画方式显示数据及其子程序（子 VI）的结果、单步执行等等，便于程序的调试。

LabVIEW 的函数库包括数据采集、GPIB、串口控制、数据分析、数据显示及数据存储。LabVIEW 提供了无比强大的分析、处理 VI 库及许多专业的工具包，例如：高级信号处理工具包、数字滤波器设计工具包、调制工具包、谱分析工具包、声音振动工具包、阶次分析工具包等，这是任何其他高级编程语言无法提供的。LabVIEW 独特的数据结构（波形数据、簇、动态数据类型等）使得测量数据的分析、处理非常简单、方便，并且实用性很强。

2.1.2　LabVIEW 程序、数据类型和程序结构

LabVIEW 创建的 VI 程序，由前面板和后面板两部分组成。其中带有网格背景的主界面称为前面板，用于编辑、显示输入输出控件；空白背景的主界面称为后面板，也称为程序框图，用于编辑、显示逻辑处理控件，设置程序运行的结构关系和逻辑流程。

LabVIEW 结构有循环结构、选择结构、顺序结构、事件结构。

LabVIEW 数据类型包括数值型、布尔型、字符串、枚举型、簇、数组、波形数据、时间标识和变体等。

局部变量只能在同一程序内部使用，每个局部变量都对应前面板的一个控件对象，一个控件可以创建多个局部变量。读写局部变量等同读写相应的控件对象。通过全局变量可以在不同的 VI 之间进行数据交换，一个全局变量的 VI 文件中可以包含多个不同数据类型的全局变量。

随堂记录

2.1.3 颜色和图像文件

1) 颜色

颜色是通过眼、脑结合生活经验所产生的一种对光的视觉效应。人对颜色的感觉不仅仅由光的物理性质所决定，比如人类对颜色的感觉往往受到周围颜色的影响。有时人们也将物质产生不同颜色的物理特性直接称颜色。

2) 图像文件

计算机内存储图片颜色信息的文件，称图像文件。图像点的最小单位称像素，在图像文件中直接或间接保存了图片的每个像素的颜色值。相机拍摄的图像文件的纵横像素数称图像的像素分辨率，常见的分辨率有 640 x 480、1024 x 768、1600 x 1200 以及 2048 x 1536 等。常见的图像文件的格式有 BMP、JPG、PNG 等。

2.1.4 LabVIEW 视觉采集函数

LabVIEW 图像采集编程必须使用 IMAQ VI 和 IMAQdx VI 库的函数，它们是实现以下几个功能的基本工具：

①从配置文件中加载设备和相机的信息。

②选择一个视频通道。

③调整采集参数。

④开始和结束一个采集。

⑤从设备存储中传输图像到 NI 视觉图像缓存中。

⑥监控设备触发器。

IMAQ VI 主要支持 NI 相机；IMAQdx VI 兼容非 NI 的 USB、1394、GIGE VISION 等相机。

（1）IMAQdx Open Camera（图 2.1.1）

打开一个相机，查询这个相机的功能，加载相机配置文件，并为相机创建一个唯一的引用。完成引用时使用 IMAQdx Close Camera VI 关闭相机。

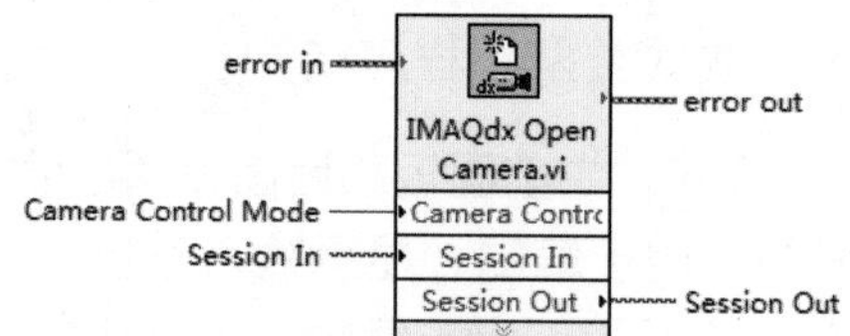

图 2.1.1 IMAQdx Open Camera

IMAQdx Open Camera 的参数详情见表 2.1.1。

表 2.1.1 IMAQdx Open Camera 参数详情

参数名称	数据类型	描述
Camera Contro lMode	In	在图像广播中使用的相机的控制方式。在控制器模式下打开相机，主配置和获取图像数据。在侦听器模式中打开一个摄像机，被动地从在不同主句或目标计算机上的控制器模式中打开的会话中获取图像数据，默认值是控制器

续表

参数名称	数据类型	描述
Session In	In	指定想要打开的相机的名称。默认值是 cam0
Session Out	Out	相机唯一的引用。Session In 与 Session Out 相同

（2）IMAQdx Configure Grab（图 2.1.2）

配置和启动一个抓取采集。一个抓取执行一个连续循环的采集，并保存到一个环形缓存中。使用 Grab VI 实现高速图像采集；使用 IMAXdx Grab VI 来把图像从缓存中复制；如果在调用 IMAQdx Open Camera VI 之前调用 Grab VI，IMAQdx Configure Grab VI 默认使用 cam0。使用 IMAQdx Unconfigure Acquisition VI 配置这个采集函数。

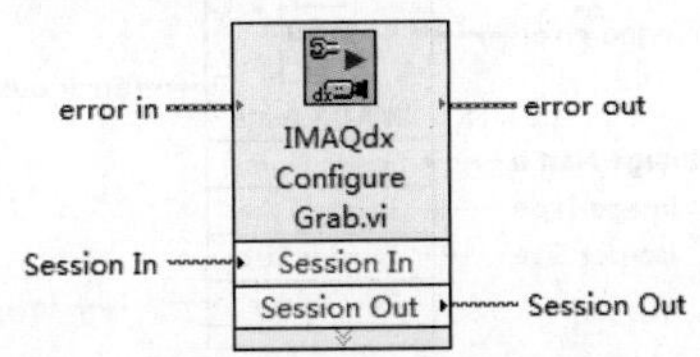

图 2.1.2　IMAQdx Configure Grab

IMAQdx Configure Grab 内参数详情见表 2.1.2。

表 2.1.2　IMAQdx Configure Grab 参数详情

参数名称	数据类型	描述
Session In	In	指定你想要获取的相机的名称。默认值是 cam0
Session Out	Out	相机唯一的引用。Session In 与 Session Out 相同

（3）IMAQdx Snap2（图 2.1.3）

如果在调用 IMAQdx Open Camera VI 之前调用该 VI，IMAQdx Snap2 VI 默认使用 cam0。如果图像类型与这个相机的视频格式不匹配，此 VI 将图像类型变为合适的格式。

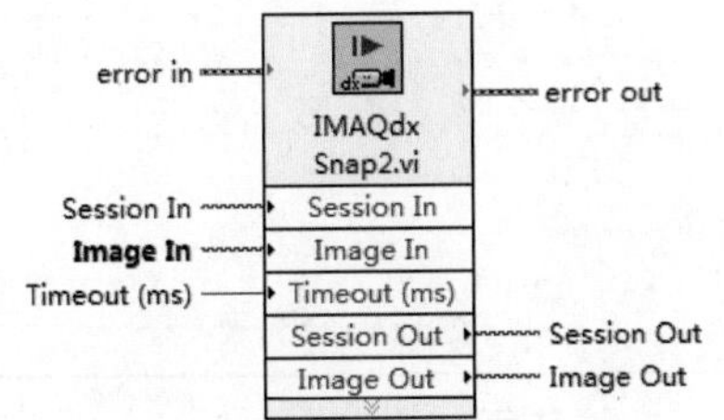

图 2.1.3　IMAQdx Snap2

IMAQdx Snap2 参数详情见表 2.1.3。

表 2.1.3　IMAQdx Snap2 参数详情

参数名称	数据类型	描述
Timeout（ms）	In	指定等待请求图像变得可用的时间（毫秒数）。默认值是 5000。“-1”表示无限等待，“-2”表示使用 Timeout 属性值代替这个参数

随堂记录

想一想

Q：用自己的语言描述 IMAQdx Open Camera 及各参数的作用。

想一想

Q：用自己的语言描述 IMAQdx Configure Grab 及各参数的作用。

想一想

Q：用自己的语言描述 IMAQdx Snap2 及各参数的作用。

随堂记录

想一想

Q：用自己的语言描述 IMAQ Create 及各参数的作用。

练一练

续表

参数名称	数据类型	描述
Session In	In	指定需要重置的相机的名称。默认值是 cam0
Image In	In	接收抓取像素数据的图像引用。可以从 IMAQdx Open Camera VI 获得
Session Out	Out	相机唯一的引用。Session In 与 Session Out 相同
Image Out	Out	捕获图像的引用

（4）IMAQ Create（图 2.1.4）

为图像创建一个临时内存位置。在 LabVIEW 中，使用 IMAQ Create VI 和 IMAQ Dispose VI 共同创建或丢弃 NI 视觉图像。

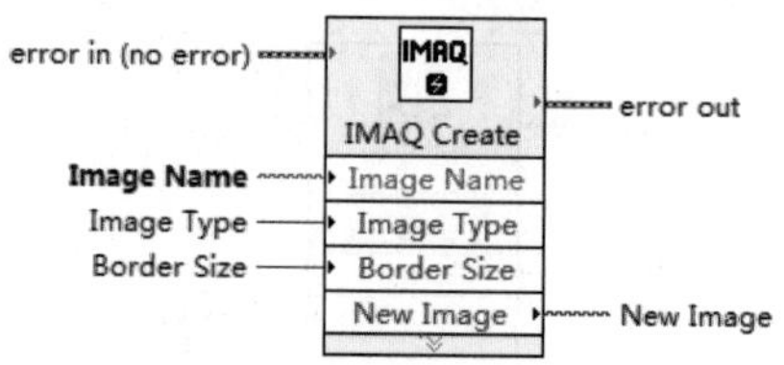

图 2.1.4 IMAQ Create

IMAQ Create 参数详情见表 2.1.4。

表 2.1.4 IMAQ Create 参数详情

参数名称	数据类型	描述
Border Size	In	确定在图像周围创建边框的宽度（以像素为单位）。这些像素只用于特定的可见光
Image Name	In	与创建的图像相关联的名称。创建的每个图像必须具有唯一的名称
Image Type	In	指定图像的类型
New Image	Out	作为 NI 视觉所使用的所有后续函数输入的图像引用。可以在 LabVIEW 应用程序中创建多个图像

【任务演练】

1）任务分组

学生任务分配表

<table>
<tr><td>班级</td><td></td><td>组号</td><td></td><td>指导老师</td><td></td></tr>
<tr><td>组长</td><td></td><td>学号</td><td colspan="3"></td></tr>
<tr><td rowspan="4">组员</td><td>姓名</td><td>学号</td><td>姓名</td><td colspan="2">学号</td></tr>
<tr><td></td><td></td><td></td><td colspan="2"></td></tr>
<tr><td></td><td></td><td></td><td colspan="2"></td></tr>
<tr><td></td><td></td><td></td><td colspan="2"></td></tr>
</table>

随堂记录

续表

任务分工

2）任务准备

图像采集

①准备“NI LabVIEW 2014”视觉软件。

②准备机器视觉硬件模块。

③准备多种工件。

3）实施步骤

（1）启动系统并创建程序

软件启动并创建程序，见表 2.1.5。

表 2.1.5　软件启动并创建程序

序号	操作说明	效果图
1	启动 LabVIEW 程序，进入“项目创建和打开”主界面	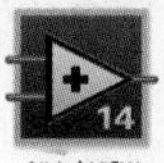
2	单击“创建项目”，弹出“创建项目”对话框	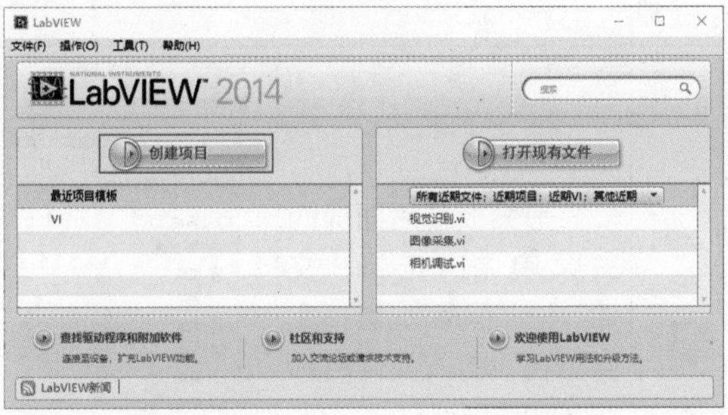
3	在右侧项目类型列表中，选中第 2 项“新建一个空白 VI”，单击“完成”按钮	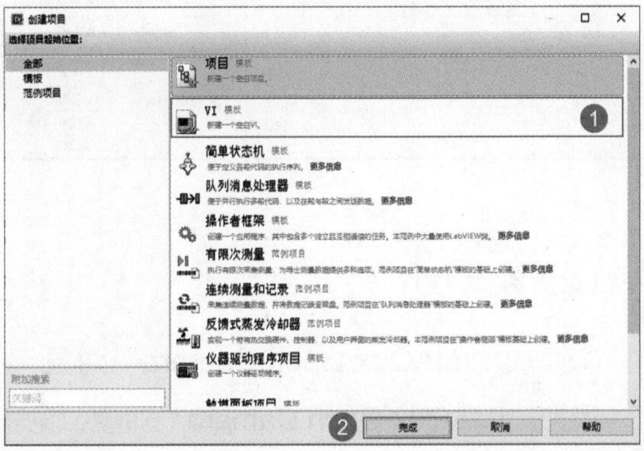

随堂记录

小提示
前后面板窗口切换显示方法：CTRL＋E；前后面板窗口在屏幕上并列显示方法：CTRL＋T。

续表

序号	操作说明	效果图
4	在 LabVIEW 系统创建 1 个空白的 VI 程序，弹出两个主界面，其中带有网格背景的主界面为前面板，用于编辑、显示输入输出控件	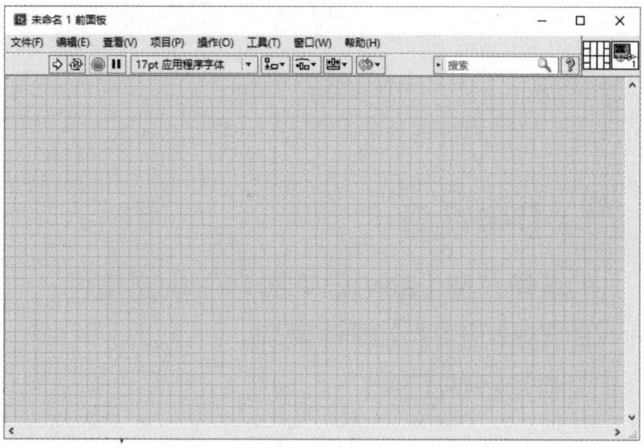
5	空白背景的主界面为后面板，用于编辑、显示逻辑处理控件，设置程序运行的结构关系和逻辑关系	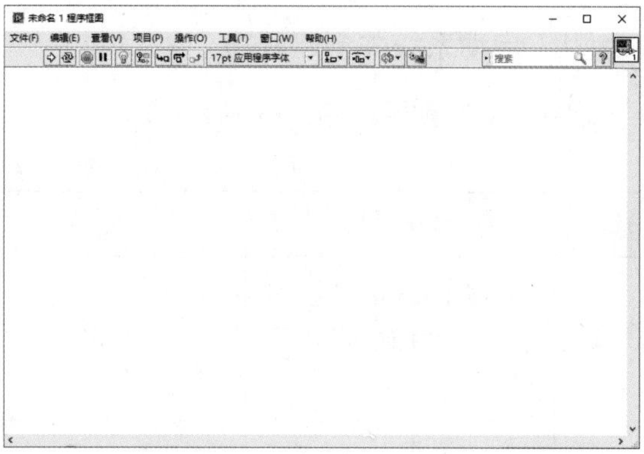
6	在前面板或后面板的主菜单中，选择“文件”→“保存”，选择文件路径，输入文件名称“图像采集.vi”。 单击“确定”按钮	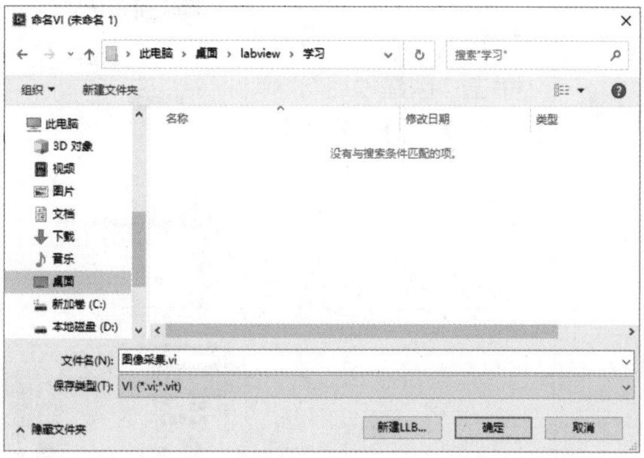

（2）编写程序

①添加“IMAQdx Open Camera”对象

添加“IMAQdx Open Camera”对象，见表 2.1.6。

随堂记录

表 2.1.6　添加“IMAQdx Open Camera”对象

序号	操作说明	效果图
1	在后面板空白处单击右键，弹出“函数菜单窗口” 选择菜单项“视觉与运动”→“NI-IMAQdx”→“Open” 单击后面板，完成对象“IMAQdx Open Camera”的添加	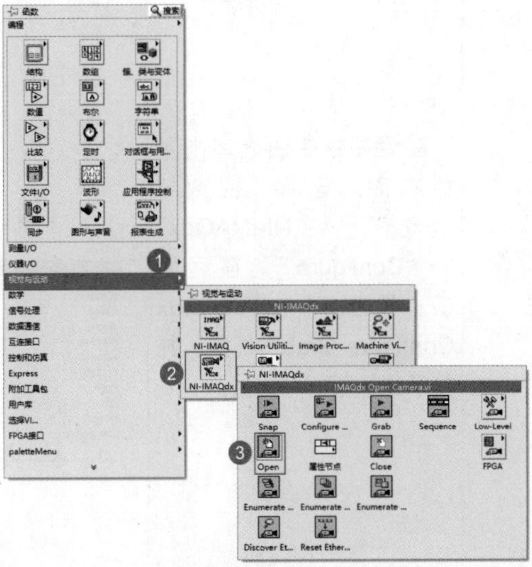
2	显示控件对象标签的方法：在控件对象上单击鼠标右键，弹出“控件对象菜单窗口”，选择菜单项“显示项”→“标签”	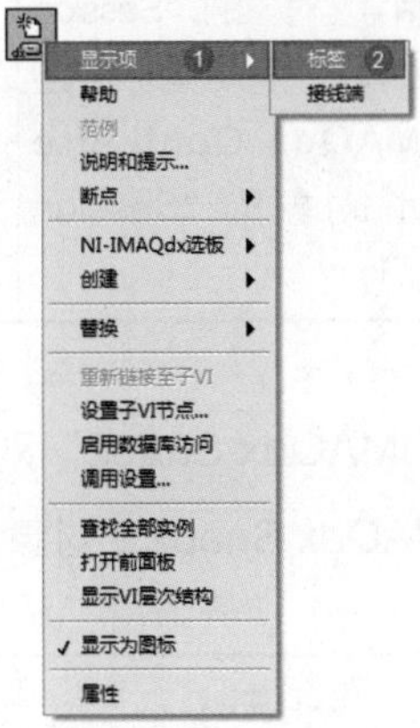
3	显示带标签的对象	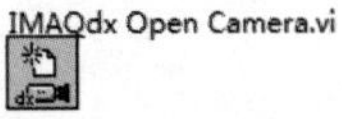
4	显示不带标签的对象	

②添加“IMAQdx Configure Grab”对象

添加“IMAQdx Configure Grab”对象，见表 2.1.7。

随堂记录

表 2.1.7　添加“IMAQdx Configure Grab”对象

序号	操作说明	效果图
1	在后面板空白处单击鼠标右键，选择“视觉与运动”→“NI-IMAQdx”→“Configure”，在后面板上单击，添加“IMAQdx Configure Grab”对象，并显示出标签	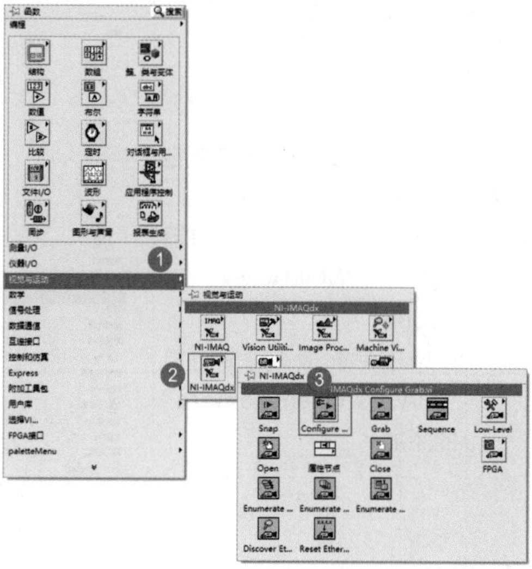
2	选中“IMAQdx Open Camera.vi”对象的“Session Out”端口，拖动鼠标，连接“IMAQdx Configure Grab.vi”对象的“Session In”端口	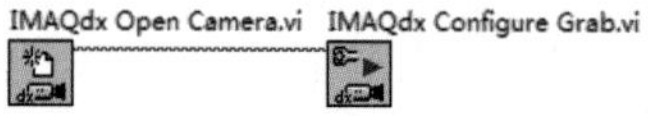 IMAQdx Open Camera.vi　IMAQdx Configure Grab.vi

③添加“IMAQdx Snap2”对象

添加“IMAQdx Snap2”对象，见表 2.1.8。

表 2.1.8　添加“IMAQdx Snap2”对象

序号	操作说明	效果图
1	在后面板空白处单击鼠标右键，选择菜单项“视觉与运动”→“NI-IMAQdx”→“Snap”，在后面板上单击，添加“IMAQdx Snap2”对象，并显示出标签	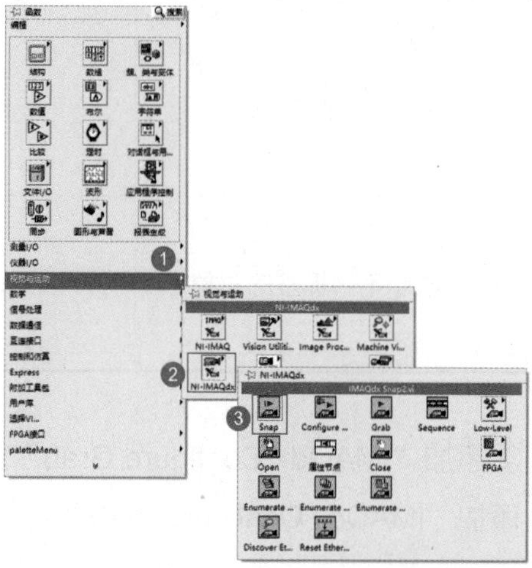

随堂记录

续表

序号	操作说明	效果图
2	选中“IMAQdx Configure Grab.vi”对象的“Session Out”端口，拖动鼠标，连接“IMAQdx Snap2.vi”对象的“Session In”端口	
3	整理程序框图：选中要整理的对象群，单击“整理程序框图”	

④添加“Session In”对象

添加“Session In”对象，见表 2.1.9。

表 2.1.9　添加“Session In”对象

序号	操作说明	效果图
1	在对象“IMAQdx Open Camera.vi”的端口“Session In”位置上单击鼠标右键，选择菜单项“创建”→“输入控件”，创建“Session In”控件，同时在前面板也创建一个“Session In”下拉输入框，列出相机列表	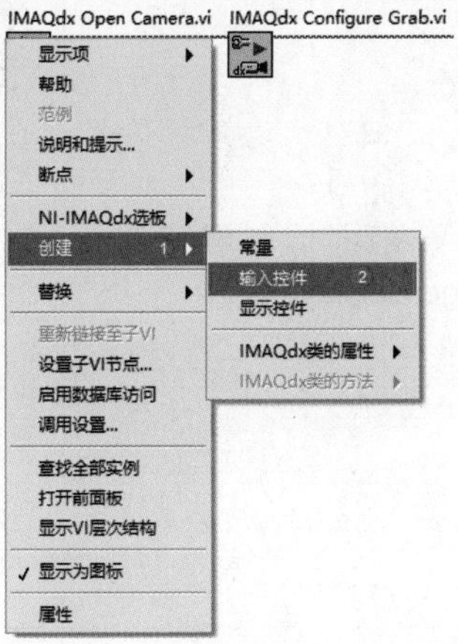
2	在后面板上创建“Session In”对象	
3	前面板将同步显示“Session In”列表框	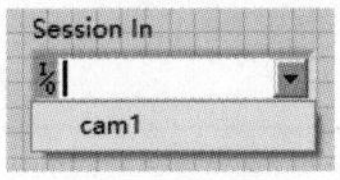

⑤添加“Image”对象

添加“Image”对象，见表 2.1.10。

随堂记录

表 2.1.10　添加“Image”对象

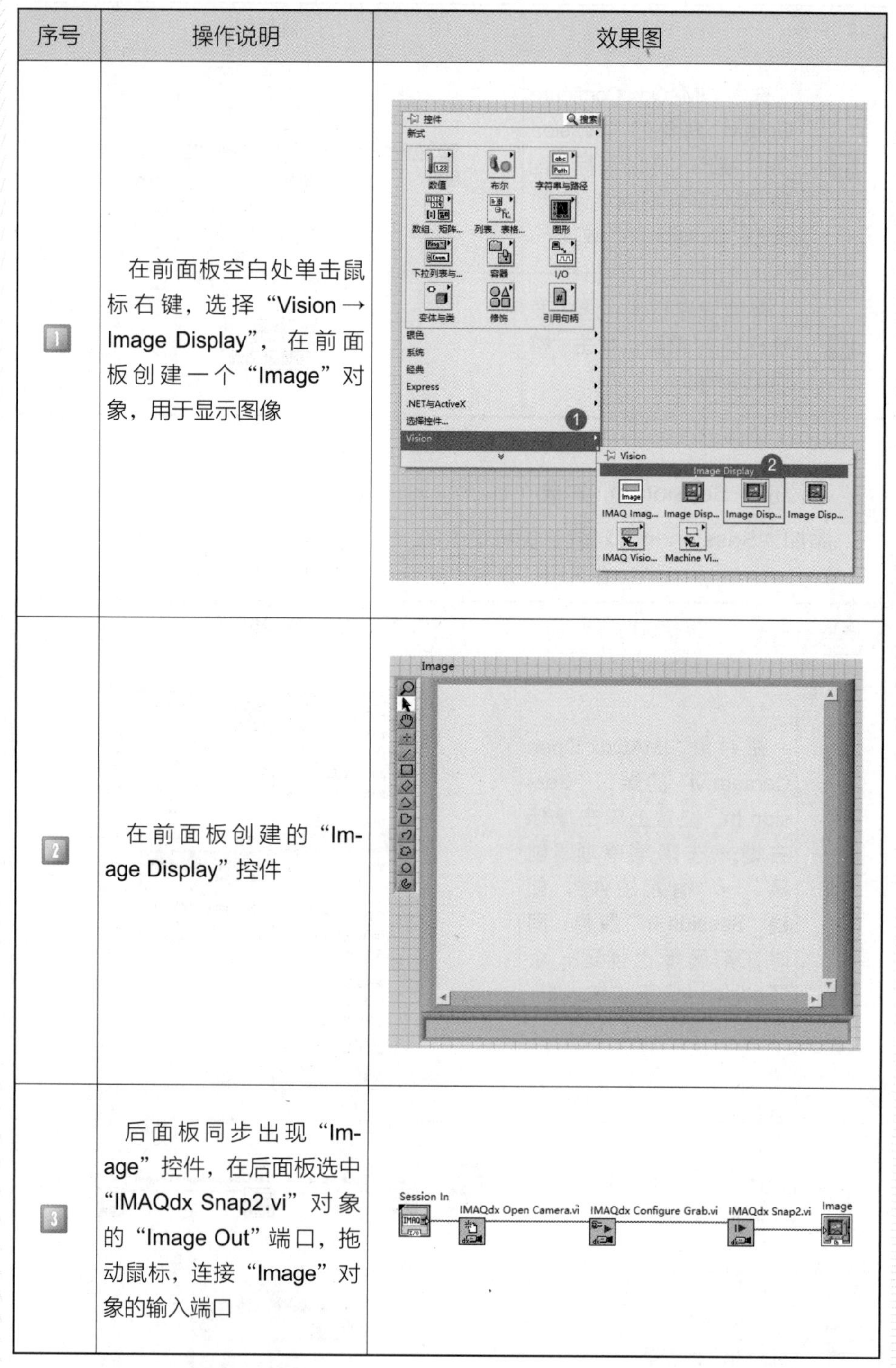

序号	操作说明	效果图
1	在前面板空白处单击鼠标右键，选择“Vision→Image Display”，在前面板创建一个“Image”对象，用于显示图像	
2	在前面板创建的“Image Display”控件	
3	后面板同步出现“Image”控件，在后面板选中“IMAQdx Snap2.vi”对象的“Image Out”端口，拖动鼠标，连接“Image”对象的输入端口	

⑥添加“IMAQ Create”对象

添加“IMAQ Create”对象，创建图像缓冲区，见表 2.1.11。

随堂记录

表 2.1.11　添加“IMAQ Create”对象

序号	操作说明	效果图
1	在后面板空白处单击鼠标右键，选择菜单项“视觉与运动”→“Vision Utilities”→“Image Management”→“IMAQ Create”	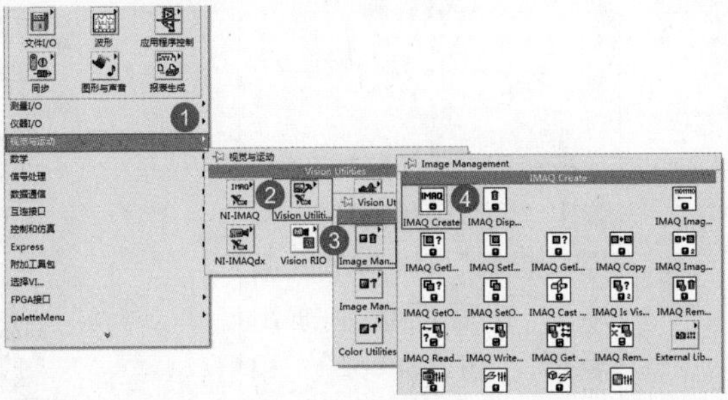
2	将“IMAQ Create”的输出端口“New Image”，与 Snap2 对象的“Image In”连接	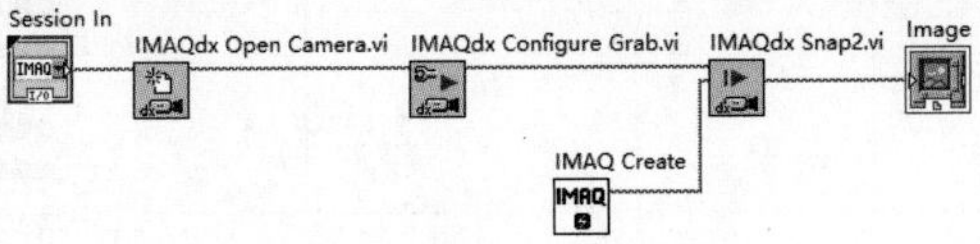

⑦ “IMAQ Create”对象的“Image Name”添加变量

添加“IMAQ Create”对象的变量，见表 2.1.12。

表 2.1.12　“IMAQ Create”添加变量

序号	操作说明	效果图
1	鼠标移动到“IMAQ Create”对象的“Image Name”上单击右键，弹出“对象”菜单窗口，选择菜单项“创建”→“常量”	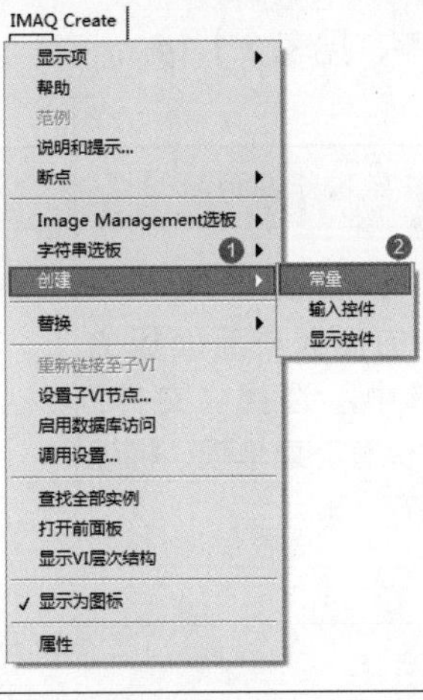
2	将常量名称输入“Image Name”	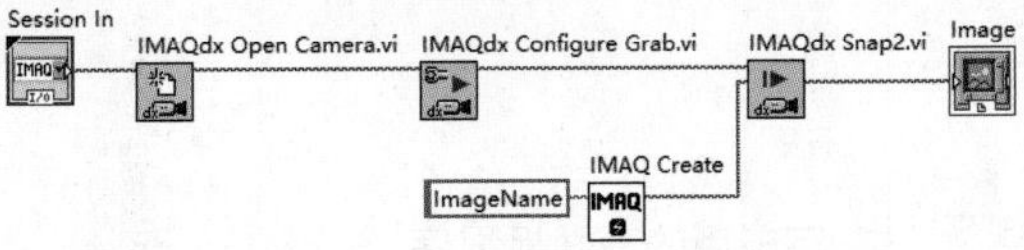

⑧添加循环结构

添加循环结构，见表 2.1.13。

随堂记录

想一想

Q: While 循环由哪几部分组成?

小提示

① While 循环的循环端口可以输出当前的循环次数；条件端口控制循环是否执行。

②条件端口连接的是布尔数据，默认值为"假"，如果条件端口值为"真"，就会执行下一次循环，当条件端口值是"假"的时候，循环就会结束。

③单击条件端口，可以将其在条件端口值为"真"时停止或继续之间切换。

表 2.1.13　添加循环结构

序号	操作说明	效果图
1	在空白处单击鼠标右键，弹出"函数菜单窗口"，选择"结构"→"While 循环"，在后面板中拖出矩形，将"Snap2"和"Image"两个对象框住	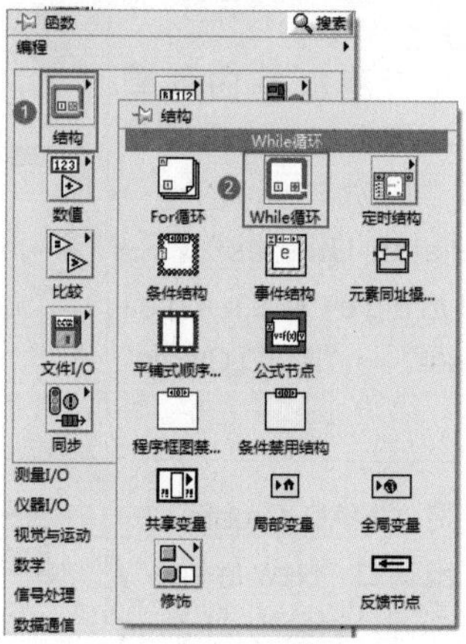
2	鼠标移动到"循环条件"按钮，单击右键，选择"创建常量"选项（False），使 While 循环连续运行	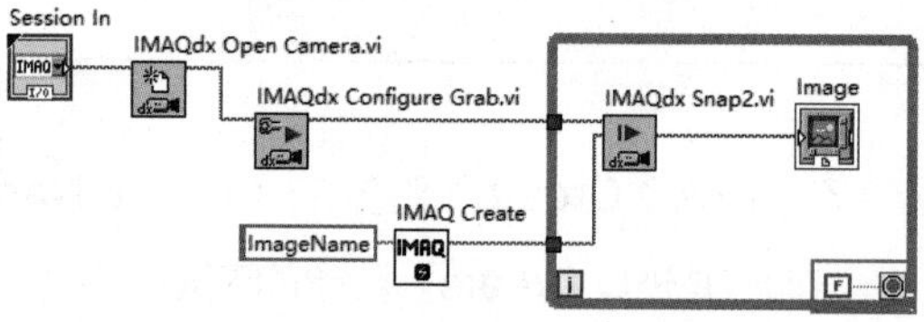

⑨保存程序

保存程序，见表 2.1.14。

表 2.1.14　保存程序

序号	操作说明	效果图
1	在前面板或后面板的菜单中，选择"文件"→"保存"菜单项，将程序保存	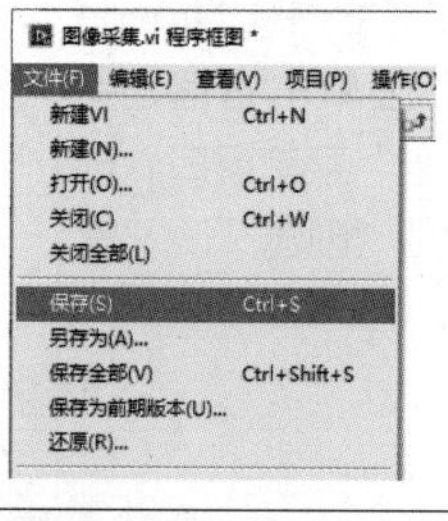
2	完成后的前面板程序	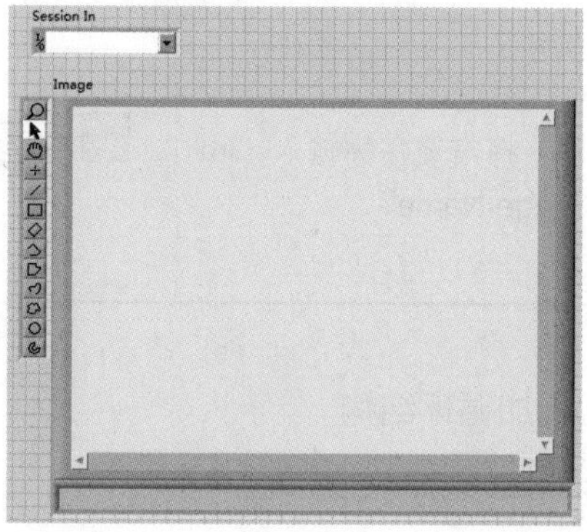

随堂记录

续表

序号	操作说明	效果图
3	完成后的后面板程序	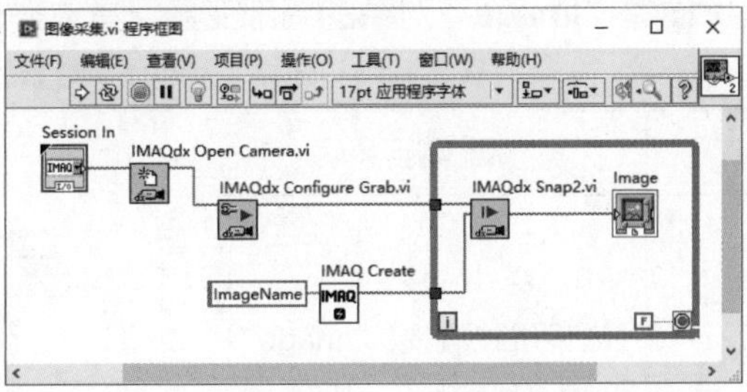

（3）程序运行

程序编写完成后，即可运行，见表 2.1.15。

表 2.1.15　程序运行

序号	操作说明	效果图
1	运行前需在前面板中初始化一些数据，在前面板的“Session In”对象的下拉列表框中选择相机“cam1”	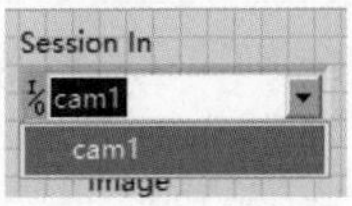
2	在前面板或后面板中单击“运行”按钮，程序启动运行	
3	程序运行时的前面板	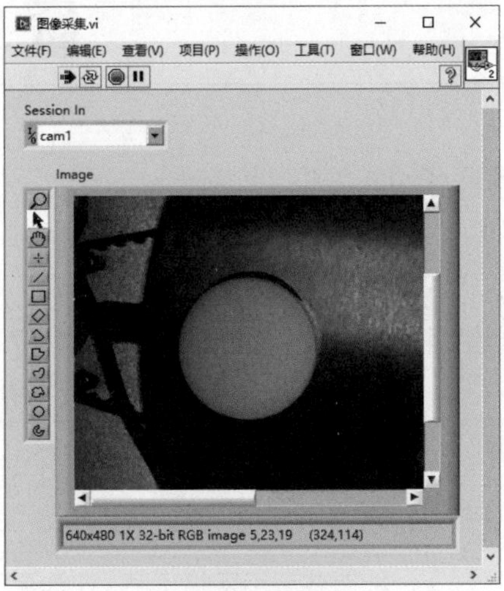
4	单击“停止”按钮，程序停止运行	

随堂记录

（4）创建“Image”对象的局部变量

创建“Image”对象的局部变量，具体操作步骤见表 2.1.16。

表 2.1.16　创建“Image”对象的局部变量操作步骤

序号	操作说明	效果图
1	在后面板删除“Image”对象的连线，并移出While循环框；鼠标移动到Image对象处，单击右键，弹出对象操作菜单，选择“创建”→“局部变量”	Image 显示项 查找显示控件 制作自定义类型 隐藏显示控件 转换为输入控件 转换为常量 说明和提示... 创建 数据操作 高级 显示为图标 属性 常量 输入控件 显示控件 局部变量 引用 属性节点 调用节点 IMAQImage类的属性 IMAQImage类的方法
2	创建的Image局部变量	Image
3	将Image局部变量移入While循环框，与Snap2对象的“Image Out”连接	IMAQdx Snap2.vi Image
4	完成结果如右图所示，即可保存运行	Session In IMAQdx Open Camera.vi IMAQdx Configure Grab.vi IMAQdx Snap2.vi Image IMAQ Create ImageName Image

【任务评价】

评一评

（1）学生自评

学生进行自评，将结果填入表 2.1.17 中。

表 2.1.17　学生自评表

班级		组名		日期	年　月　日
评价指标	评价要素			分数	分数评定
信息检索	能有效利用网络资源、工作手册查找有效信息；能用自己的语言有条理地去解释、表述所学知识；能将查找到的信息有效转换到学习中			10	
感知工作	在学习中能获得满足感			10	

续表　　随堂记录

评价指标	评价要素	分数	分数评定
参与状态	与教师、同学之间能相互尊重、理解、平等交流；与教师、同学之间能够保持多向、丰富、适宜的信息交流	10	
	探究学习、自主学习不流于形式，处理好合作学习和独立思考的关系，做到有效学习；能发表个人见解；能按要求正确操作；能够倾听、协作分享	10	
学习方法	视觉图像采集任务的工作计划、操作技能符合规范要求；能获得进一步发展的能力	10	
工作过程	遵守管理规程，视觉图像采集的操作过程符合要求；平时上课的出勤情况和每天完成工作任务情况良好；善于多角度思考问题，能主动发现、提出有价值的问题	15	
思维状态	能发现本任务中创建 Image 对象局部变量的作用、理解循环结构的含义；能否解决在操作过程中遇到的问题	10	
自评反馈	按时保质完成视觉图像采集的 vi 文件，并能够正常运行；较好地掌握了专业知识点；具有较强的信息分析能力和理解能力；具有较为全面严谨的思维能力并能条理清晰地表述成文	25	
合计		100	
经验总结			
反思			

（2）学生互评

学生以小组为单位，对以上学习情境的过程与结果进行互评，并将结果填入表 2.1.18 中。

表 2.1.18　学生互评表

班级		被评组名		日期	年 月 日
评价指标	评价要素			分数	分数评定
信息检索	该组能有效利用网络资源、工作手册查找有效信息			5	
	该组能用自己的语言有条理地去解释、表述所学知识			5	
	该组能将查找到的信息有效转换到工作中			5	
感知工作	该组能熟悉自己的工作岗位，认同工作价值			5	
	该组成员在工作中能获得满足感			5	

随堂记录

续表

评价指标	评价要素	分数	分数评定
参与状态	该组与教师、同学之间能相互尊重、理解、平等交流	5	
	该组与教师、同学之间能够保持多向、丰富、适宜的信息交流	5	
	该组能处理好合作学习和独立思考的关系，做到有效学习	5	
	该组能提出有意义的问题或能发表个人见解；能按要求正确操作；能够倾听、协作分享	5	
	该组能积极参与，在实训练习的过程中不断学习，提升动手能力	5	
学习方法	该组的图形采集工作计划、操作技能符合规范要求	5	
	该组能获得了进一步发展的能力	5	
工作过程	该组能遵守管理规程，操作过程符合现场管理要求	5	
	该组平时上课的出勤情况和每天完成工作任务情况良好	5	
	该组成员能成功采集图像，并善于多角度思考问题，能主动发现、提出有价值的问题	15	
思维状态	该组能发现本任务中创建 Image 对象局部变量的作用、理解循环结构的含义，能自行解决在操作过程中遇到的问题	5	
自评反馈	该组能严肃认真地对待自评，并能独立完成自测试题	10	
合计		100	
简要评述			

（3）教师综合评价

教师对学生的工作过程与结果进行评价，并将结果填入表 2.1.19 中。

表 2.1.19　教师综合评价表

班级		组名		姓名	
出勤情况					
序号	评价指标	评价要求		分数	分数评定
一	任务描述、接受任务	口述任务内容细节		2	
二	任务分析、分组情况	依据任务分析程序编写步骤		3	

续表

序号	评价指标	评价要求	分数	分数评定
三	制订计划	①制定 LabVIEW 图像采集的程序编写计划 ②准备 LabVIEW 硬件视觉模块、工件	15	
四	计划实施	①启动视觉软件并创建程序 ②编写图像采集程序 ③图像采集程序的正确运行	55	
五	检测分析	是否完成任务，过程是否合格，结果是否正确	15	
六	总结	任务总结	10	
合计			100	

综合评价	自评（20%）	小组互评（30%）	教师评价（50%）	综合得分

任务 2.2　机器视觉工件识别

关键词	图像拍摄	颜色模板匹配	显示字符串
	视觉助手	模板匹配	色彩模型

【任务描述】

本任务讲解了颜色模型和几种图像，使学生理解和掌握 RGB 颜色模型和 HSL 颜色模型，熟悉真彩色图像、灰度级图像和二值图像等相关特征。

本任务首先简单介绍视觉助手软件，然后重点讲解采集图像经过视觉助手的几个函数处理，最终识别图像中是否包含模板工件以及其位置和角度，帮助学生熟练掌握模式匹配的方法，掌握这些函数的功能、输入输出参数、调用顺序以及参数设置，掌握 Vision Assistant 对象参数排列、关联以及创建相应的输入控件和显示控件的方法和步骤，掌握识别结果的显示输出方法。

【任务目标】

1. 知识目标

（1）了解色彩模型 RGB、HSL、HSV 和 HSI 的相关知识。

（2）了解真彩色图像、灰度级图像和二值图像的相关知识。

随堂记录

课程思政

工件所在的位置不同，检测得分也不相同。换位思考，每个人所站的位置、角度不同，处理相同事情的方法及结果也会不同。

随堂记录

（3）熟悉 Vision Assistant 软件的功能和采集界面。

2. 能力目标

（1）掌握 MAX 软件图像抓拍和图像文件保存方法和操作步骤。

（2）掌握 Vision Assistant 软件操作方法。

（3）掌握“模板匹配 .vi”对象的添加、参数关联以及创建相应的显示控件的方法和操作步骤。

3. 素质目标

（1）具有质量意识、环保意识、安全意识、信息素养、劳动精神、工匠精神、劳模精神和创新思维。

（2）熟记“6S 管理”。

（3）勇于奋斗、乐观向上，具有自我管理能力，有较强的集体意识和团队合作精神。

【相关知识】

2.2.1 色彩模型和各种图像

1）色彩模型

在多媒体系统中常涉及用不同的色彩模型表示图像的颜色，如计算机显示时采用 RGB 色彩模型；在彩色全电视数字化系统中使用 YUV 色彩模型，彩色印刷时采用 CMYK 色彩模型等。不同的色彩模型对应不同的应用场合，在图像生成、存储、处理及显示时，可能需要做不同的色彩模型处理和转换。

（1）RGB 色彩模型

从理论上讲，任何一种颜色都可用三种基本颜色——红、绿、蓝（RGB）按不同的比例混合得到。三种基本颜色的光强越强，到达我们眼睛的光就越多，如果没有光到达眼睛，眼前就是一片漆黑。色光混合的比例不同，我们看到的颜色也就不同。

（2）HSL 色彩模型

在多媒体计算机应用中，除用 RGB 模型来表示图像之外，还使用色调、饱和度、亮度颜色模型——即 HSL。在 HSL 模型中，H（Hue）定义颜色的波长，称为色调；S（Saturation）表示颜色的深浅程度，称为饱和度；L（Lightness）定义掺入的白光量，称为亮度。

色调 H 是由于某种波长的颜色光使观察者产生颜色的感觉。它决定颜色的基本特性，例如红色、蓝色等都是指色调。某一物体的色调，使该物体在日光的照射下所反射的各光谱成分作用于人眼的综合效果。色调 H 参数表示色彩信息，即所处的光谱颜色的位置。该参数用一角度量来表示，取值范围为 0°～360°。若从红色开始按逆时针方向计算，红色为 0°，绿色为 120°，蓝色为 240°。它们的补色分别是：黄色为 60°，青色为 180°，品红为 300°。

饱和度 S 指的是颜色的纯度，或者说是指颜色的深浅程度。饱和度越高，

随堂记录

颜色越深，如深红，深绿。饱和度参数是色环的原点（圆心）到彩色点的半径的长度。由色环可以看出，在环的边界上的颜色饱和度最高，其饱和度值为 1；在中心的则是中性（灰色）影调，其饱和度为 0。

亮度 L 指的是色彩的亮度，作用是控制色彩的亮暗变化。它同样使用了 0 至 1 的取值范围。数值越小，色彩越暗，越接近黑色；数值越大，色彩越亮，越接近白色。

（3）HSV 色彩模型和 HSI 色彩模型

HSV 和 HSI 两种色彩模型中的色调 H 和饱和度 S 与 HSL 色彩模型中的色调 H、饱和度 S 相同。

HSV 模型中的亮度 V（Value）是光作用于人眼时所引起的明亮程度的感觉，与被视察物体的发光强度有关。亮度取值范围为 0（黑色）～ 1（白色）。HSV 模型对应于圆柱坐标系中的一个圆锥形彩色空间。

HSI 模型中的强度 I（Intensity）是指光波作用于感受器所发生的效应，其大小由物体反射系数来决定。反射系数越大，物体的亮度越大，反之越小。HSI 模型对应一个圆柱形彩色空间。

（4）4 种色彩模型关系

RGB、HSL、HSV、HSI 4 种色彩模型是等价的。也就是说，已知 1 个像素的任何 1 种模型的 3 个分量值，即可换算出其他 3 种模型的 3 个分量来。

2）真彩色图像、灰度级图像、二值图像

真彩色图像中，每个像素值都分成 R、G、B 3 个基色分量，每个基色分量直接决定其基色的强度，使用 8 位来表示，取值为 0 ～ 255。这样，每个不同的颜色值使用 24 位表示，大约 1677 万多种，相对于人眼的识别能力。这样得到的色彩可以相对人眼基本反映原图的真实色彩，称为真彩色。

灰度级图像（Grayscale Image）是指每个像素只有 1 个采样颜色的图像，这个采样颜色可以是RGB模型中的1个分量，也可以是HSL模型中的1个分量。这类图像通常显示为从最暗黑色到最亮的白色的灰度，尽管理论上这个采样可以是任何颜色的不同深浅，甚至可以是不同亮度上的不同颜色。其值如果使用 8 位来表示，取值为 0 ～ 255，共 256 种色值，称为 256 级灰度。

二值图像（Binary Image），即图像上的每一个像素只有两种可能的取值或灰度等级状态，取值为 0 或 1。人们经常用黑白、单色图像表示二值图像。

2.2.2　视觉助手介绍

视觉助手（Vision Assistant）是视觉开发模块（VDM）中的一个帮助工具，其宗旨是帮助工程师快速验证机器视觉项目的可行性，且编辑成脚本，生成 LabVIEW、VB、.NET 代码等，以便 LabVIEW 等编程平台的调用。其功能上只能顺序地完成与机器视觉图像处理相关的测试测量验证，如尺寸测量、颗粒分析、颜色匹配、条码识别、字符识别、分类、纹理分析、轮廓分析等。

想一想

Q：通过 NI Vision Assistant 实现 Labview 实时图像处理的步骤有哪些？

随堂记录

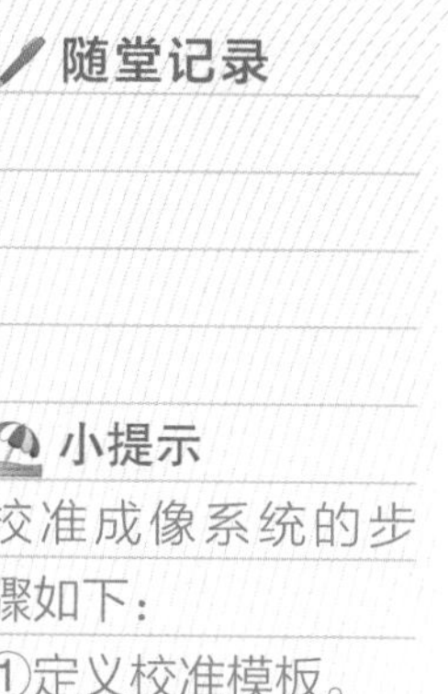

小提示

校准成像系统的步骤如下：

①定义校准模板。

②定义参照坐标系。

③了解校准信息。

小提示

已经创建的模板可以使用“Edit Calibration”编辑校准文件。

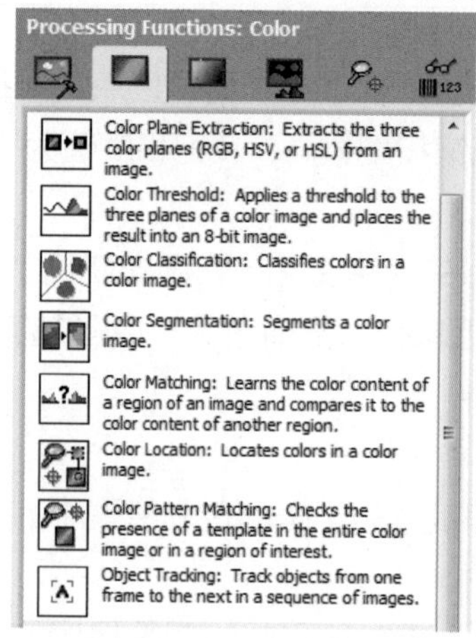

图 2.2.1 颜色模式识别函数在“Color”面板的位置

2.2.3 视觉助手的颜色模式识别函数 Color Pattern Matching

此函数在“Color”面板的位置，如图 2.2.1 所示。

此函数设置页面有 3 个选项卡：Main、Template、Settings。

（1）Main（主）选项卡（图 2.2.2）

Step Name（步骤名称），为本处理步骤设置一个名称，可以修改，也可以保持默认。

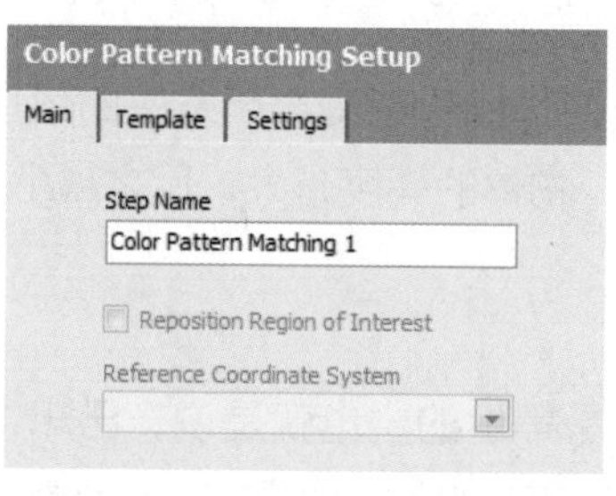

图 2.2.2 Main（主）选项卡

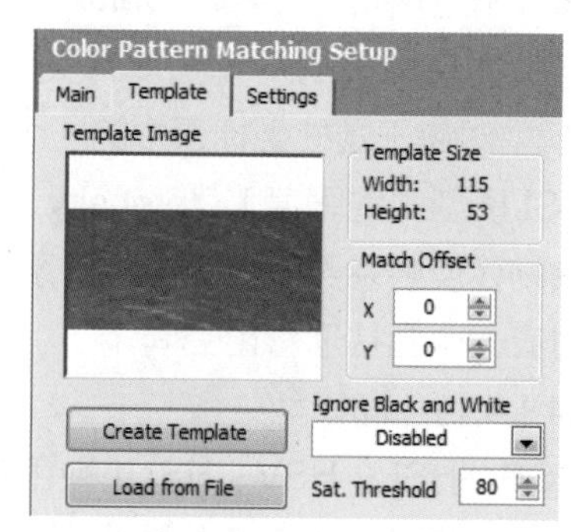

图 2.2.3 Template（模板）选项卡

（2）Template（模板）选项卡（图 2.2.3）

Template Image（模板图像）：显示模板图像。

Template Size（模板尺寸）：模板的宽度和高度大小。

Match Offset（匹配偏移）：模板的中心的偏移量，其值可以是正，也可以是负。

Create Template（创建模板）：创建一个模板文件。

Load from File（加载模板文件）：加载已经创建好的模板文件。

Ignore Black and White（忽略黑色和白色）：

Sat. Threshold（饱和度阈值）：

找到的目标结果有：目标的中心点坐标 CenterX、CenterY，Score（分值）、Angle（角度）等信息。

（3）Settings（设定值）选项卡（图 2.2.4）

可以设置的参数如下：

Number of Matches to Find（查找匹配的个数）：用于指定需要查找多少个模板目标。

Minimum Score（最小分值）：指定匹配的最小分值，即相似度。分值越小，通常越容易找到目标，但是容易找错；分值越大，则表

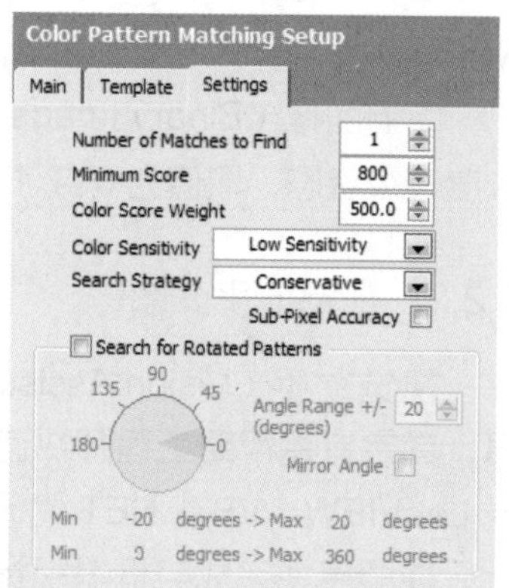

图 2.2.4 Settings（设定值）选项卡

示要求相似的程度越高，会增加找到目标的难度。默认值为 800 分，最大为 1000 分。

随堂记录

Color Score Weight（颜色分值权重）：确定颜色分值在颜色模式匹配分值中占的比值。

Color Sensitivity（颜色灵敏度）：指定颜色灵敏度，有 Low（低）、Medium（中）、High（高）3 种灵敏度。颜色灵敏度决定了 Hue 平面可以划分的扇区多少，默认值是 Low（低），当图像中的颜色成分比较复杂时，可以提高颜色灵敏度。

Search Strategy（搜索策略）：有 Conservative 保守（默认值）、Balance 平衡、Aggressive 主动、Very aggressive 非常主动等 4 种策略模式。保守策略使用最小的步距、最小的二次子采样因子，并且模板中的所有颜色都会在图像中进行搜索。保守策略是针对所有图像查找定位最可靠的方法，当然在提高可靠性的同时，会牺牲定位的时间。非常主动策略则使用最大的步距、最高的子采样，并且只搜索模板中的主要颜色。当模板的颜色非常一致、模板与背景有较好的对比度、有大量分离的不同模板在图像中时，可以使用这种策略。非常主动的策略是在图像中定位模板最快的方法。同样，在快速的同时牺牲了一定的可靠性。

Sub-Pixel Accuracy（亚像素精度）：如果需要考虑亚像素精度，算法会计算到亚像素以提高匹配的精度，同时也会增加匹配时间。

Search for Rotated Patterns（搜索旋转模式）：利用角度参数进行设置查找图像或 ROI 中有可能旋转的目标。

Angle Range +/-（角度范围）：指定可以查找的角度范围，值越大则查找的范围越大。正负角度只能指定相同的值。

Mirror Angle（镜像角度）：水平镜像角度如果设置为“能”，则会将 180 ± A 的区域也包含进来；在下面，则指示了 Min -X degrees → Max X degrees 最小到最大的角度范围。

【任务演练】

1）任务分组

学生任务分配表

<table>
<tr><td>班级</td><td></td><td>组号</td><td></td><td>指导老师</td><td></td></tr>
<tr><td>组长</td><td></td><td>学号</td><td colspan="3"></td></tr>
<tr><td rowspan="4">组员</td><td>姓名</td><td>学号</td><td colspan="2">姓名</td><td>学号</td></tr>
<tr><td></td><td></td><td colspan="2"></td><td></td></tr>
<tr><td></td><td></td><td colspan="2"></td><td></td></tr>
<tr><td></td><td></td><td colspan="2"></td><td></td></tr>
</table>

随堂记录

续表

任务分工

2）任务准备

①准备“NI LabVIEW 2014”视觉软件。
②准备机器视觉硬件模块。
③准备多种工件。

图像识别（一）

3）实施步骤

（1）创建程序

①打开原有程序

打开原有程序，见表 2.2.1。

表 2.2.1　打开原有程序

序号	操作说明	效果图
1	在任务 2.1 中创建程序文件“图像采集.vi”	图像采集.vi
2	双击该文件图标，打开该程序，弹出“前面板程序”界面	
3	进入后面板程序	

随堂记录

②另存创建新程序

另存创建新程序，见表 2.2.2。

表 2.2.2　另存创建新程序

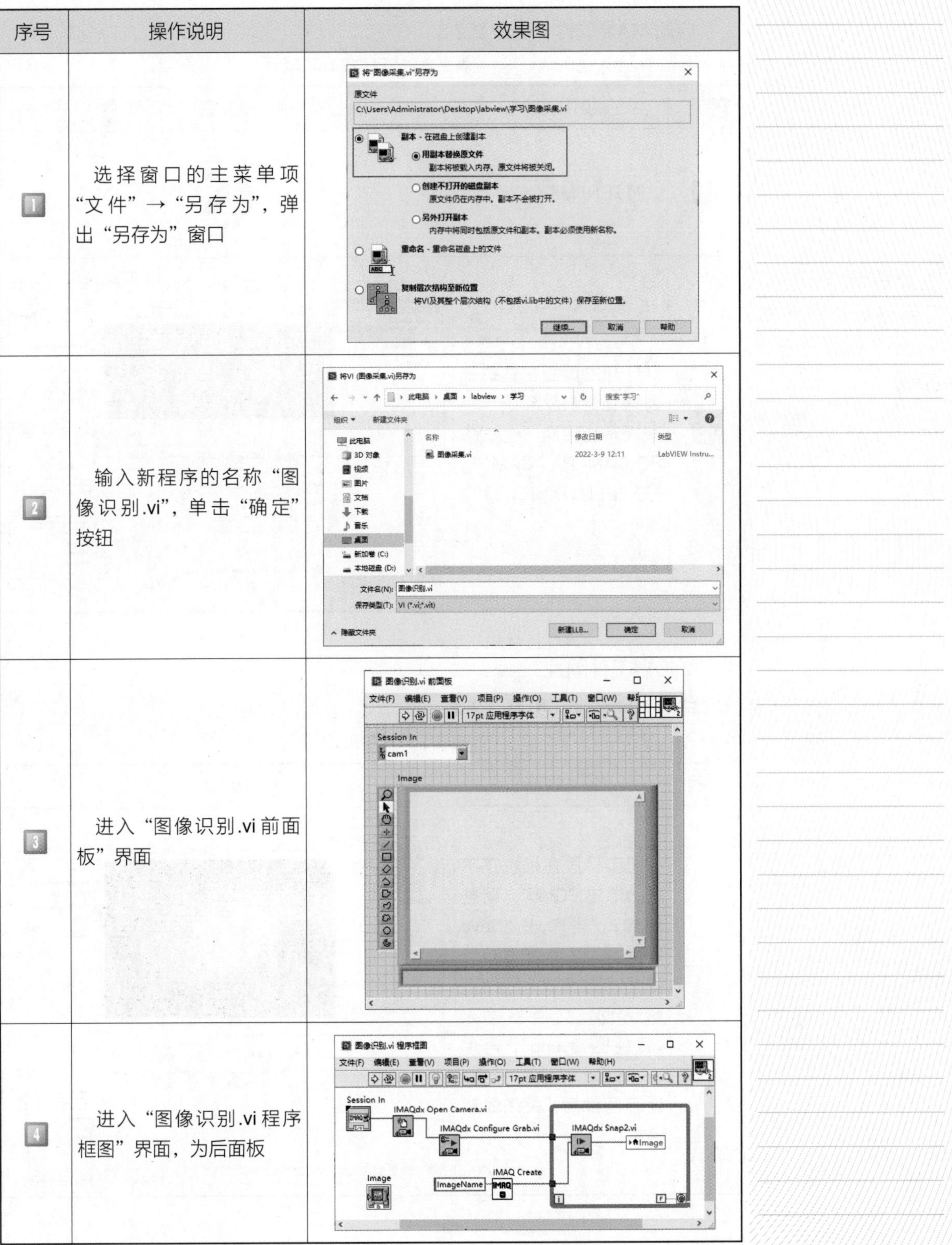

序号	操作说明	效果图
1	选择窗口的主菜单项“文件”→“另存为”，弹出“另存为”窗口	
2	输入新程序的名称“图像识别.vi”，单击“确定”按钮	
3	进入“图像识别.vi 前面板”界面	
4	进入“图像识别.vi 程序框图”界面，为后面板	

随堂记录

小提示

可用鼠标右键单击“cam1”来修改相机名称。

(2) 拍摄图片

①启动 MAX 软件

启动 MAX 软件，见表 2.2.3。

表 2.2.3　启动 MAX 软件

序号	操作说明	效果图
1	打开 NI MAX 软件	
2	打开主页面左边树形列表：“我的系统”→“设备和接口”→“CYS PC CAMERA‘CAM’”，打开相机显示窗口	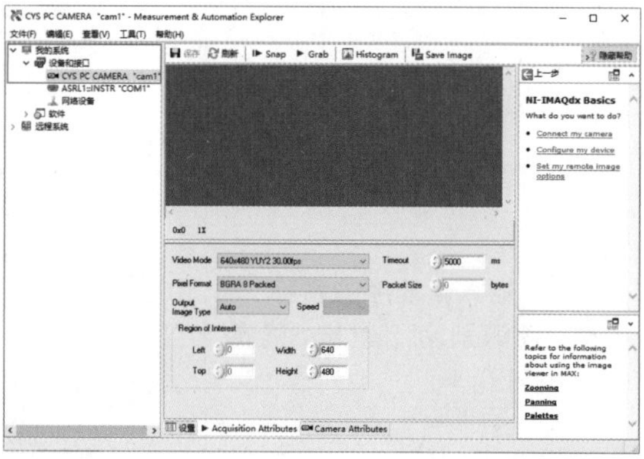

②拍摄工件图片

拍摄工件图片，见表 2.2.4。

表 2.2.4　拍摄工件图片

序号	操作说明	效果图
1	把工件放在相机正下方，单击“Grab”，调整图像，再单击“Save Image（保存图像）”，弹出“图像文件保存”对话框，文件名输入“黄色圆盘.png”，再单击“Save Image”按钮，保存图像后，关闭此对话框	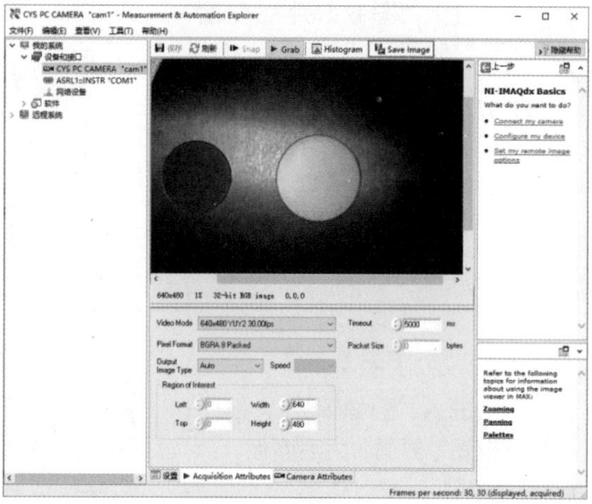

随堂记录

(3) 编写程序

①添加“Vision Assistant”对象

添加“Vision Assistant”对象，见表 2.2.5。

表 2.2.5　添加“Vision Assistant”对象

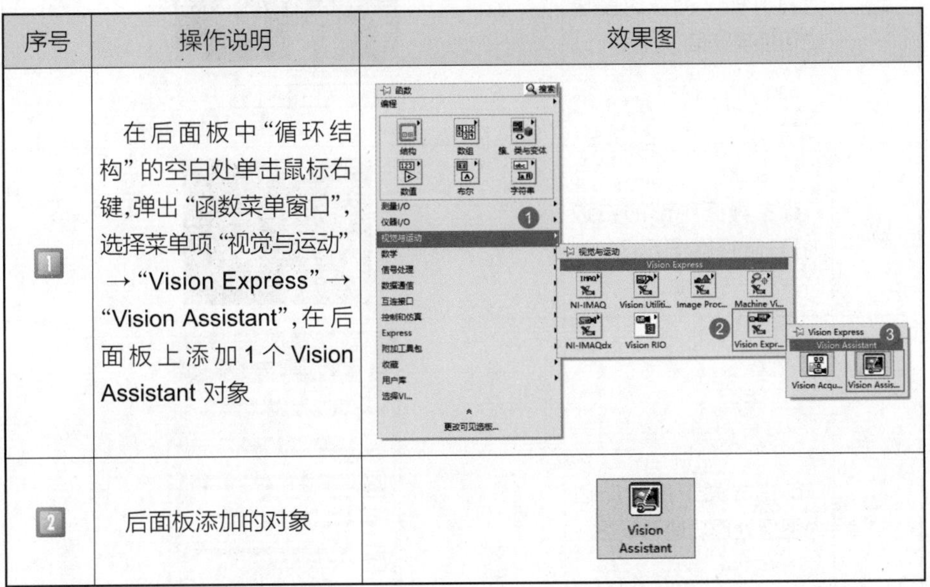

序号	操作说明	效果图
1	在后面板中“循环结构”的空白处单击鼠标右键，弹出“函数菜单窗口”，选择菜单项“视觉与运动”→“Vision Express”→“Vision Assistant”，在后面板上添加 1 个 Vision Assistant 对象	
2	后面板添加的对象	

②进入 Vision Assistant

进入 Vision Assistant，见表 2.2.6。

表 2.2.6　进入 Vision Assistant

序号	操作说明	效果图
1	在后面板中双击“Vision Assistant（视觉助手）”对象，打开“NI Vision Assistant”程序，进入程序主界面	
2	“NI Vision Assistant”程序主界面分为 5 个工作区： a. 主界面最上面为菜单选项和工具按钮选项区	

随堂记录

续表

序号	操作说明	效果图
3	b. 主界面中部的左边为打开多个图像时图像的切换操作区	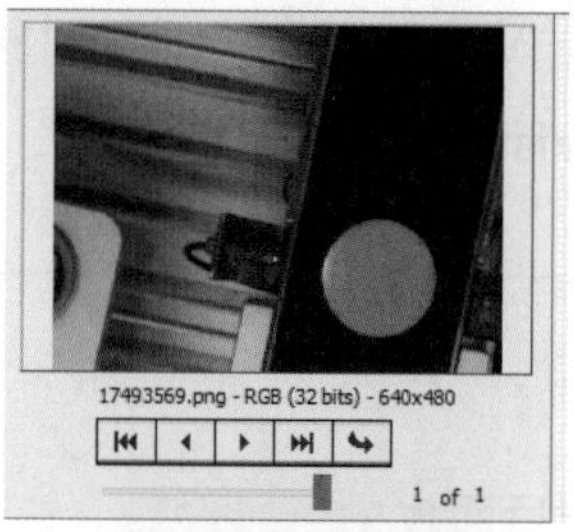
4	c. 主界面中部的右边为打开的图像显示区	
5	d. 主界面下部的左边为图像处理功能选项区	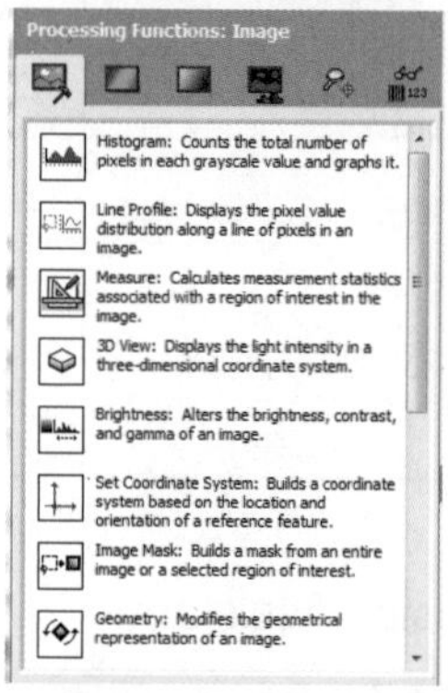
6	e. 主界面下部的右边为所选的图像处理操作流程显示区	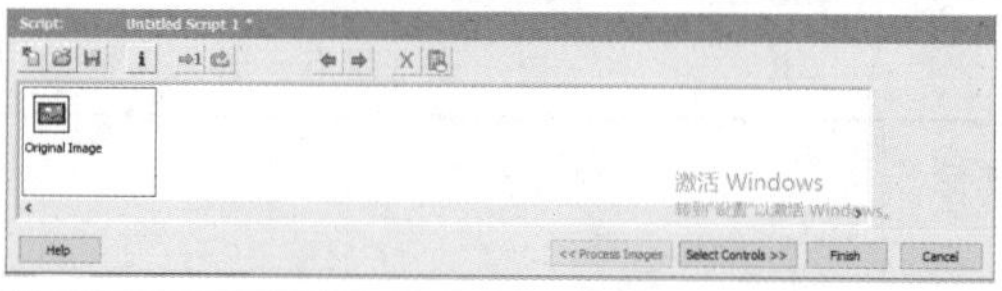

③打开工件图片

打开工件图片，见表 2.2.7。

表 2.2.7　打开工件图片

序号	操作说明	效果图
1	在“NI Vision Assistant”的主菜单中，选择菜单项“File”→“Open Image”，弹出“Open Image”文件打开对话框，选择需要打开的图像文件，单击“打开”按钮	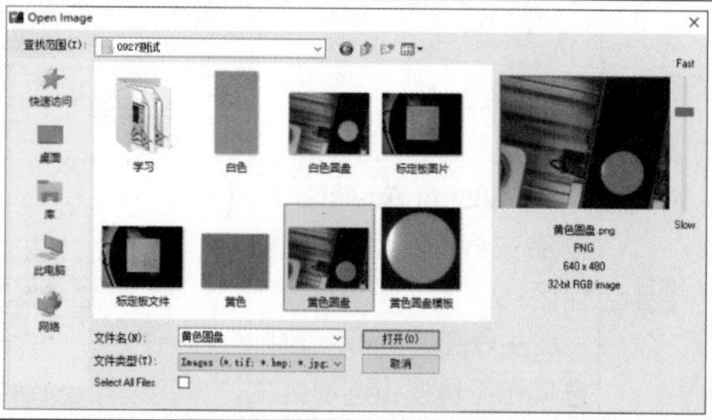

随堂记录

续表

序号	操作说明	效果图
2	单击“Zoom In”、“Zoom Out”工具按钮可以对图像进行放大、缩小处理，单击“Zoom 1∶1”工具按钮，可把图像显示为原大小，单击“Zoom to Fit”工具按钮，把图像显示为尽可能大的尺寸	

④ Color Pattern Matching

插入颜色模板匹配，见表 2.2.8。

表 2.2.8 插入颜色模板匹配

序号	操作说明	效果图
1	在“Processing Functions：color”中，单击“Color Pattern Matching”	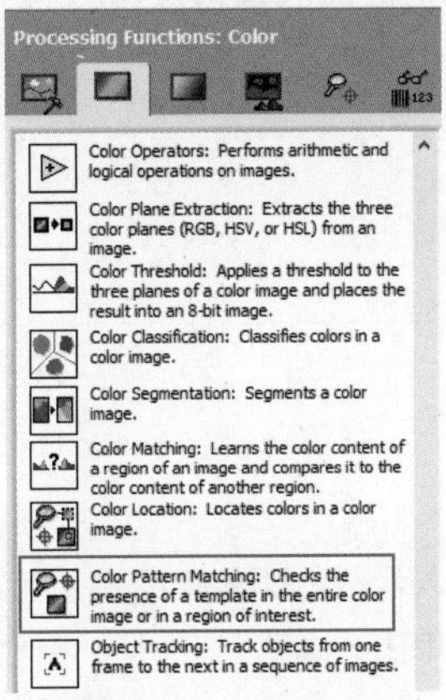 Processing Functions: Color Color Operators: Performs arithmetic and logical operations on images. Color Plane Extraction: Extracts the three color planes (RGB, HSV, or HSL) from an image. Color Threshold: Applies a threshold to the three planes of a color image and places the result into an 8-bit image. Color Classification: Classifies colors in a color image. Color Segmentation: Segments a color image. Color Matching: Learns the color content of a region of an image and compares it to the color content of another region. Color Location: Locates colors in a color image. Color Pattern Matching: Checks the presence of a template in the entire color image or in a region of interest. Object Tracking: Track objects from one frame to the next in a sequence of images.
2	单击“Template”（模板）	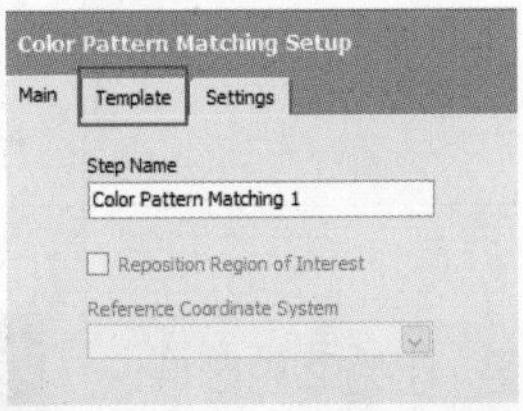 Color Pattern Matching Setup Main Template Settings Step Name Color Pattern Matching 1 Reposition Region of Interest Reference Coordinate System
3	单击“Create Template”，创建一个颜色匹配的模板	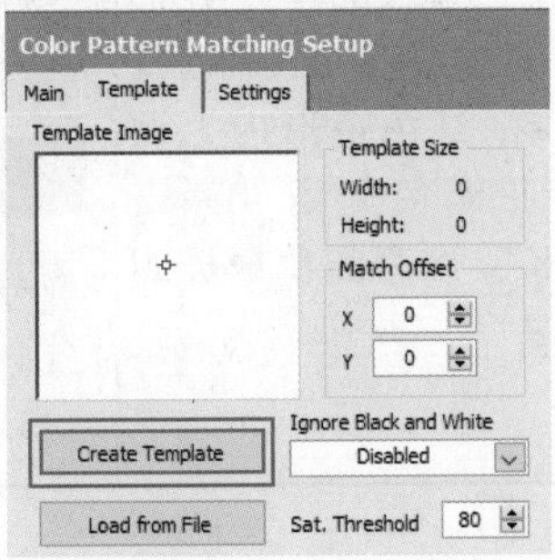 Color Pattern Matching Setup Main Template Settings Template Image Template Size Width: 0 Height: 0 Match Offset X 0 Y 0 Ignore Black and White Disabled Create Template Load from File Sat. Threshold 80

随堂记录

续表

序号	操作说明	效果图
4	显示此界面	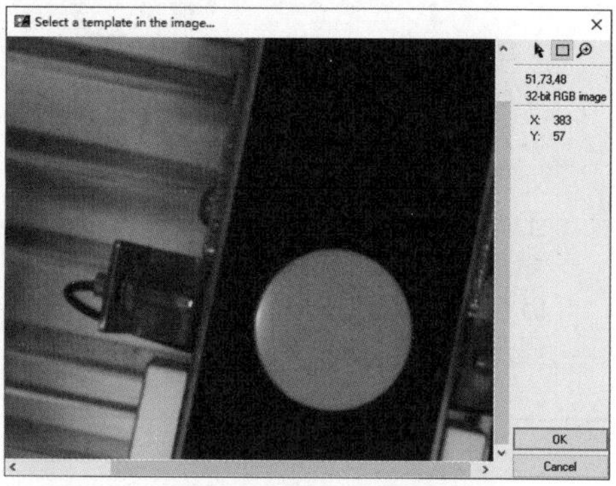
5	单击鼠标，拖动至一个工件圆盘内的黄色区域，单击“OK”	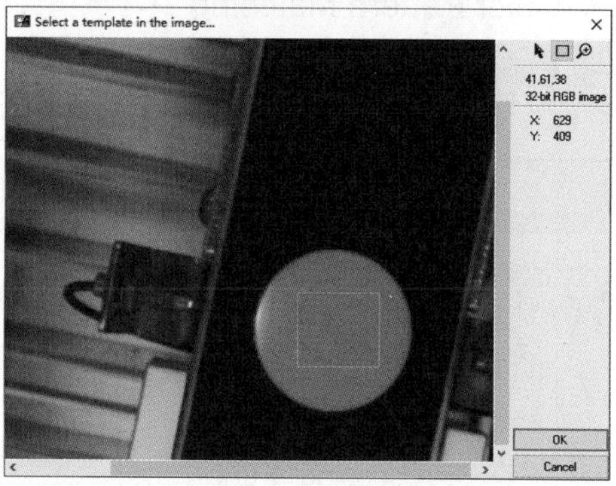
6	输入保存的颜色模板名称，单击“确定”	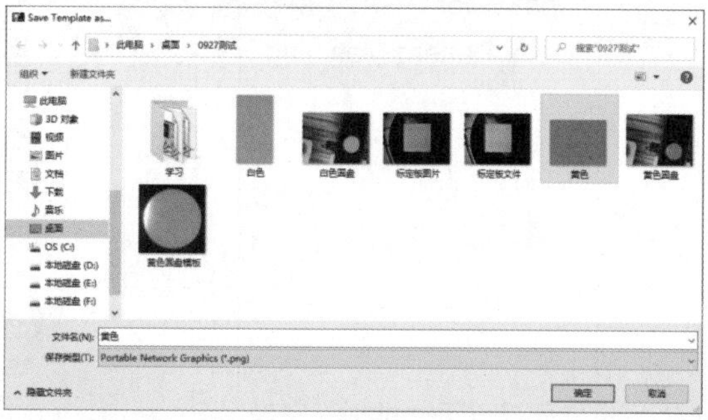
7	如图，①为②内区域识别颜色模板的得分情况；②绿色矩形区域内为检测区域，红色矩形内为识别到的颜色模板；③单击“OK”，结束颜色模板的创建	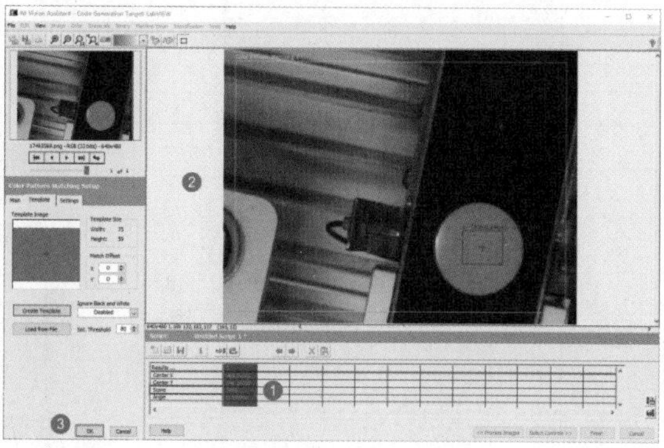

小提示

影响图像模式匹配的因素为：
①平移和旋转。
②尺度变化。
③目标交叠。
④光源强度线性或非线性变化。
⑤噪声和模糊目标。

⑤选择输入输出控制

选择输入输出控制，见表 2.2.9。

表 2.2.9　选择输入输出控制

序号	操作说明	效果图
1	单击“Select Controls”	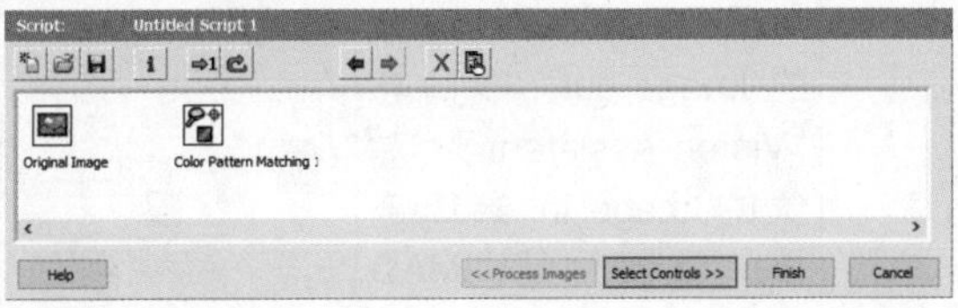
2	进入如图界面	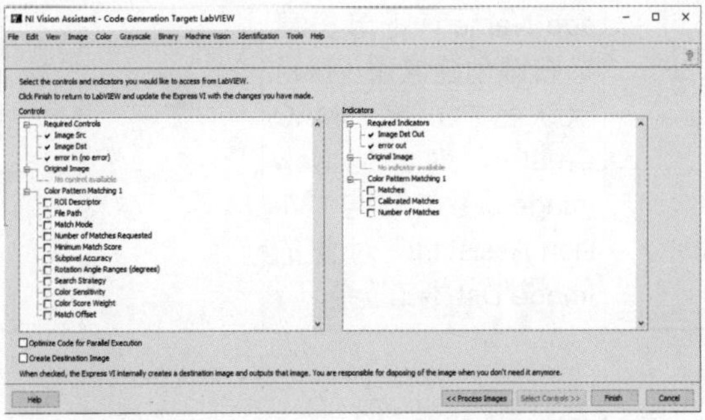
3	勾选图中参数，单击“Finish”，完成参数的选择	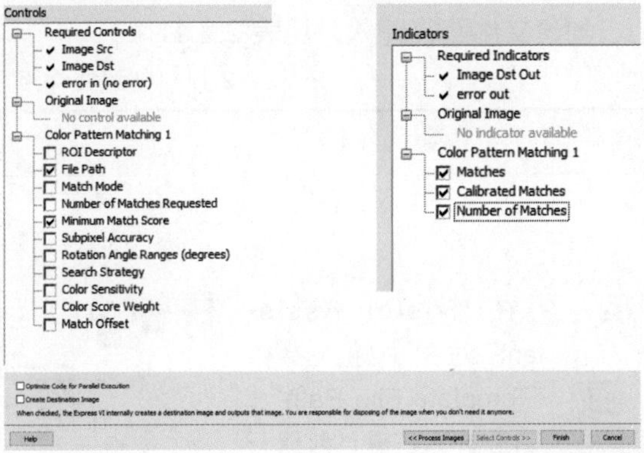

图像识别（二）

⑥完成 VA 设置

完成 VA 设置，见表 2.2.10。

表 2.2.10　完成 VA 设置

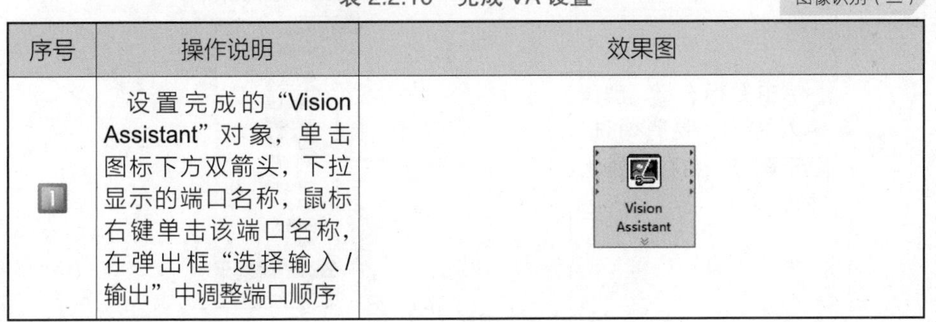

序号	操作说明	效果图
1	设置完成的“Vision Assistant”对象，单击图标下方双箭头，下拉显示的端口名称，鼠标右键单击该端口名称，在弹出框“选择输入/输出”中调整端口顺序	Vision Assistant

随堂记录

想一想

Q：试解释“Settings”内参数的含义。

随堂记录

续表

序号	操作说明	效果图
2	框选“Vision Assistant”对象，移入While循环框；将“IMAQdx Snap2.vi”对象的Image out端口与“Vision Assistant”对象的Image In端口连接；复制粘贴“IMAQ Create”对象，在“Image Name”处单击鼠标右键创建常量（保持默认名字），将“IMAQ Create”对象的New Image端口与与“Vision Assistant”对象的Image Dst端口连接	

⑦创建文件路径输入

创建文件路径输入，见表2.2.11。

表 2.2.11　创建文件路径输入

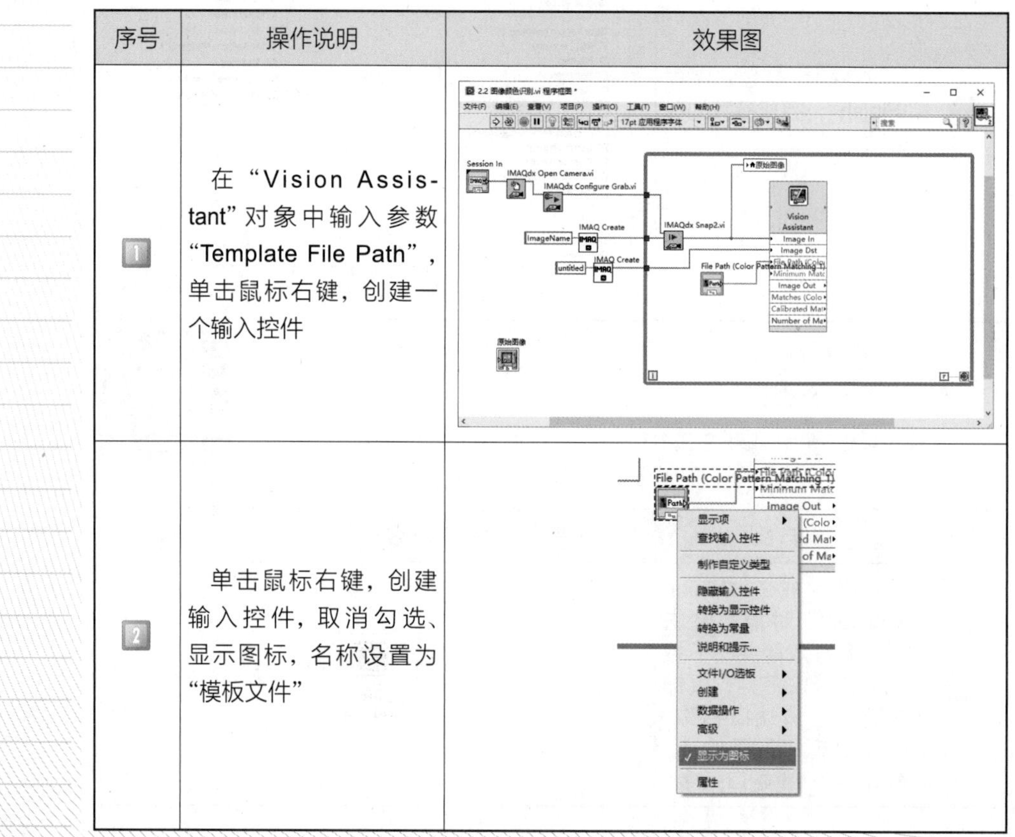

序号	操作说明	效果图
1	在“Vision Assistant”对象中输入参数“Template File Path”，单击鼠标右键，创建一个输入控件	
2	单击鼠标右键，创建输入控件，取消勾选、显示图标，名称设置为“模板文件”	

随堂记录

续表

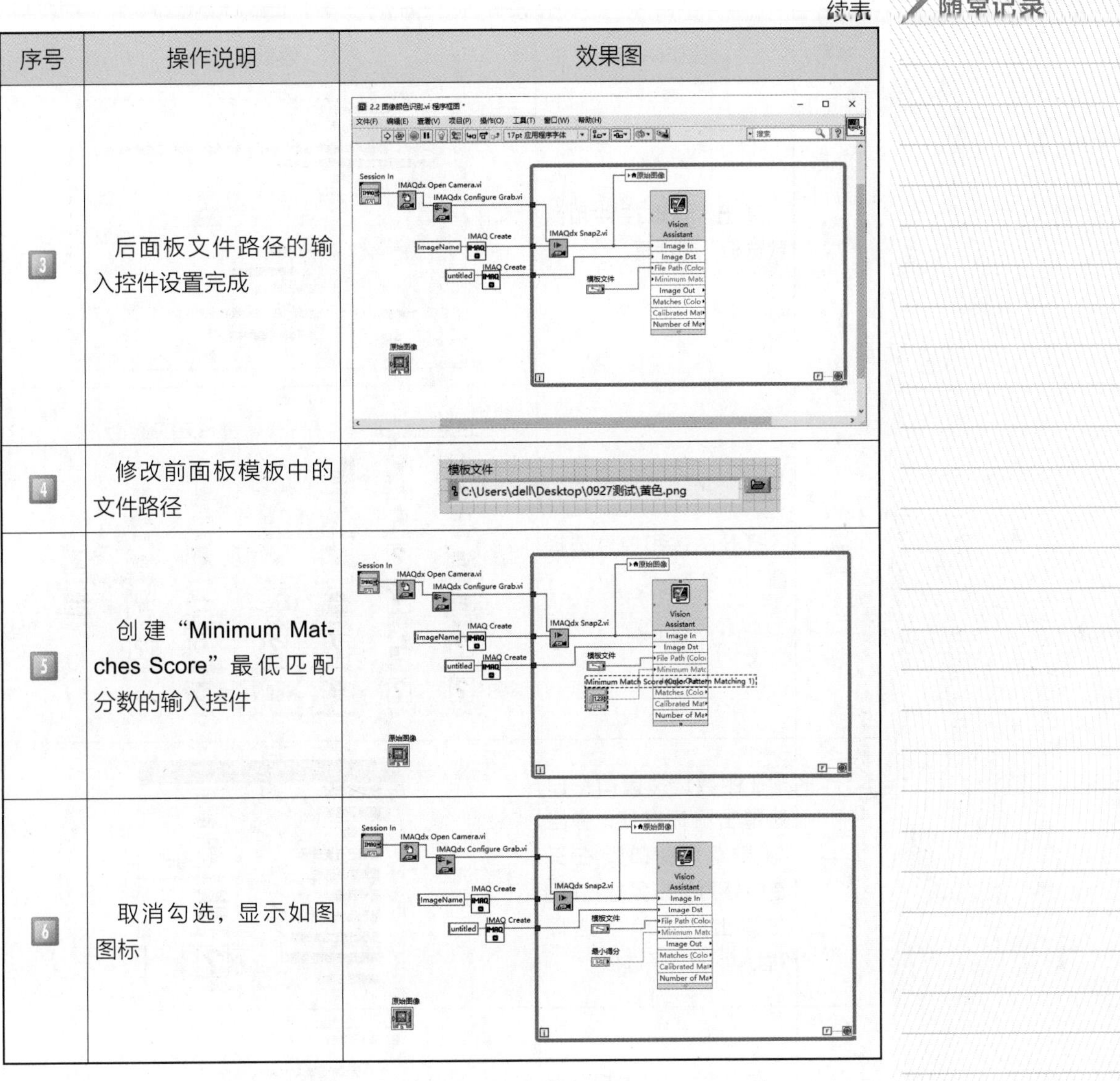

序号	操作说明	效果图
3	后面板文件路径的输入控件设置完成	
4	修改前面板模板中的文件路径	
5	创建“Minimum Matches Score”最低匹配分数的输入控件	
6	取消勾选，显示如图图标	

⑧创建模板匹配对象，并关联 VAS 数据输入、数量

模板匹配对象创建与关联，见表 2.2.12。

表 2.2.12　模板匹配对象创建与关联

序号	操作说明	效果图
1	在后面板的主菜单中，选择选项“工具”→“高级”→“编辑选板…”	

随堂记录

续表

序号	操作说明	效果图
2	弹出“编辑控件和函数选板”对话框	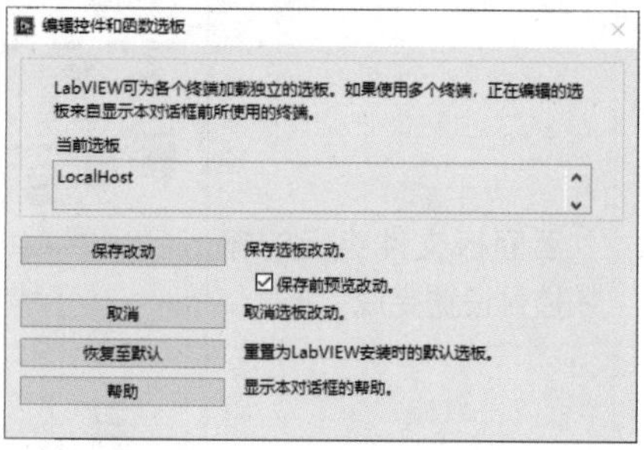
3	打开函数和控件选择窗口	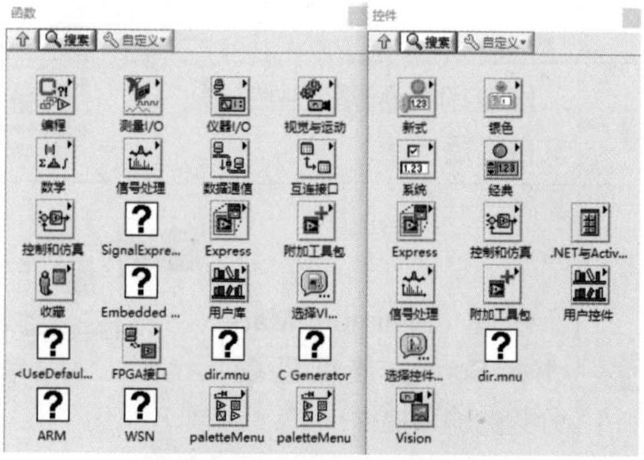
4	在函数选择窗口空白处单击鼠标右键，弹出“函数菜单窗口”，在其空白处再单击鼠标右键，在弹出的菜单中选择“插入”→“子选板”	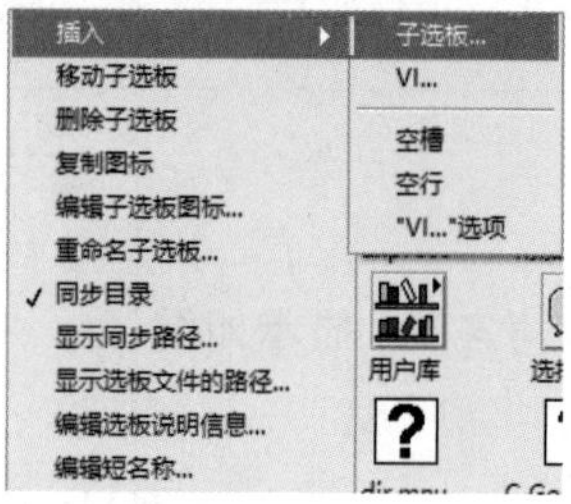
5	在“插入子选板”窗口中，单击“链接至LLB（.llb）”	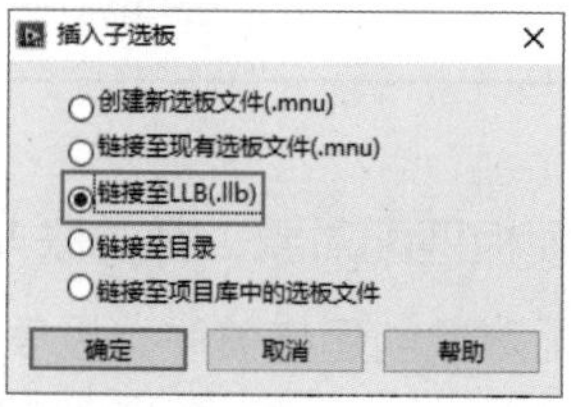
6	弹出“选择LLB”文件对话框，选择“hxVision.LLB”文件路径及文件，单击“确认”按钮	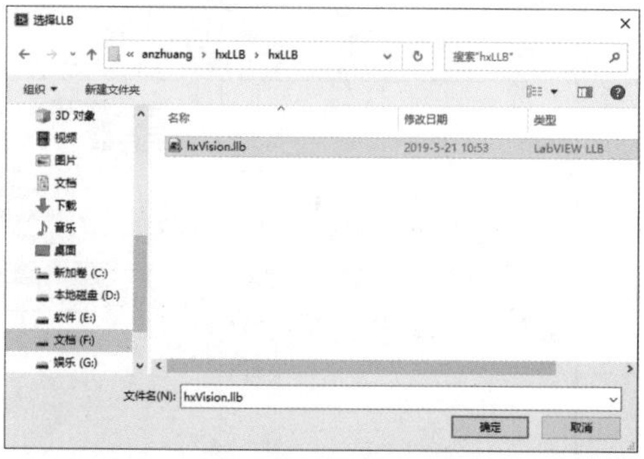

续表　随堂记录

序号	操作说明	效果图
7	在“编辑控件和函数选板”窗口中，单击“保存改动”按钮。完成“华兴鼎盛.vi”的添加工作；再次在后面板中打开“函数”选择窗口，查看新添加的“palette Memu”项	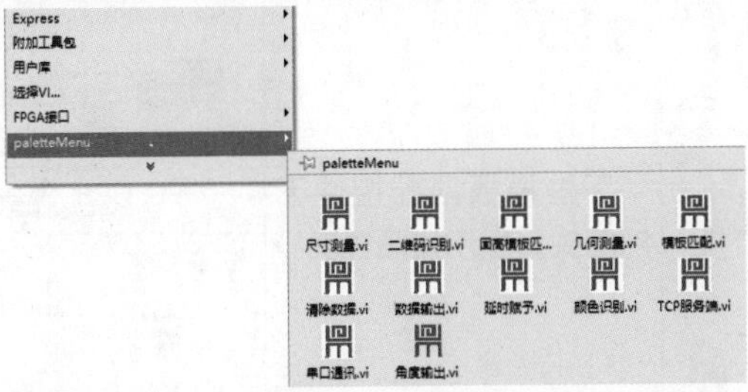
8	选取控件菜单“palette-Menu”→“模板匹配.vi”	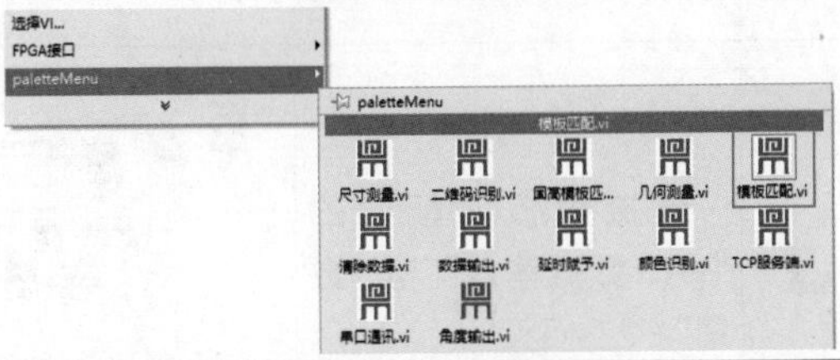
9	创建完成“模板匹配.vi”对象	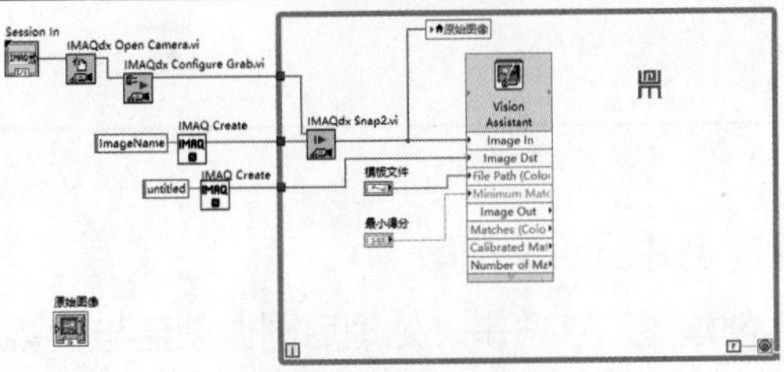
10	单击鼠标右键“模板匹配.vi”，显示标签	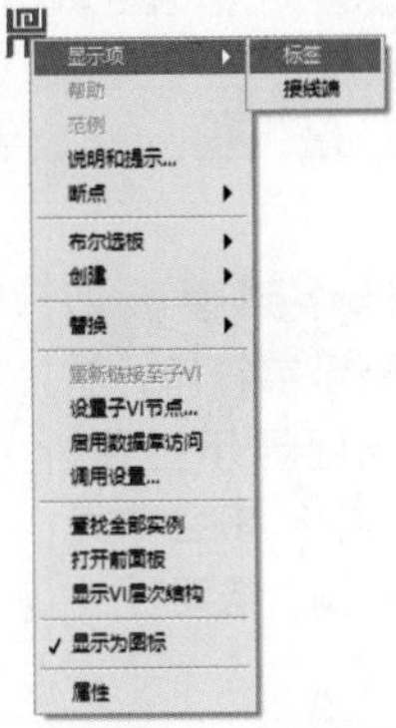
11	单击鼠标右键“模板匹配.vi”，取消勾选，显示如图图标	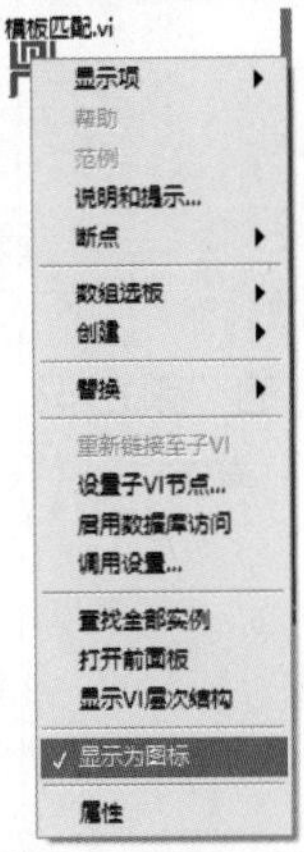

随堂记录

续表

序号	操作说明	效果图
12	下拉模板匹配控件下的箭头，显示如图界面	
13	连接模板匹配中的“VAS 数据输入”与“数量”	

⑨创建显示字符串

创建显示字符串，处理后图像创建与设置见表 2.2.13。

表 2.2.13　处理后图像创建与设置

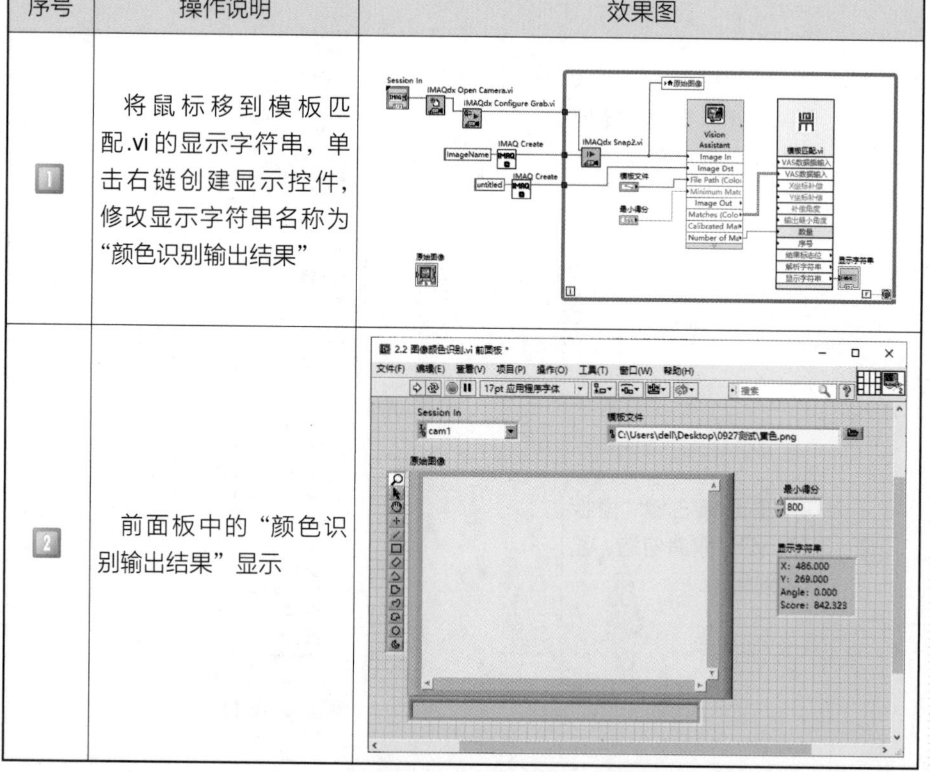

序号	操作说明	效果图
1	将鼠标移到模板匹配.vi 的显示字符串，单击右链创建显示控件，修改显示字符串名称为“颜色识别输出结果”	
2	前面板中的“颜色识别输出结果”显示	

⑩保存程序

至此，图像颜色识别程序编写完成。单击“文件”→“保存”菜单项，保存整个程序。

（4）运行程序

①运行参数设定

在前面板中选择输入相机名称，输入模板文件名称。

②程序运行

程序运行，见表 2.2.14。

表 2.2.14　程序运行

序号	操作说明	效果图
1	在前面板或后面板中单击“运行”按钮，程序启动运行	
2	颜色识别输出结果显示，如图，其中包括中心点位置、角度和颜色识别得分	颜色识别输出结果 X: 470.000 Y: 249.000 Angle: 0.000 Score: 835.519

③程序停止运行

单击工具栏“停止”按钮，程序停止运行。

【任务评价】

（1）学生自评

学生进行自评，并将结果填入表 2.2.15 中。

表 2.2.15　学生自评表

班级		组名		日期	年　月　日
评价指标	评价要素			分数	分数评定
信息检索	能有效利用网络资源、工作手册查找有效信息；能用自己的语言有条理地去解释、表述所学知识；能将查找到的信息有效转换到学习中			10	

随堂记录

想一想

Q：试解释“模式识别输出结果”内参数的含义。

评一评

随堂记录

续表

评价指标	评价要素	分数	分数评定
感知工作	在学习中能获得满足感	10	
参与状态	与教师、同学之间能相互尊重、理解、平等交流；与教师、同学之间能够保持多向、丰富、适宜的信息交流	10	
	探究学习、自主学习不流于形式，处理好合作学习和独立思考的关系，做到有效学习；能发表个人见解；能按要求正确操作；能够倾听、协作分享	10	
学习方法	机器视觉工件识别的工作计划、操作技能符合规范要求；能获得进一步发展的能力	10	
工作过程	遵守管理规程，机器视觉工件识别的操作过程符合现场管理要求；平时上课的出勤情况和每天完成工作任务情况良好；善于多角度思考问题，能主动发现、提出有价值的问题	15	
思维状态	能发现并自行解决机器视觉工件识别任务过程中遇到的问题	10	
自评反馈	按时保质完成机器视觉工件识别的工作任务，并能够正常运行；较好地掌握了专业知识点；具有较强的信息分析能力和理解能力；具有较为全面严谨的思维能力并能条理清晰地表述成文	25	
合计		100	
经验总结			
反思			

（2）学生互评

学生以小组为单位，对以上学习情境的过程与结果进行互评，并将结果填入表 2.2.16 中。

表 2.2.16 学生互评表

班级		被评组名		日期	年 月 日
评价指标	评价要素			分数	分数评定
信息检索	该组能有效利用网络资源、工作手册查找有效信息			5	
	该组能用自己的语言有条理地去解释、表述所学知识			5	
	该组能将查找到的信息有效转换到工作中			5	

随堂记录

续表

评价指标	评价要素	分数	分数评定
感知工作	该组能熟悉自己的工作岗位，认同工作价值	5	
	该组成员在工作中能获得满足感	5	
参与状态	该组与教师、同学之间是否相互尊重、理解、平等	5	
	该组与教师、同学之间是否能够保持多向、丰富、适宜的信息交流	5	
	该组能处理好合作学习和独立思考的关系，做到有效学习	5	
	该组能提出有意义的问题或能发表个人见解；能按要求正确操作；能够倾听、协作分享	5	
	该组能积极参与，在实训练习的过程中不断学习，提升动手能力	5	
学习方法	该组的机器视觉工件识别工作计划、操作技能符合规范要求	5	
	该组能获得了进一步发展的能力	5	
工作过程	该组能遵守管理规程，操作过程符合现场管理要求	5	
	该组平时上课的出勤情况和每天完成工作任务情况良好	5	
	该组成员能成功采集图像，并善于多角度思考问题，能主动发现、提出有价值的问题	15	
思维状态	能发现并自行解决机器视觉工件识别任务过程中遇到的问题	5	
自评反馈	该组能严肃认真地对待自评，并能独立完成自测试题	10	
合计		100	
简要评述			

（3）教师综合评价

教师对学生的工作过程与结果进行评价，并将结果填入表 2.2.17 中。

表 2.2.17　教师综合评价表

班级		组名		姓名	
出勤情况					
序号	评价指标	评价要求		分数	分数评定
一	任务描述、接受任务	口述任务内容细节		2	
二	任务分析、分组情况	依据任务分析程序编写步骤		3	

随堂记录

续表

序号	评价指标	评价要求		分数	分数评定
三	制订计划	①创建程序 ②拍摄图片 ③编写程序 ④运行程序		15	
四	计划实施	①另存新程序 ②使用 MAX 软件拍摄图片（工件、标定板） ③编写程序（检测颜色） ④运行程序		55	
五	检测分析	是否完成任务，过程是否合格，结果是否正确		15	
六	总结	任务总结		10	
合计				100	
综合评价	自评（20%）	小组互评（30%）	教师评价（50%）	综合得分	

2.3 机器视觉数据通信

关键词	通讯概念	以太网通讯	数据接收和发送
	串行通讯	TCP/IP 通讯	TCP/IP 服务器

【任务描述】

本任务介绍了通信相关的基础知识，重点讲解了 LabVIEW 程序建立 TCP/IP 通信服务器的整个过程，实现了 TCP/IP 客户端 / 服务器收发数据的方法和过程，使学生熟知通信的相关知识，掌握使用 LabVIEW 程序建立 TCP/IP 服务器，实现与客户端的连接，同时熟练掌握接收数据和发送数据的基本方法。

课程思政

TCP/IP 通信测试软件建立连接、发送和接收数据需要方法。那么，人和人之间建立连接、交流的方法是什么呢?

【任务目标】

1. 知识目标

（1）了解通信的基本概念、串行通信的基本知识。

（2）了解以太网通信和 TCP/IP 通信的基本知识。

2. 能力目标

（1）掌握 LabVIEW 程序中利用子 VI 创建 TCP/IP 服务器，IP 地址和端口号的设置方法和过程。

随堂记录

（2）掌握 TCP/IP 服务器数据接收和发送的处理方法和过程。

（3）掌握 TCP/IP 通讯测试软件建立连接，发送和接收数据的方法。

3. 素质目标

（1）能主动学习，在完成任务过程中发现问题、分析问题和解决问题。

（2）能与小组成员协商、交流配合完成任务。

（3）勇于奋斗、乐观向上，具有自我管理能力、职业生涯规划的意识。

（4）有较强的集体意识和团队合作精神。

【相关知识】

2.3.1　通信的基本概念

1）异步通信

异步通信是以一个字符为传输单位进行传送，通信中两个字符间的时间间隔是不固定的，然而在同一个字符中的两个相邻位间的时间间隔是固定的。

2）串行通信

串行通信是指利用一条传输线将数据一位位地顺序传送。信息只能单向传送，称为单工；信息能双向传送但不能同时双向传送，称为半双工；信息能够同时双向传送，则称为全双工。

3）通信速率

数据通信的传送速率用波特率来表示，即每秒钟传送的二进制位数。

4）OSI/RM 参考模型

开放系统互联基本参考模型（Open System Interconnection Reference Model，OSI/RM），是国际标准化组织（ISO）在 1985 年研究发布的网络互联模型，共分为 7 层，如图 2.3.1 所示。

一般通信中，通信协议只定义 3 层，即第 1 层物理层、第 2 层数据链路层和第 7 层应用层；复杂的通信协议如 TCP/IP 通信协议，定义了 4 层，即第 1 层网络层（对应 1、2 层的物理层和数据链路层）、第 3 层互联网络层、第 4 层传输层和第 7 层应用层（对应于第 5、6、7 层）。

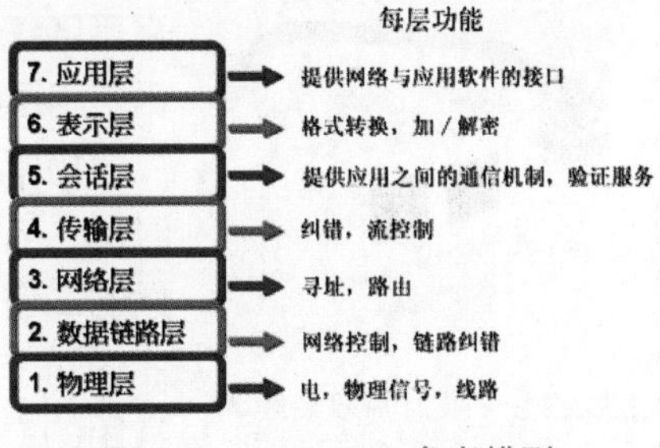

图 2.3.1　OSI/RM 参考模型

2.3.2　串行通信

1）UART 通信

UART 通用异步收发传输器，把计算机内部的并行输入信号转成串行输出信号，UART 通常被集成于其他通信接口的连结上。

UART 有 4 个引脚（VCC，GND，RX，TX），用的 TTL 电平，低电平（0 V）为逻辑 0，高电平（3.3 V 或以上）为逻辑 1。

2）RS232 通信

RS-232 通信接口是早期计算机之间常用的一种串行通信接口，它具有下面

随堂记录

想一想

Q：RS232 通信与 RS485 通信的区别是什么？

4 个特点：

①现在一般只使用 RXD（2）、TXD（3）、GND（5）三条线，抗干扰性弱。

②采用逻辑“1”为 –3 ～ –15 V；逻辑“0”：+3 ～ +15 V，噪声容限为 2 V。接口的信号电平值较高，易损坏接口电路的芯片。

③传输速率较低，最大为 20 Kbps。

④传输距离有限，最大传输距离标准值为 50 m，实际上只能用在 15 m 左右。

3）RS485 通信

RS232 接口实现了点对点的通信方式，但不能实现多台设备联网功能。RS485 总线技术解决了多台设备联网通信的问题，它具有以下几个特点：

①组成半双工网络，采用双绞线传输，平衡驱动器和差分接收器的组合，抗噪声干扰性好。

②发送端：逻辑“0”以两线间的电压差 +（2 ～ 6）V 表示；逻辑“1”以两线间的电压差 –（2 ～ 6）V 表示。接收端：A 比 B 高 200 mV 以上即认为是逻辑“0”，A 比 B 低 200 mV 以上即认为是逻辑“1”。

③数据最高传输速率为 10 Mb/s；实际上一般最高为 115.2 Kb/s。

④最大传输距离标准为 1200 m（9600 bps 时），总线上容许连接多达 128 个收发器，具有多机通信功能，建立起通信网络。

RS-485 弥补了 RS-232 通信间隔短、速率低、电平高、多台设备不能联网等缺点。

2.3.3 以太网通信和 TCP/IP 通信协议

1）以太网通信

图 2.3.2 以太网双绞线和 RJ45 头

以太网采用无源的介质，按广播方式传播信息，采用四线制实现全双工串行通信，规定了物理层和数据链路层的接口以及数据链路层与更高层的接口。

物理层规定了网络的基本物理属性，如数据编码、时标、电频等。网卡和网线构成物理层，在网线中传播的二进制数据流是这层的具体表象。我们把两台机器的网卡用网线或者用集线器连接起来。以太网网线常用的是超五类线或超六类双绞线，网线头为 RJ45 头（图 2.3.2）。

以太双绞线网标准中大多数线缆是缠绕成“直连线”或称平行线。10BASE-T 和 100BASE-TX 仅需要两对线即可运作，设备端的网卡仅使用了 RJ-45 接口中的两对针脚：pins 1 和 2（发送信号），pins 3 及 6（接收信号）。一个 100BASE-TX 传送器可提供三种不同电压：+1 V、0 V、–1 V。

数据链路层的主要功能是完成帧发送和帧接收，包括负责对用户数据进行帧的组装与分解，随时监测物理层的信息监测标志，了解信道的忙闲情况，实现数据链路的收发管理。交换机 / 集线器则是工作在数据链路层的设备，在接收到数据后，通过查找自身系统 MAC 地址表中的 MAC 地址与端口对应关系，将数据传送到目的端口。交换机在同 时刻可进行多个端口之间的数据传输，每一个端口都是独立的物理网段，连接在端口上的网络设备独自享有全部的带宽。因此，交换机起到了分割冲突域的作用，每个端口为一个冲突域。

2）TCP/IP 通信协议

TCP/IP 是利用 IP 进行通信时所用到的协议群的统称。建立在以太网定义的物理层和数据链路层基础上的 TCP/IP 协议具有两大特点：开放性及实用性。开放性是指任何人可以通过一定的方式制定修改协议；实用性是指 TCP/IP 协议根据实际实验情况和可行性不断修改，贴合应用。

TCP/IP 网络层使用 IP 协议，类似 OSI/RM 第 3 层网络层。此外，除了 IP 协议还有 ICMP 协议（用于处理数据发送异常）和 ARP 协议（用于从 IP 地址中解析 MAC 地址）。这一层的基本单元是包（Packet），所有的包都有一个 IP 头，用来在这层上面标识包的来源和目的地址的。

TCP/IP 传输层实现应用程序之间的通信，主要有 TCP、UDP 两种协议。每个 TCP/IP 端点，必须有一个在局域网内唯一的 IP 地址，应用程序在通信时还需要一个逻辑端口号，以便与其他设备进行通信交互。端口号使用两个字节表示，取值范围为 1 ～ 65535。

TCP/IP 应用层类似于 OSI/RM 中的会话层、表示层及应用层，包括 HTTP（应用层）、HTML（表示层）、E-Mail、FTP、SSH 等。

OSI参考模型	TCP/IP参考模型
应用层 表示层 会话层	应用层
传输层	传输层
网络层	互联网络层
数据链路层 物理层	主机-网络层

图 2.3.3　TCP/IP 参考模型与 OSI/RM 参考模型层次对应关系

随堂记录

想一想

Q：简单介绍一下 TCP/IP 通信协议？

【任务演练】

1）任务分组

学生任务分配表

班级		组号		指导老师	
组长		学号			
组员	姓名	学号	姓名	学号	
任务分工					

随堂记录

2）任务准备

①准备“NI LabVIEW 2014”视觉软件。
②准备 TCP 通信测试程序“SocketTool V4”。
③准备多种工件。

3）实施步骤

数据通信（一）

（1）创建 VI 程序

练一练

创建程序，见表 2.3.1。

表 2.3.1　创建程序

序号	操作说明	效果图
1	单击桌面上的“NI LabVIEW 2014”图标	
2	启动 LabVIEW 程序，进入“项目创建和打开”主界面	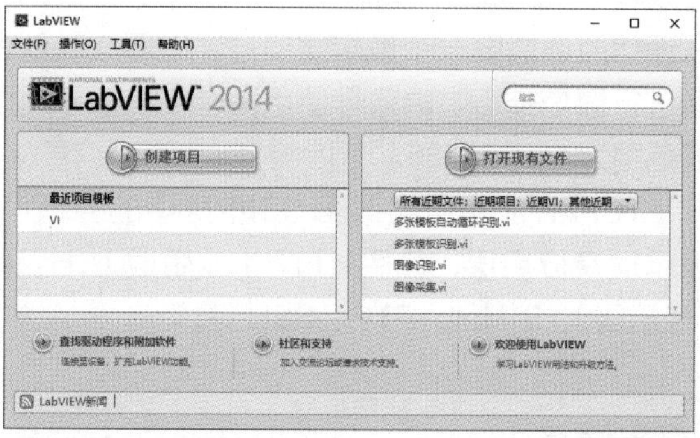
3	新建一个空白的 VI 程序	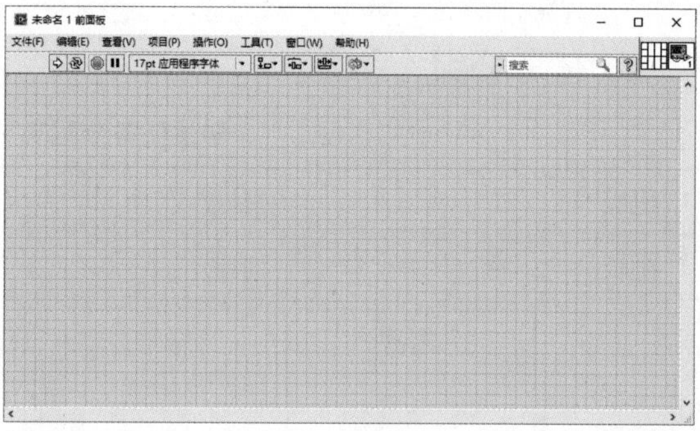
4	在主菜单中选择“文件”→“保存”	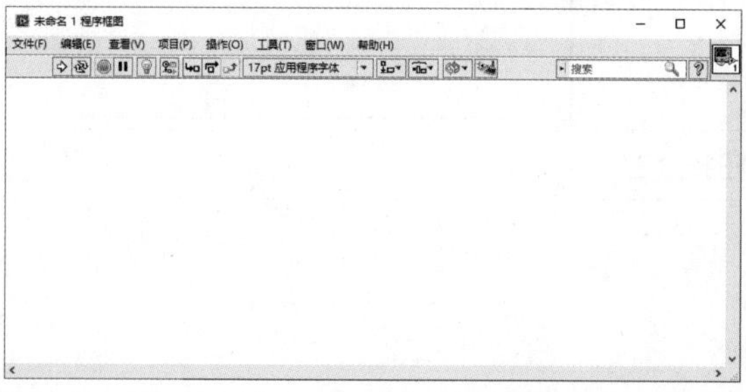

随堂记录

续表

序号	操作说明	效果图
5	弹出“文件名输入”对话框，选择需要保存的文件路径，输入文件名称“TCP 通信.vi”，单击“确定”按钮	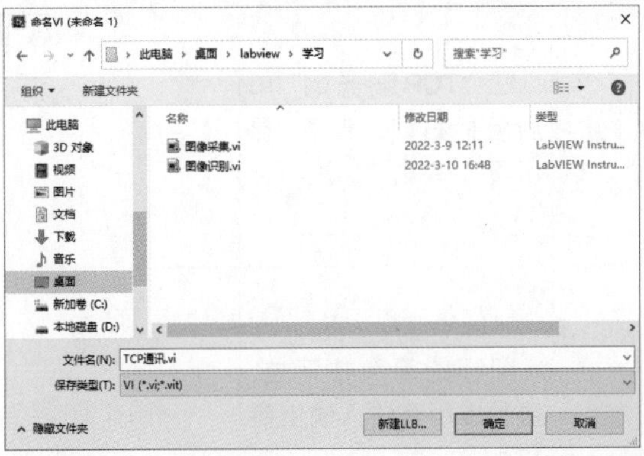
6	进入“TCP 通信.vi”界面	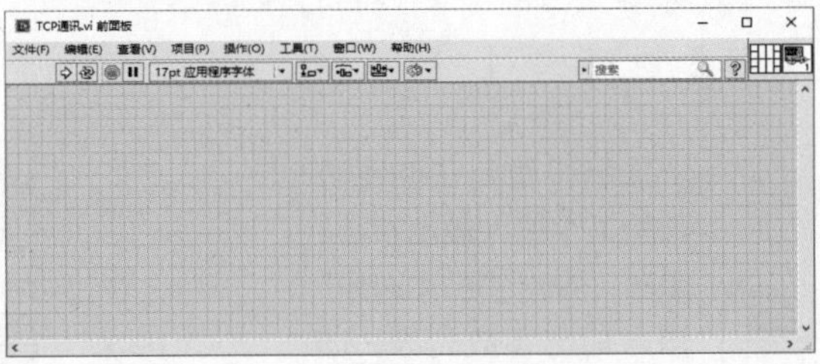

（2）编写程序

①添加“TCP 服务器”对象

在菜单项“paletteMenu”内，添加“TCP 服务器”对象，见表 2.3.2。

表 2.3.2　添加“TCP 服务器”对象

序号	操作说明	效果图
1	在后面板空白处单击鼠标右键，弹出函数菜单，选择菜单项“paletteMenu”→“TCP 服务器.vi”	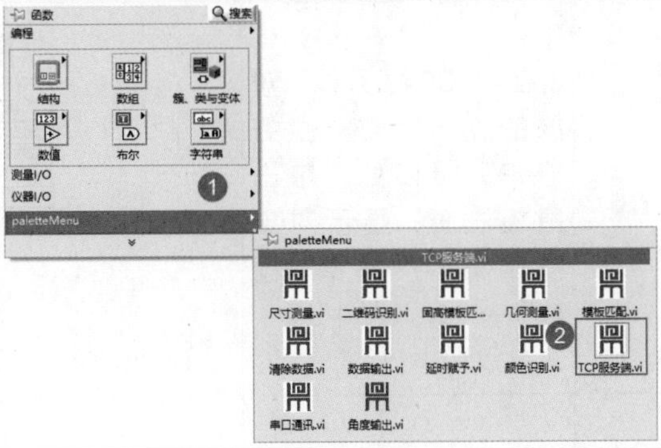
2	在控件对象上单击鼠标右键，勾选“显示为图标”标识，显示为控件	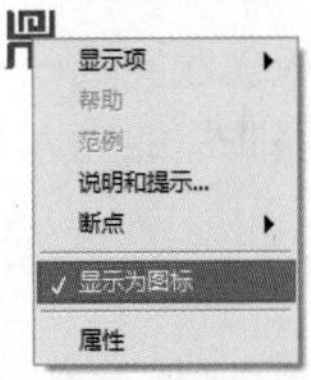

随堂记录

续表

序号	操作说明	效果图
3	在“TCP 服务端”单击鼠标右键，选择“显示项”，单击“标签”	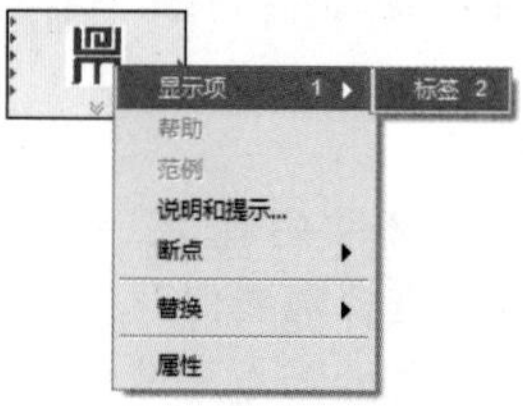
4	图标的箭头往下拉，显示出所有输入输出参数	
5	鼠标移动到在控件对象的某个输入输出参数，单击，弹出“控件对象”输入输出参数列表，选择要显示的参数，即可调整控件对象参数顺序	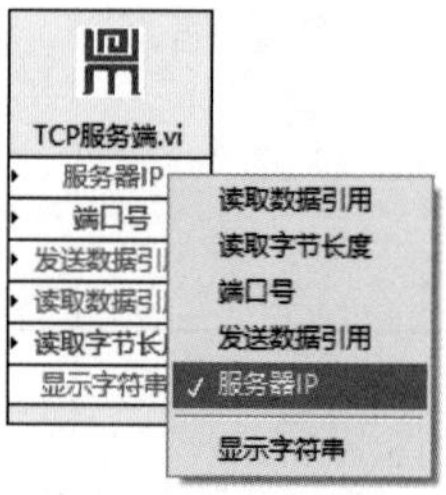

②创建“服务器 IP”和“端口号”输入控件

创建“服务器 IP”和“端口号”输入控件，见表 2.3.3。

表 2.3.3　创建控件

序号	操作说明	效果图
1	在“TCP 服务器”对象的输入参数“服务器 IP”接口处，单击鼠标右键，显示对象操作菜单，选择“创建”→“输入控件”	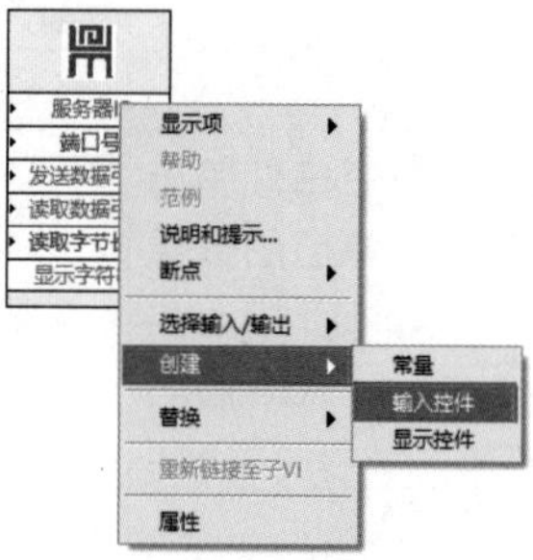
2	在后面板创建完成一个“服务器 IP”的输入控件	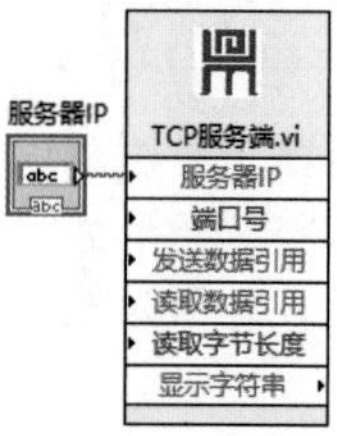

想一想

Q：此处应该怎么填 IP 地址?

续表

序号	操作说明	效果图
3	同时，在前面板也创建了相应的“服务器 IP”输入控件	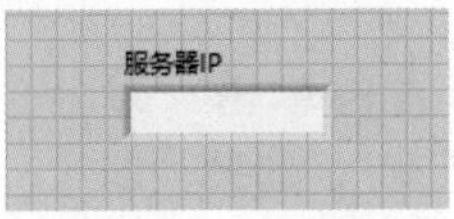 服务器IP
4	用同样的方法，创建“TCP 服务器”对象的输入参数“端口号”的输入控件	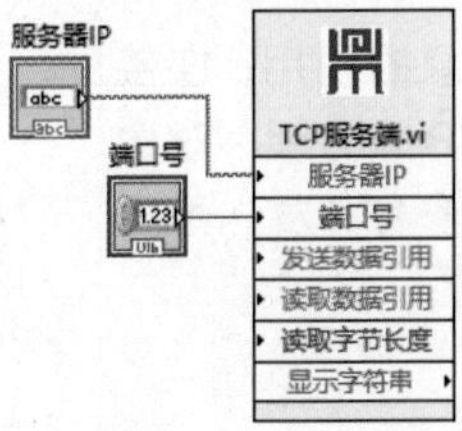 服务器IP 端口号 TCP服务器.vi 服务器IP 端口号 发送数据引用 读取数据引用 读取字节长度 显示字符串

③创建“发送数据引用”对象和“读取数据引用”对象

创建“发送数据引用”对象和“读取数据引用”对象，见表 2.3.4。

表 2.3.4　“发送数据引用”对象和“读取数据引用”对象的创建

序号	操作说明	效果图
1	在后面板空白处单击鼠标右键，弹出“函数”菜单窗口，选择菜单项“编程”→“字符串”→“字符串常量”	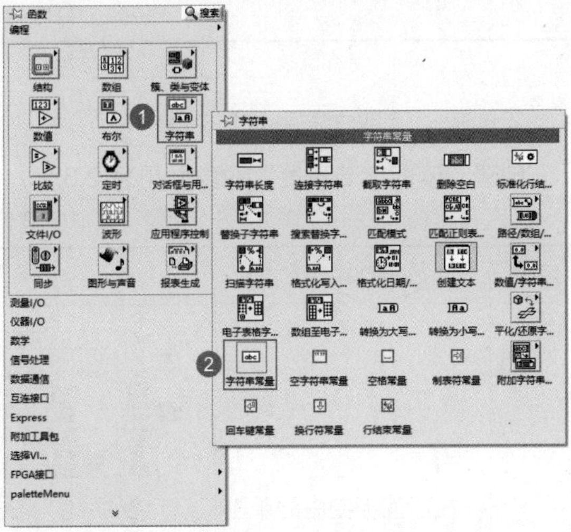 函数 编程 字符串 字符串常量
2	创建的字符常量	
3	鼠标右键单击“字符常量”，弹出对象操作菜单选项；选择“转换为输入控件”，并将其名称改为“发送字符串”	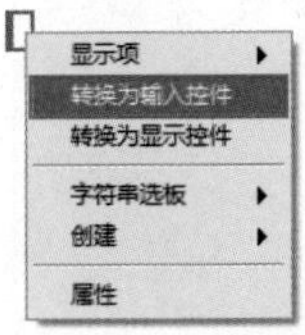 显示项 转换为输入控件 转换为显示控件 字符串选板 创建 属性

随堂记录

想一想

Q：为什么此处连接的是“引用”，而不是“局部变量”？

续表

序号	操作说明	效果图
4	鼠标右键单击“发送字符串”，选择“创建”→“引用”菜单项、创建“发送字符串”对象的引用；连接到“TCP 服务器”对象的输入参数“发送数据引用”上	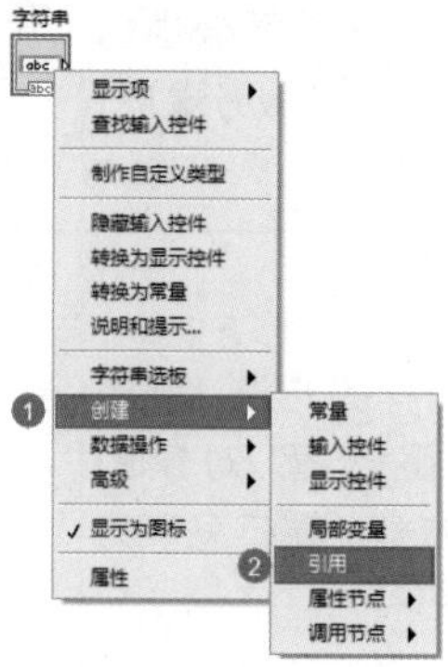
5	同时，再创建一个字符常量，转换为“显示控件”，并将其名称改为“读取字符串”；创建“读取字符串”对象的引用，连接到“TCP 服务器”对象的输入参数“读取数据引用”上	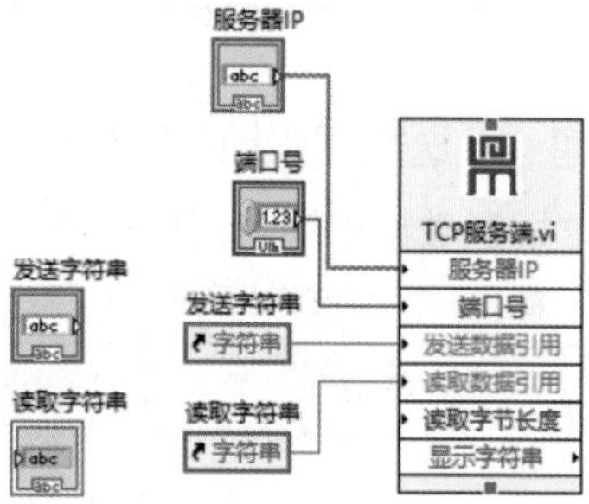

④创建“读取字节长度”对象

创建“读取字节长度”对象，见表 2.3.5。

表 2.3.5　创建“读取字节长度”对象

序号	操作说明	效果图
1	在后面板空白处单击鼠标右键，弹出“函数菜单”窗口，选择菜单项“编程”→“数值”→“数值常量”，创建数值常量	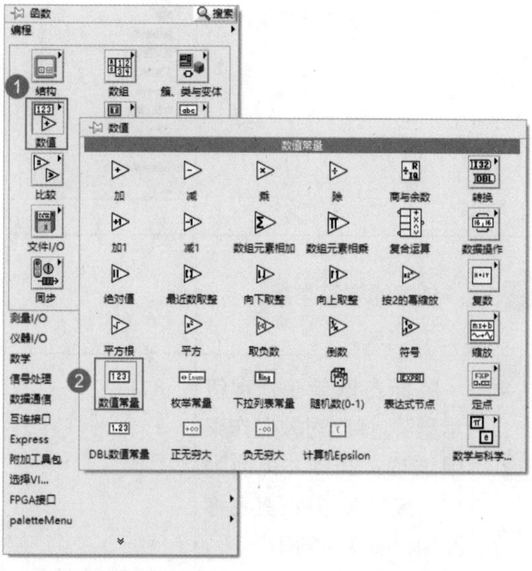

续表　✓随堂记录

序号	操作说明	效果图
2	输入数值常量的值为“20”，并将此对象连接到 TCP 服务器对象的输入参数“读取字节长度”上	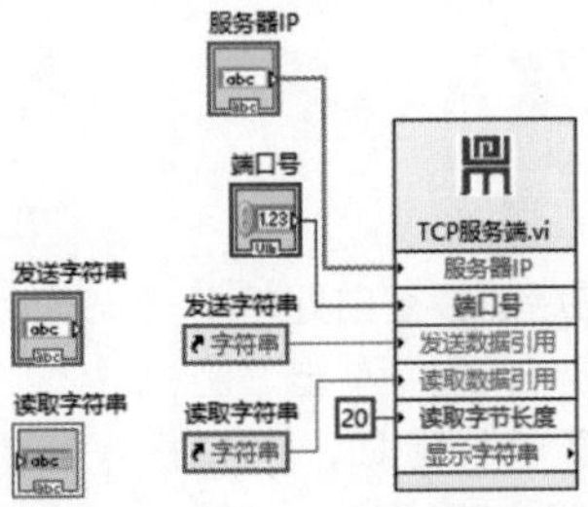

⑤创建循环结构和顺序结构

创建循环结构和顺序结构，见表 2.3.6。

表 2.3.6　创建循环结构和顺序结构

序号	操作说明	效果图
1	在后面板空白处单击鼠标右键，弹出“函数菜单”窗口，选择菜单项“编程”→“结构”→“While 循环”	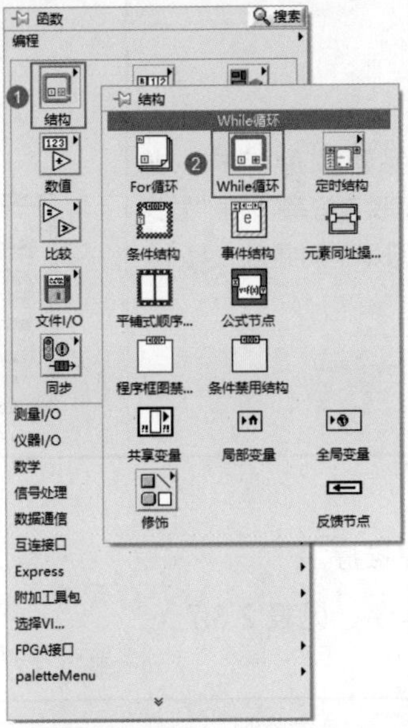
2	创建 While 循环结构，将 TCP 服务器对象放入其中，并对循环条件创建常量“False”	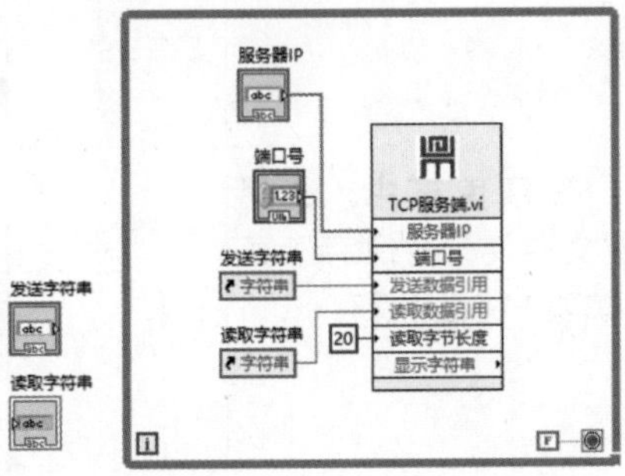

随堂记录

想一想

Q：简要说明平铺式顺序结构的作用。

续表

序号	操作说明	效果图
3	在后面板空白处单击鼠标右键，弹出“函数菜单”窗口，选择菜单项“编程”→“结构”→“平铺式顺序结构”	
4	创建顺序结构，将“读取字符串”和“发送字符串”对象放入其中	

⑥保存程序

保存程序，见表 2.3.7。

数据通信（二）

表 2.3.7 保存程序

序号	操作说明	效果图
1	在菜单栏中，选择“文件”→“保存”菜单项，将程序保存	

续表

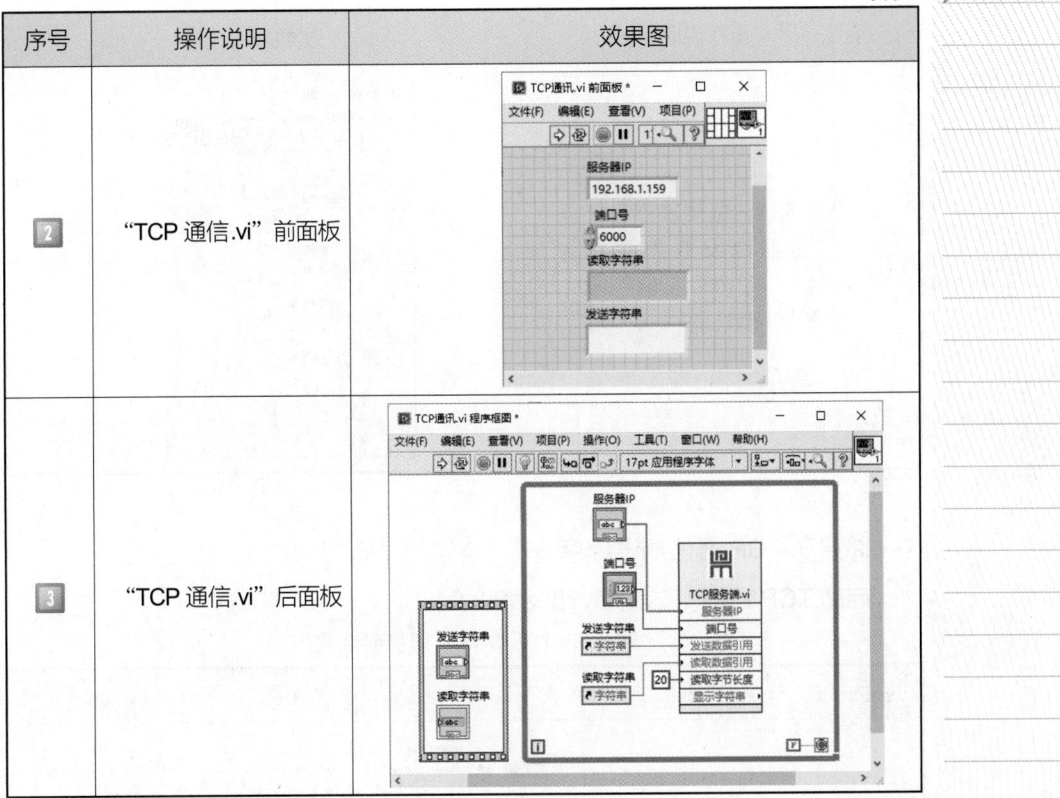

序号	操作说明	效果图
2	“TCP 通信.vi” 前面板	
3	“TCP 通信.vi” 后面板	

（3）运行程序

①初始化输入参数

运行前需在前面板中初始化一些数据，见表 2.3.8。

表 2.3.8　初始化输入参数

序号	操作说明	效果图
1	在前面板服务器 IP 输入框中输入本 PC 的 IP 地址：“192.168.1.159”，在端口号输入框中输入“6000”；鼠标右键分别单击这两个对象，弹出“对象操作”菜单	

随堂记录

续表

序号	操作说明	效果图
2	选择“数据操作”→“当前值设置为默认值”，将“输入值”设置为“默认值”	

②启动 TCP 通信测试程序

启动 TCP 通信测试程序，见表 2.3.9。

表 2.3.9　启动 TCP 通信测试程序

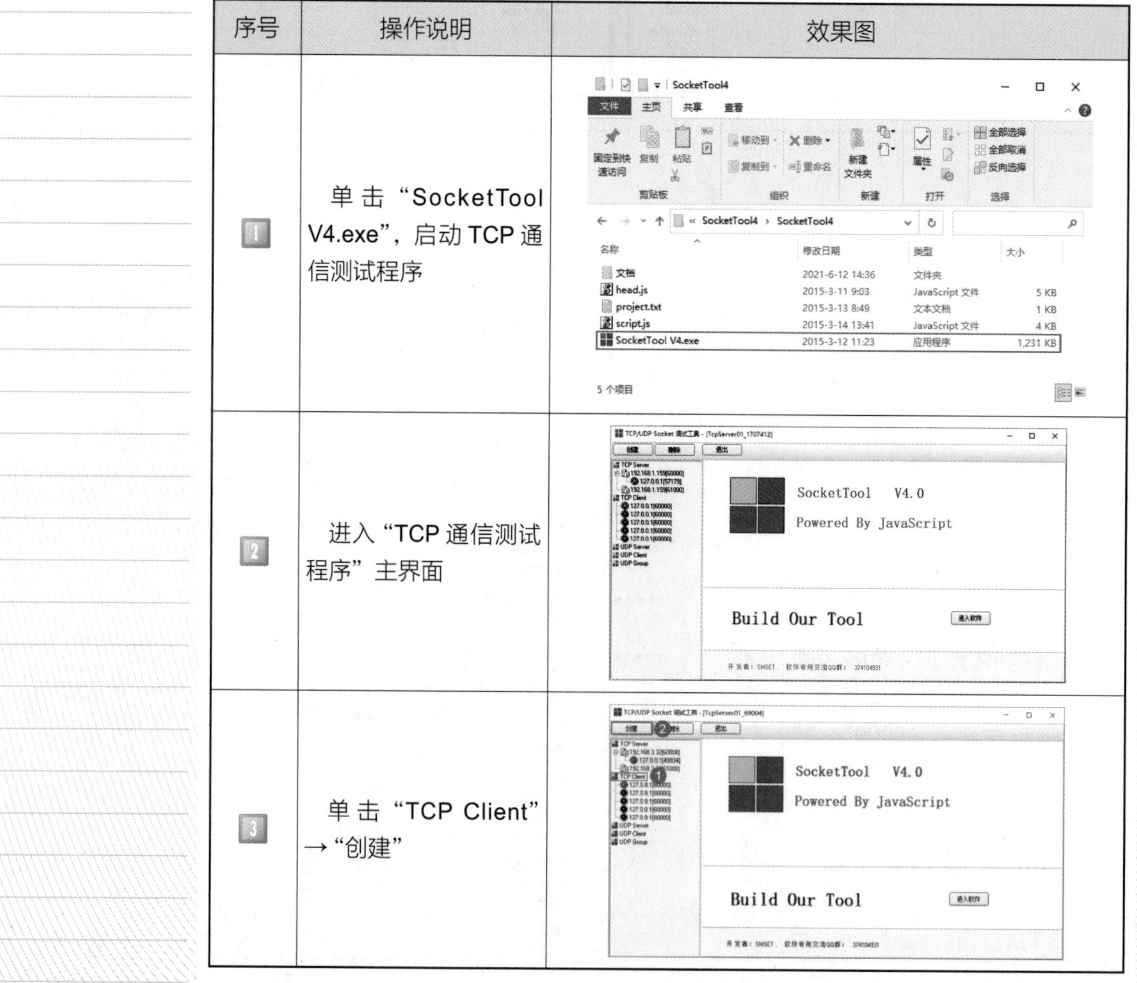

序号	操作说明	效果图
1	单击“SocketTool V4.exe”，启动 TCP 通信测试程序	
2	进入“TCP 通信测试程序”主界面	
3	单击“TCP Client”→“创建”	

随掌记录

续表

序号	操作说明	效果图
4	将对方 IP 改为本机 IP 地址（右图地址仅供参考），将对方端口改为“6000”	创建TCP Client 对方IP: 192.168.1.159 对方端口 6000 确定 取消

③启动 TCP 服务器并连接

启动 TCP 服务器并连接，见表 2.3.10。

表 2.3.10　启动 TCP 服务器并连接

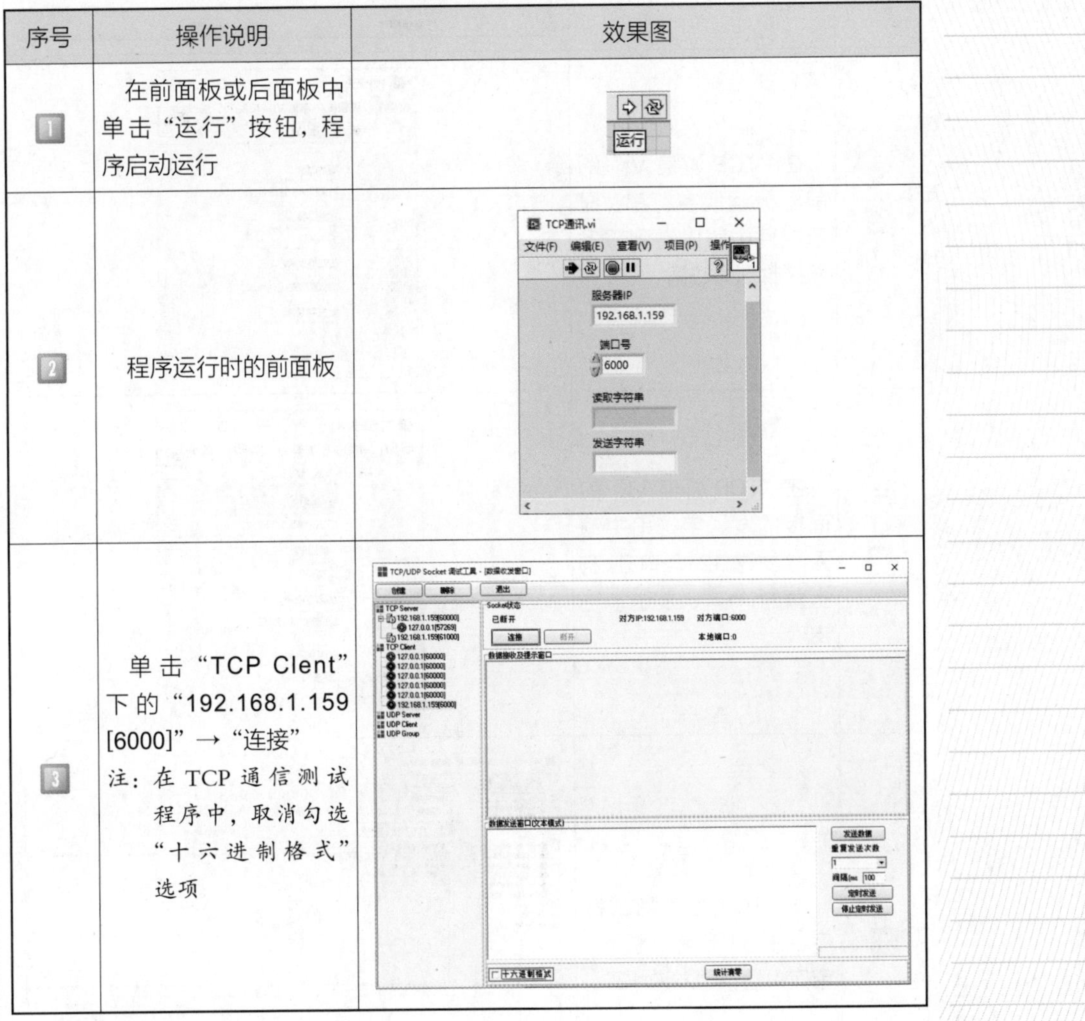

序号	操作说明	效果图
1	在前面板或后面板中单击“运行”按钮，程序启动运行	运行
2	程序运行时的前面板	TCP通讯.vi 服务器IP 192.168.1.159 端口号 6000 读取字符串 发送字符串
3	单击“TCP Clent”下的“192.168.1.159 [6000]”→“连接” 注：在 TCP 通信测试程序中，取消勾选“十六进制格式”选项	

④数据收发测试

数据收发测试，见表 2.3.11。

随堂记录

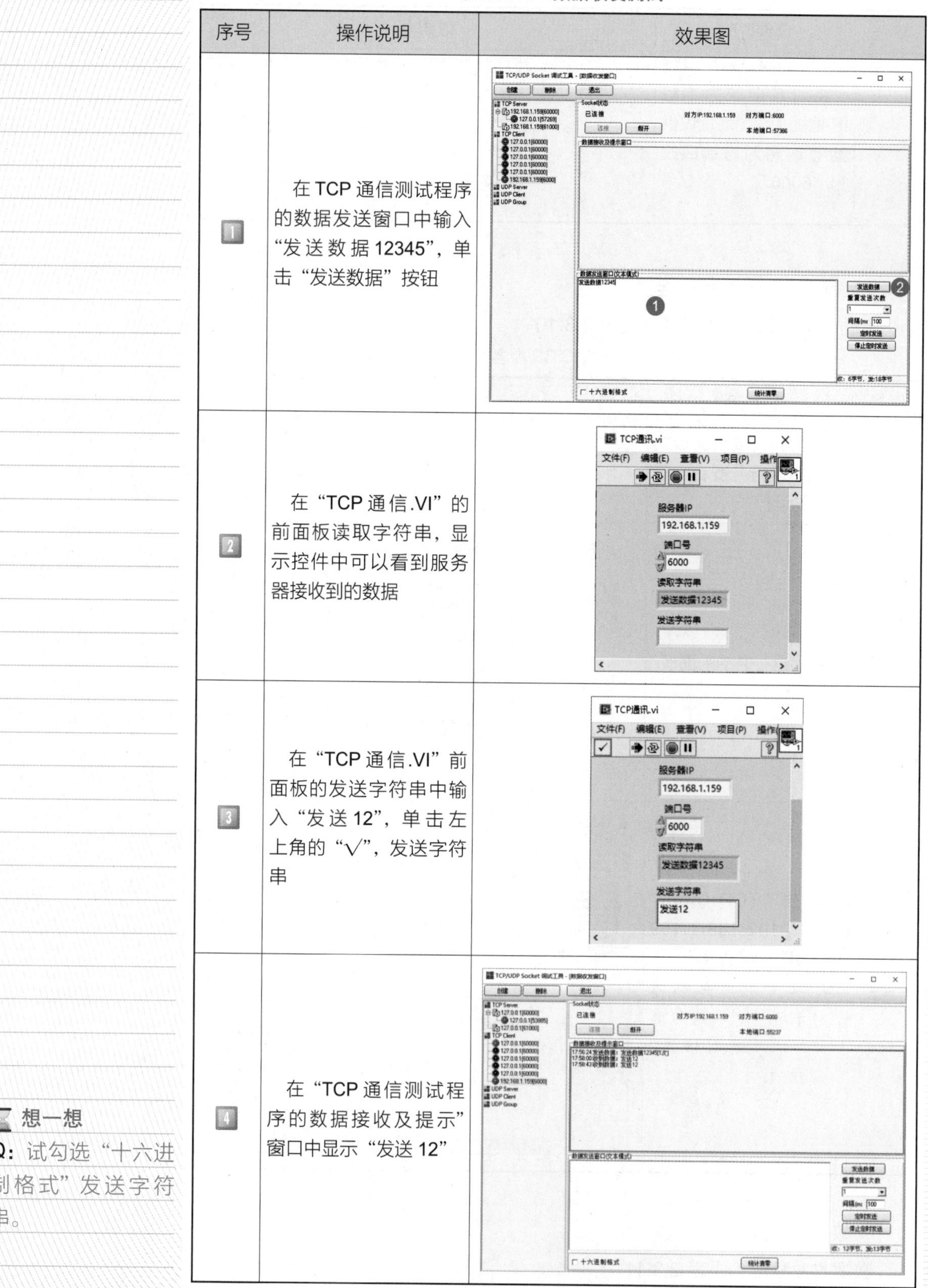

表 2.3.11　数据收发测试

序号	操作说明	效果图
1	在 TCP 通信测试程序的数据发送窗口中输入“发送数据 12345”，单击“发送数据”按钮	
2	在“TCP 通信.VI”的前面板读取字符串，显示控件中可以看到服务器接收到的数据	
3	在“TCP 通信.VI”前面板的发送字符串中输入“发送 12”，单击左上角的“√”，发送字符串	
4	在“TCP 通信测试程序的数据接收及提示”窗口中显示“发送 12”	

想一想

Q：试勾选“十六进制格式”发送字符串。

随堂记录

⑤停止 TCP 服务器和 TCP 通信测试程序

停止 TCP 服务器和 TCP 通信测试程序，见表 2.3.12。

表 2.3.12　停止 TCP 服务器和 TCP 通信测试程序

序号	操作说明	效果图
1	单击“停止”按钮，程序停止运行	
2	单击 TCP 通信测试程序右上角“关闭”按钮，关闭 TCP 通信测试程序	

【任务评价】

（1）学生自评

评一评

学生进行自评，并将结果填入表 2.3.13 中。

表 2.3.13　学生自评表

班级		组名		日期	年　月　日
评价指标	评价要素			分数	分数评定
信息检索	能有效利用网络资源、工作手册查找有效信息；能用自己的语言有条理地去解释、表述所学知识；能将查找到的信息有效转换到学习中			10	
感知工作	在学习中能获得满足感			10	
参与状态	与教师、同学之间能相互尊重、理解、平等交流；与教师、同学之间能够保持多向、丰富、适宜的信息交流			10	
	探究学习、自主学习不流于形式，处理好合作学习和独立思考的关系，做到有效学习；能发表个人见解；能按要求正确操作；能够倾听、协作分享			10	
学习方法	机器视觉数据通信的工作计划、操作技能符合规范要求；能获得进一步发展的能力			10	

随堂记录

续表

评价指标	评价要素	分数	分数评定
工作过程	遵守管理规程，机器视觉数据通信的操作过程符合现场管理要求；平时上课的出勤情况和每天完成工作任务情况良好；善于多角度思考问题能主动发现、提出有价值的问题	15	
思维状态	能自行解决在机器视觉数据通信的操作过程中遇到的问题	10	
自评反馈	按时保质完成机器视觉数据通信的 vi 文件，并能够正常运行；较好地掌握了专业知识点；具有较强的信息分析能力和理解能力；具有较为全面严谨的思维能力并能条理清晰地表述成文	25	
合计		100	
经验总结			
反思			

（2）学生互评

学生以小组为单位，对以上学习情境的过程与结果进行互评，并将结果填入表 2.3.14 中。

表 2.3.14　学生互评表

班级		被评组名		日期	年　月　日
评价指标	评价要素			分数	分数评定
信息检索	该组能有效利用网络资源、工作手册查找有效信息			5	
	该组能用自己的语言有条理地去解释、表述所学知识			5	
	该组能将查找到的信息有效转换到工作中			5	
感知工作	该组能熟悉自己的工作岗位，认同工作价值			5	
	该组成员在工作中能获得满足感			5	
参与状态	该组与教师、同学之间能相互尊重、理解、平等交流			5	
	该组与教师、同学之间能够保持多向、丰富、适宜的信息交流			5	
	该组能处理好合作学习和独立思考的关系，做到有效学习			5	

随堂记录

续表

评价指标	评价要素	分数	分数评定
参与状态	该组能提出有意义的问题或能发表个人见解；能按要求正确操作；能够倾听、协作分享	5	
	该组能积极参与，在实训练习的过程中不断学习，提升动手能力	5	
学习方法	该组机器视觉数据通信的工作计划、操作技能符合规范要求	5	
	该组是获得了进一步发展的能力	5	
工作过程	该组是遵守管理规程，操作过程符合现场管理要求	5	
	该组平时上课的出勤情况和每天完成工作任务情况良好	5	
	该组成员能成功采集图像，并善于多角度思考问题，能主动发现、提出有价值的问题	15	
思维状态	能自行解决在机器视觉数据通信的操作过程中遇到的问题	5	
自评反馈	该组能严肃认真地对待自评，并能独立完成自测试题	10	
合计		100	
简要评述			

（3）教师综合评价

教师对学生的工作过程与结果进行评价，并将结果填入表 2.3.15 中。

表 2.3.15　教师综合评价表

班级		组名		姓名	
出勤情况					
序号	评价指标	评价要求		分数	分数评定
一	任务描述、接受任务	口述任务内容细节		2	
二	任务分析、分组情况	依据任务分析程序编写步骤		3	
三	制订计划	①创建程序 ②拍摄图片 ③编写程序 ④运行程序		15	
四	计划实施	①另存新程序 ②编写 TCP 通讯程序；与 TCP 测试软件通讯		55	

随堂记录

续表

序号	评价指标	评价要求			分数	分数评定
五	检测分析	是否完成任务，过程是否合格，结果是否正确			15	
六	总结	任务总结			10	
合计					100	
综合评价	自评（20%）	小组互评（30%）	教师评价（50%）		综合得分	

任务 2.4　工业机器人视觉颜色判断编程应用

关键词	选项卡控件	条件结构	数据输出
	TCP/IP 通讯	属性节点	模板标识

课程思政

控件用途不同，选项卡布局也会不同，故布局由用途决定。想一想，生活与工作中，应该“事随钱走”，还是“钱随事走”？

【任务描述】

本任务讲解了图像标定和颜色模式匹配函数的功能、参数设置方法和过程，重点介绍了将数据解析并通讯发送到机器人的过程，使学生熟练掌握图像标定和颜色模式识别的应用方法，掌握 VA 控件输入输出参数的处理方法，掌握机器视觉的颜色识别功能和应用。

【任务目标】

1. 知识目标

（1）熟悉机器视觉的颜色识别功能和应用。

（2）熟悉图像标定和颜色模式匹配函数的功能和设置参数。

2. 能力目标

（1）掌握颜色模式匹配函数的参数设置方法。

（2）掌握颜色模板文件的创建过程。

（3）掌握 VA 输入参数创建输入控件的方法、输出参数的解析方法。

（4）掌握 KEBA 机器人与上位机的通讯与应用。

3. 素质目标

（1）能主动学习，在完成任务过程中发现问题、分析问题和解决问题。

（2）能与小组成员协商、交流、配合完成任务。

（3）严格遵守安全规范。

（4）勇于奋斗、乐观向上，具有自我管理能力，有较强的集体意识和团队合作精神。

随掌记录

【相关知识】

2.4.1　选项卡控件

1）选项卡控件的作用

选项卡控件用于将前面板控件重叠放置在一个较小的区域内。

2）选项卡控件的组成

选项卡控件由选项卡和选项标签组成。可将前面板对象放置在选项卡控件的每一个选项卡中，并将选项卡标签作为显示不同选项卡的选择器。

按照下列步骤，可创建选项卡控件：

①在前面板窗口上添加 1 个选项卡控件。

②用操作工具单击所需选项卡的选项卡标签可在不同选项卡之间切换，也可通过鼠标右键单击“选项卡”，从快捷菜单选择交换选项卡或转到其他选项卡，在选项卡之间进行切换。

③将前面板对象添加至选中的选项卡。处于选中状态的选项卡及其选项卡标签会同时刷新，且选项卡上的对象可见。选项卡控件中控件的接线端与程序框图中其他控件的接线端在外观上是一致的。

提示：将对象添加至选项卡控件的选项卡上时，应经常查看程序框图窗口，排列新添加的接线端。将多个对象添加至选项卡控件时，程序框图上的接线端会变得杂乱。

在程序框图上，选项卡控件为枚举型控件。作为输入控件，可将当前活动的选项卡的值传递至其他程序框图节点；而作为显示控件，可通过连接某些节点来控制需显示的选项卡。选项卡控件的操作无需连接选项卡控件这个节点本身。

提示：将选项卡控件的枚举型控件接线端与条件结构的选择器相连，可使程序框图看上去更加简洁。这种方法可将选项卡控件的每个选项卡与“条件结构”中的 1 个子程序框图关联。其做法是：将选项卡控件的每个选项卡上的输入控件和显示控件以及程序框图上与这些节点相关联的节点和连线放置在条件结构的子程序框图内。如需 VI 某一部分在控件隐藏的情况下也连续运行，则不要使用条件结构，因为条件结构 1 次只执行 1 个分支。

2.4.2　条件结构

1）条件结构的特点

条件结构包括一个或多个子程序框图（即分支），结构执行时，仅有一个分支执行，如图 2.4.1 所示。连线至选择器接线端的值决定需要执行的分支。

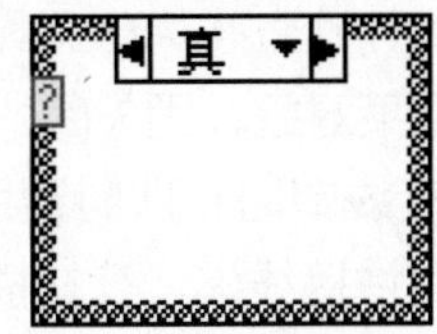

图 2.4.1　条件结构程序框图

随堂记录

2）条件结构的组成部分（图 2.4.2）

（1）选择器标签

它显示相关分支执行的值。可指定单个值或一个值范围。也可通过选择器标签指定默认分支。

（2）子程序框图（分支）

它包含连线至条件选择器接线端的值与条件选择器标签中的值相匹配时执行的代码。鼠标右键单击条件结构边框并选择相应选项，可修改子程序框图的数量或顺序。

（3）条件选择器

它根据输入数据的值，选择要执行的分支。输入数据可以是布尔、字符串、整数、枚举类型或错误簇。连线至条件选择器的数据类型决定了可输入条件选择器标签的分支。

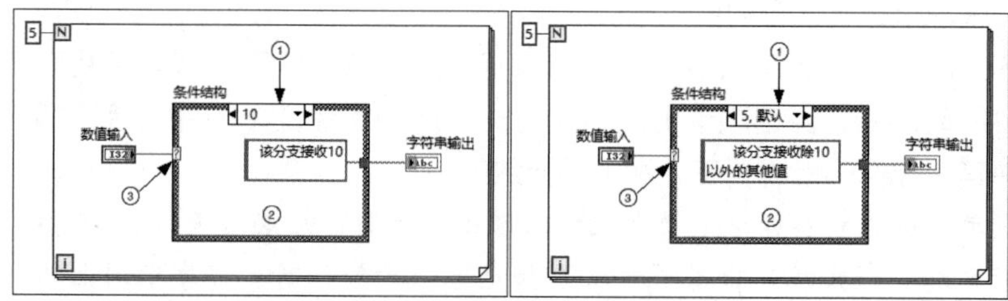

图 2.4.2　条件结构的组成部分

2.4.3　属性节点

属性节点可自动调整为用户所引用的对象的类。LabVIEW 的属性节点可访问 XML 属性、VISA 属性、.NET 属性和 ActiveX 属性。

连线引用句柄至引用输入端可指定执行该属性的类。例如，要指定的类是 VI 类、通用类或应用程序类，可连线 VI、VI 对象或应用程序引用至引用输入端。节点将自动调整为相应的类。此外，也可鼠标右键单击节点，在快捷菜单中选择“类”。

可将 LabVIEW 类连接至属性节点的引用输入。如该 LabVIEW 类拥有属性节点可用的访问器 VI，可通过属性节点读取或写入访问器。

如访问器 VI 的程序框图可用，可方便地查看 LabVIEW 类属性的实现方式。鼠标右键单击属性，从快捷菜单中选择打开访问器 VI，可查看 LabVIEW 类属性的实现。如属性为动态的多个实现，选择该选项将显示选择实现对话框。使用该对话框查看属性的所有实现，或动态分配成员 VI，以及打开一个或更多实现。

注：如未连线属性节点，运行时仍将执行类属性。

属性节点可打开或返回引用某对象，用关闭“引用函数”结束该引用。

移动光标至属性节点上的接线端时，即时帮助窗口将显示该属性的相关信息。此外，也可鼠标右键单击属性接线端，在快捷菜单中选择“属性帮助”，其中“属性”为属性的名称。

随堂记录

可使用一个节点读取或写入多个属性。但是，有的属性只能读不能写，有的属性只能写不能读。定位工具可增加新的接线端，改变属性节点的大小。属性节点右边的小方向箭头表明当前读取的属性；属性节点左边的小方向箭头表明当前可写的属性。鼠标右键单击“属性”，在快捷菜单中选择转换为“读取”或转换为“写入”，可进行改变属性的操作。

节点是按从上到下的顺序执行的。如属性节点执行前有错误发生，则属性节点将不执行，因此有必要经常检查错误发生的可能性。如果一个属性发生错误，LabVIEW 会忽略其他属性，出现错误提示。如鼠标右键单击“属性节点”，选择忽略节点内部错误，LabVIEW 将执行节点内的其余属性。属性节点只返回第 1 个错误。错误输出簇包含引起错误的属性信息。

鼠标右键单击“属性节点”，在快捷菜单中选择名称格式，可选择为属性使用长名称或短名称。无名称格式仅显示每个属性的数据类型。

注：鼠标右键单击“属性节点”，在快捷菜单中选择向下转换至类，可对引用进行强制类型转换，使其成为继承层次结构中的类。例如，选中可互换虚拟仪器（IVI）类的驱动程序并选择向下转换至类，可查看 IVI 的驱动程序属性。并非所有类型的类都支持该项，如禁用向下转换至类，可使用转换为特定的类和转换为通用的类函数。

【任务演练】

1）任务分组

练一练

学生任务分配表

<table>
<tr><td>班级</td><td></td><td>组号</td><td></td><td>指导老师</td><td></td></tr>
<tr><td>组长</td><td></td><td>学号</td><td colspan="3"></td></tr>
<tr><td>组员</td><td colspan="5"><table>
<tr><td>姓名</td><td>学号</td><td>姓名</td><td>学号</td></tr>
<tr><td></td><td></td><td></td><td></td></tr>
<tr><td></td><td></td><td></td><td></td></tr>
<tr><td></td><td></td><td></td><td></td></tr>
</table></td></tr>
<tr><td colspan="6">任务分工</td></tr>
<tr><td colspan="6"></td></tr>
</table>

2）任务准备

①准备“NI LabVIEW 2014”视觉软件。

②准备 KEBA 机器人视觉模块。

③准备多种工件。

机器视觉程序

随堂记录

3）实施步骤

视觉颜色判断（一）

（1）创建程序

打开原有程序，见表 2.4.1。

表 2.4.1　打开原有程序

序号	操作说明	效果图
1	打开程序“图像颜色识别.vi”	2.2 图像颜色识别
2	双击该文件图标，打开该程序，显示程序前面板	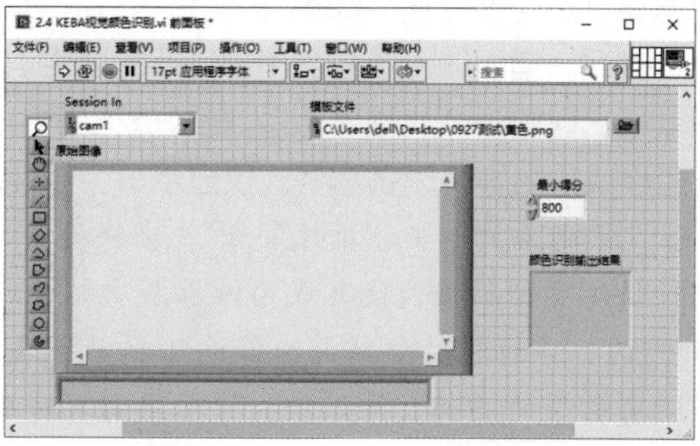
3	另存该程序名称为“2.4 KEBA视觉颜色识别”，单击“确定”按钮	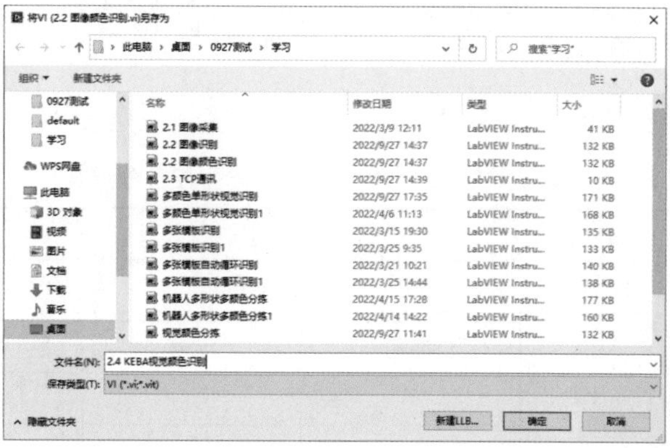
4	打开“2.4 KEBA视觉颜色识别”程序，程序前面板显示	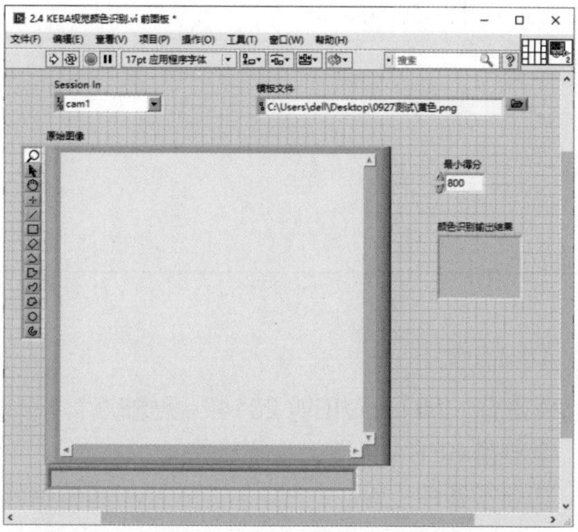

随堂记录

续表

序号	操作说明	效果图
5	显示程序后面板	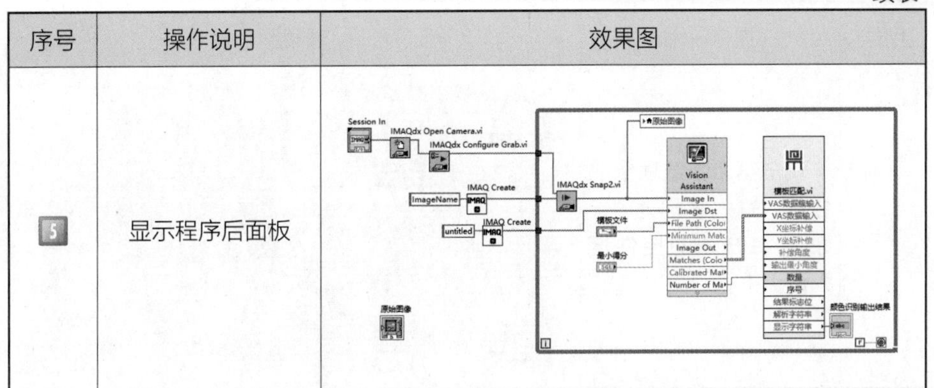

（2）编写修改程序

①添加“选项卡控件”

添加“选项卡控件”，见表 2.4.2。

表 2.4.2　添加“选项卡控件”

序号	操作说明	效果图
1	在前面板空白处单击鼠标右键，弹出“控件窗口”，选择“新式”→“容器”→“选项卡控件”选项	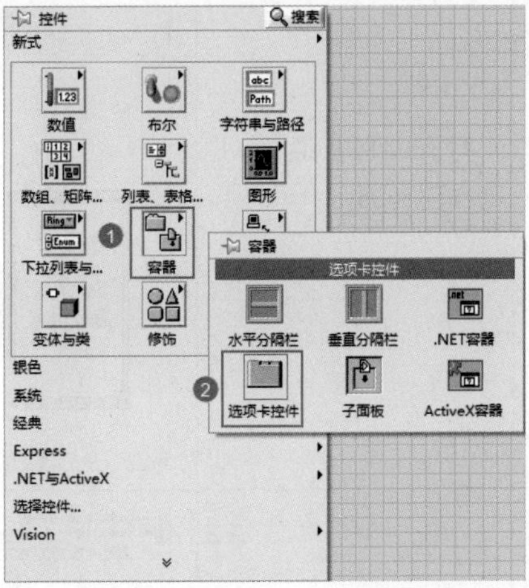
2	双击选项卡第 1 张卡的名称，输入新名称“图像”，将右图的控件拖入该卡中	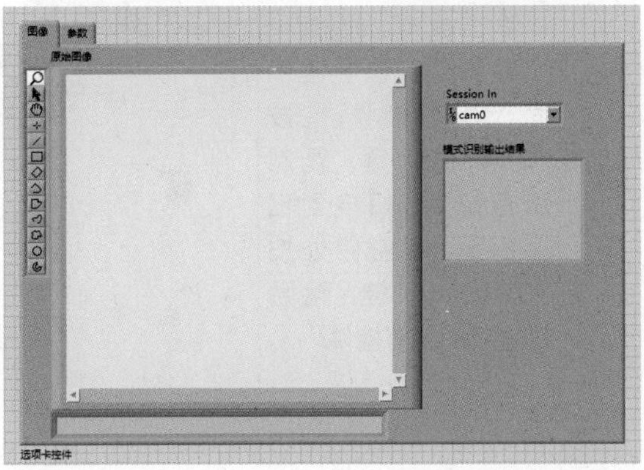

随堂记录

小提示
复制后面板控件更方便。

续表

序号	操作说明	效果图
3	双击第 2 张选项卡的名称，输入名称为“参数”，将右图的控件拖入该卡中	

②建立 TCP/IP 通信

建立 TCP/IP 通信，见表 2.4.3。

表 2.4.3　建立 TCP/IP 通信

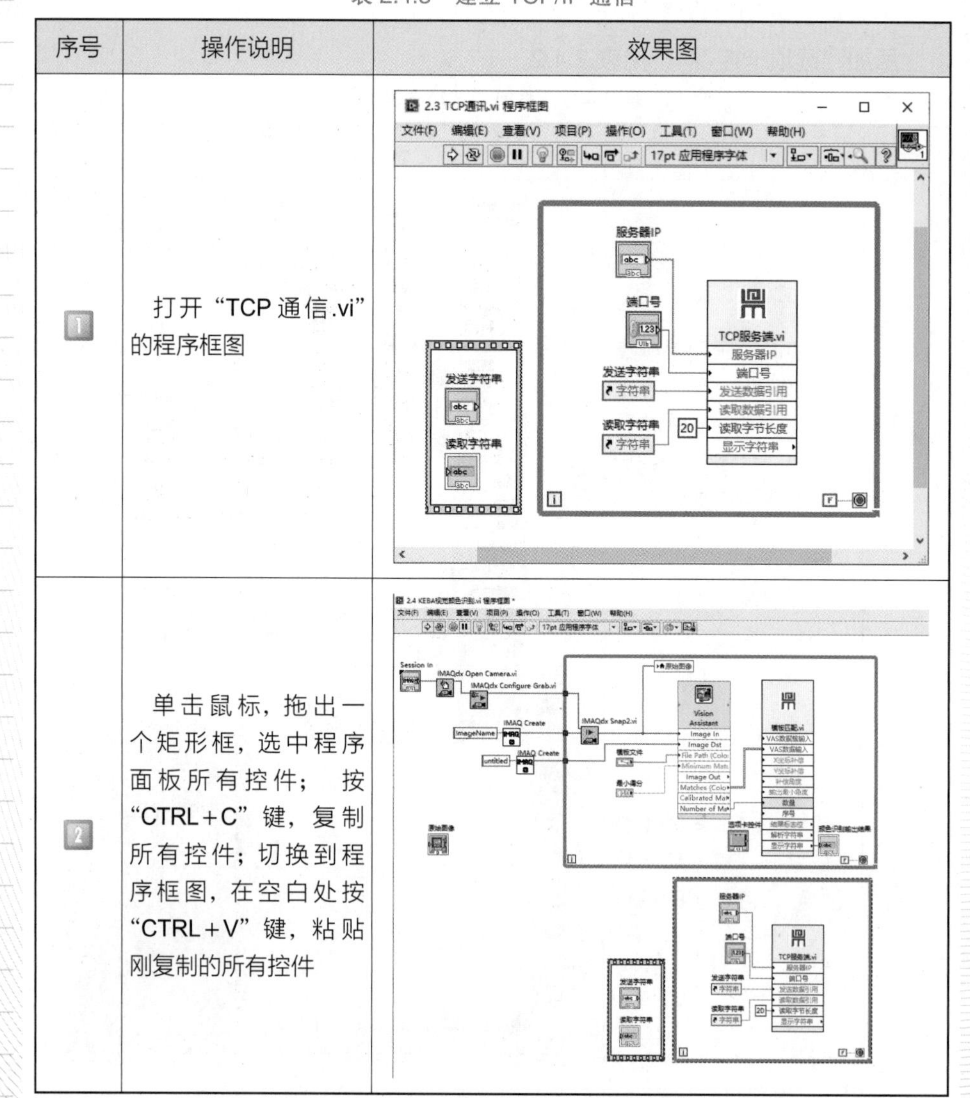

序号	操作说明	效果图
1	打开“TCP 通信.vi”的程序框图	
2	单击鼠标，拖出一个矩形框，选中程序面板所有控件；按“CTRL+C”键，复制所有控件；切换到程序框图，在空白处按“CTRL+V”键，粘贴刚复制的所有控件	

续表

序号	操作说明	效果图
3	前面板 1	
4	前面板 2	

③添加“条件结构”

添加“条件结构”分支，见表 2.4.4。

视觉颜色判断（二）

表 2.4.4　添加“条件结构”

序号	操作说明	效果图
1	在后面板程序框图空白处单击鼠标右键，弹出“函数菜单窗口”，选择“编程”→“结构”→“条件结构”选项	
2	将条件“真”改为“DATA1”	

随堂记录

想一想

Q：说说条件结构的作用有哪些？

想一想

Q：属性节点的作用是什么？为什么要选择“值”？

随堂记录

续表

序号	操作说明	效果图
3	在分支外的空白处单击鼠标右键，弹出“函数菜单窗口”，选择“编程”→“应用程序控制”→“属性节点”选项	
4	在“TCP 服务器.vi”的“读取字符串”处单击鼠标右键，创建“引用” 将其连接到“属性节点”对象的输入参数“引用”上，单击其输出参数“属性”，选择“值”，其输出参数变为“Value”	
5	将其连接到“真 / 假”分支的条件“？”上	

④创建“平铺顺序结构”

创建“平铺顺序结构”，见表 2.4.5。

表 2.4.5　创建“平铺顺序结构”

序号	操作说明	效果图
1	创建“平铺顺序结构”框，将外循环中的所有项包含在此框内	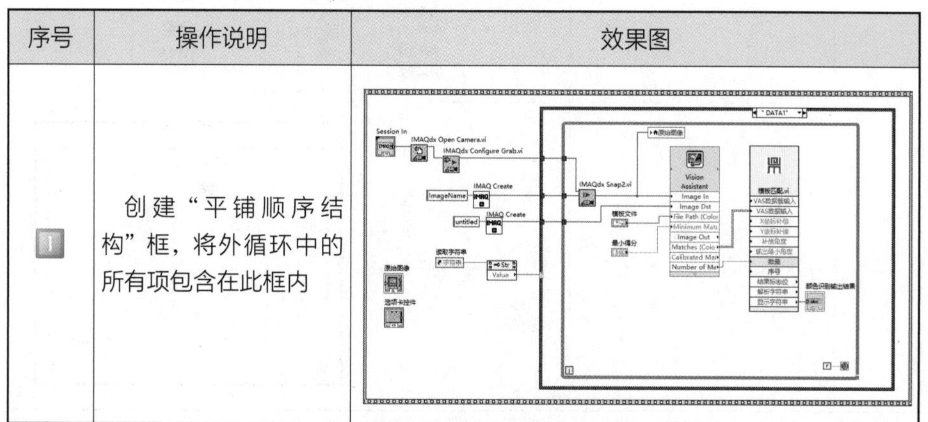

续表

序号	操作说明	效果图

⑤创建“数据输出”对象

创建“数据输出”对象，见表 2.4.6。

表 2.4.6　创建“数据输出”对象

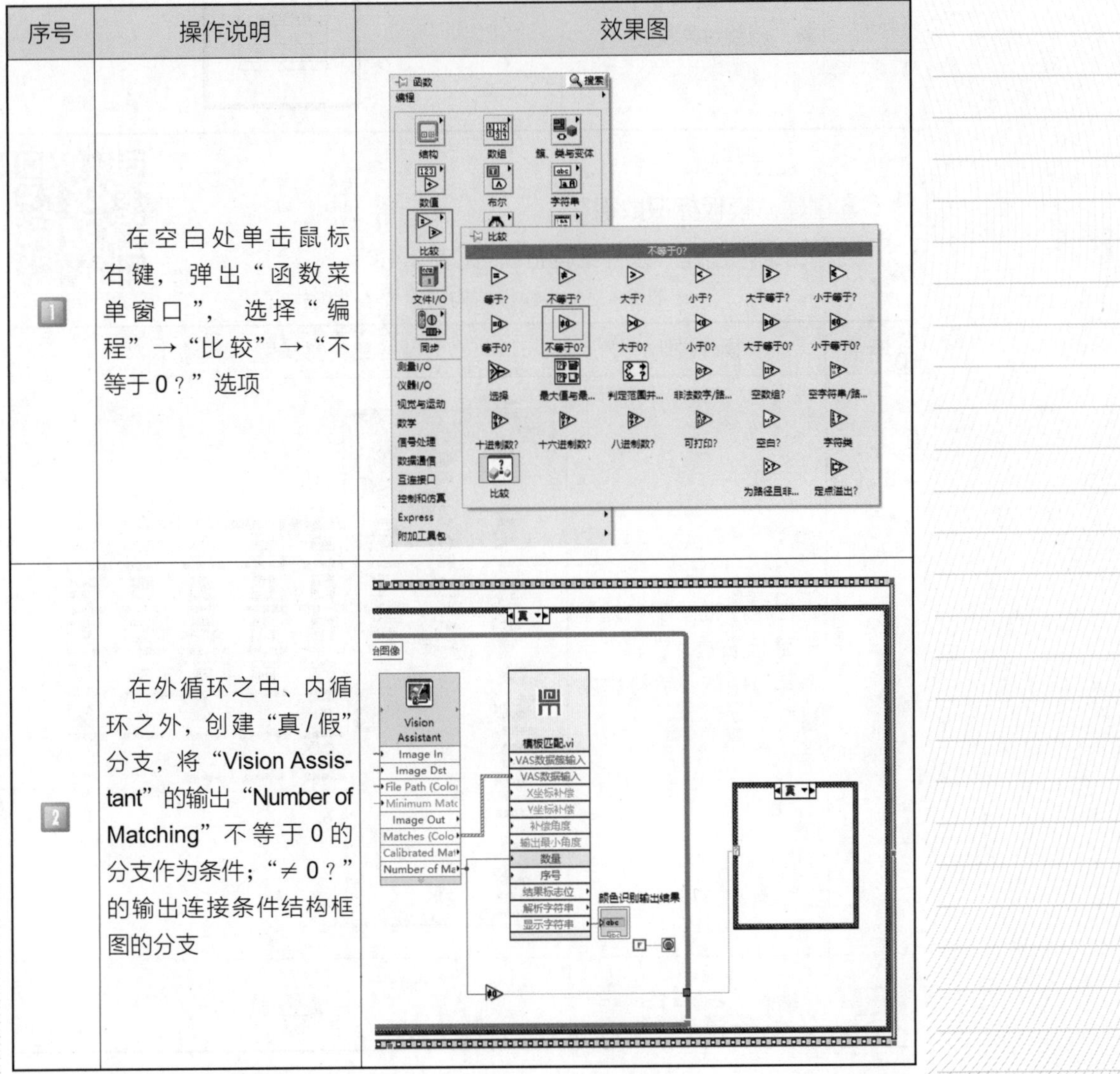

序号	操作说明	效果图
1	在空白处单击鼠标右键，弹出“函数菜单窗口”，选择“编程”→“比较”→“不等于 0？”选项	
2	在外循环之中、内循环之外，创建“真 / 假”分支，将“Vision Assistant”的输出“Number of Matching”不等于 0 的分支作为条件；“≠ 0？”的输出连接条件结构框图的分支	

随堂记录

续表

序号	操作说明	效果图
3	在“真”分支里的空白处单击鼠标右键，弹出控件窗口，选择“paletteMenu”→“数据输出.vi”选项	
4	创建“数据输出”对象，调整对象属性	

⑥创建“模板标识数组”

为输出结构创建“条件结构框”，见表 2.4.7。

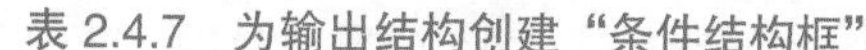

表 2.4.7 为输出结构创建“条件结构框”

序号	操作说明	效果图
1	在程序框图空白处单击鼠标右键，选择“字符串”中的“字符串常量”	
2	输入“<C=1>”	<C=1>

随堂记录

续表

序号	操作说明	效果图
3	在程序框图空白处单击鼠标右键，添加“创建数组”	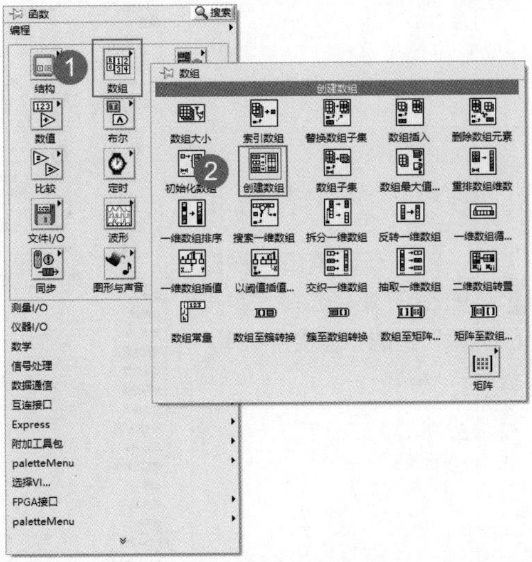
4	连接字符串常量，创建显示控件，命名为“模板标识”	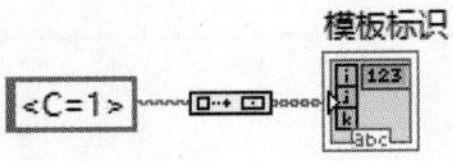
5	创建“索引数组”	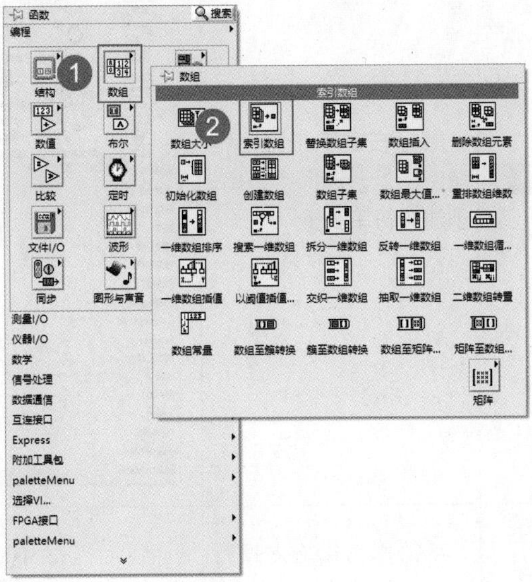
6	创建“模板标识”的局部变量，转换为读取；连接到“索引数组”上，鼠标右键单击索引数组的“索引”，创建输入控件	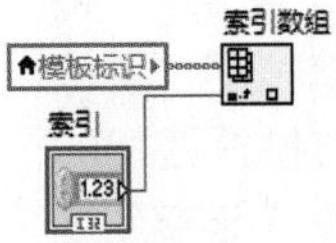

随堂记录

续表

序号	操作说明	效果图
7	鼠标右键单击程序框图空白处，选择“字符串”中的“连接字符串”	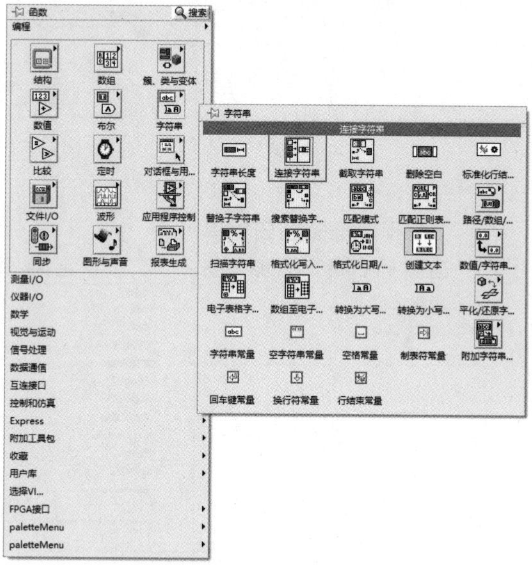
8	鼠标右键单击程序框图空白处，选择字符串，创建字符串常量	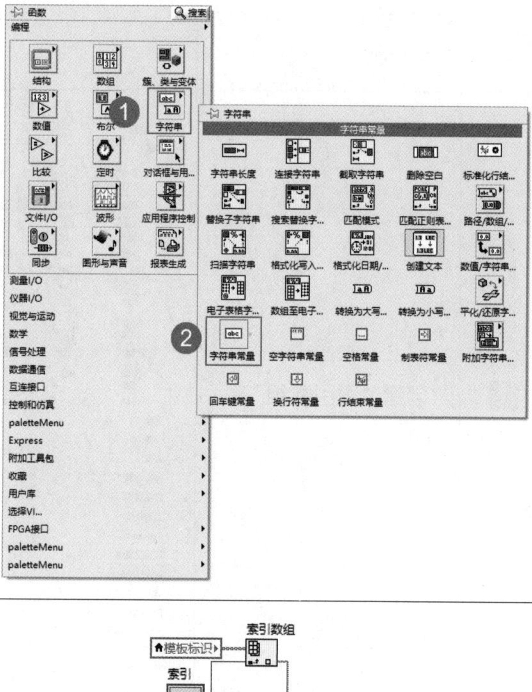
9	字符串常量输入换行符 拖动连接字符串下的箭头，拖至第3个，将“索引数组输出”“字符串常量”与模板匹配的“显示字符串”连接到连接字符串上	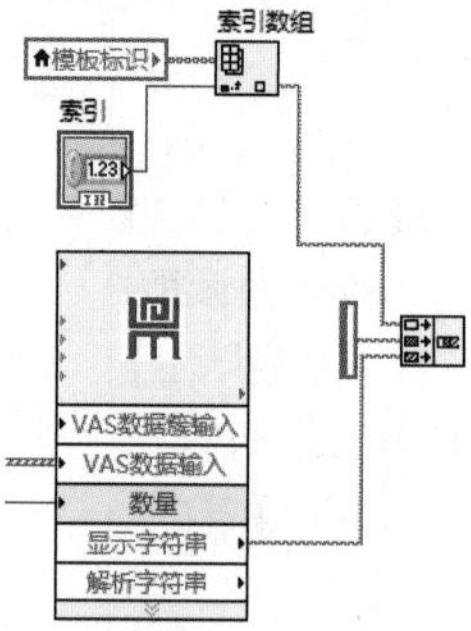

续表　随堂记录

序号	操作说明	效果图
10	鼠标右键单击连接字符串，创建显示控件，命名为“模式识别输出结果”；创建一个条件框图，框住模式识别输出结果；“不等于 0？”的输入连接“模板匹配”的数量，输出分别连接循环条件与条件框图的分支	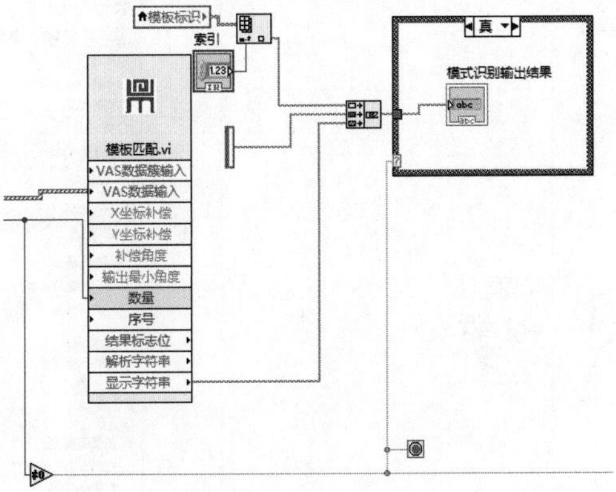
11	创建连接字符串，下拉至第 4 个；创建两个字符串常量，输入如右图所示的字符 将两个字符串常量、模板匹配的显示字符串与解析字符串连接到连接字符串上	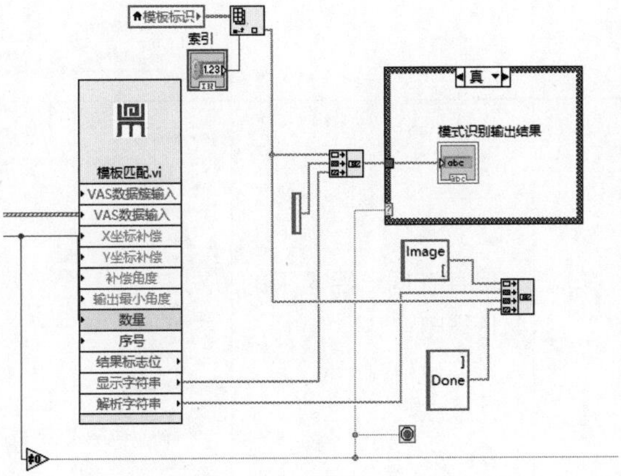
12	居右字符串的创建方式：鼠标右键单击字符串常量，选择“高级”，单击“自定义”	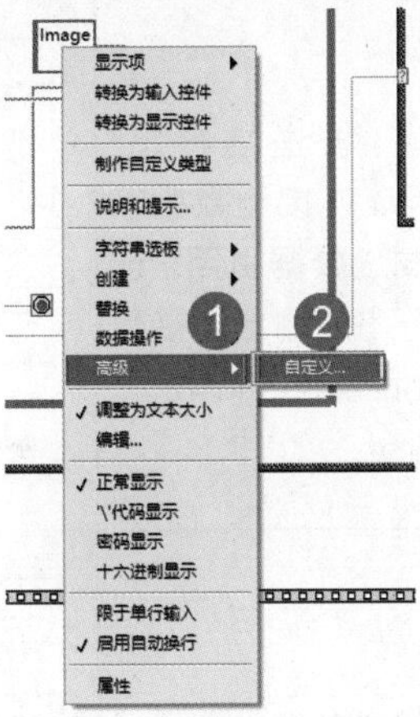
13	选中输入的字符，选择“右边缘”	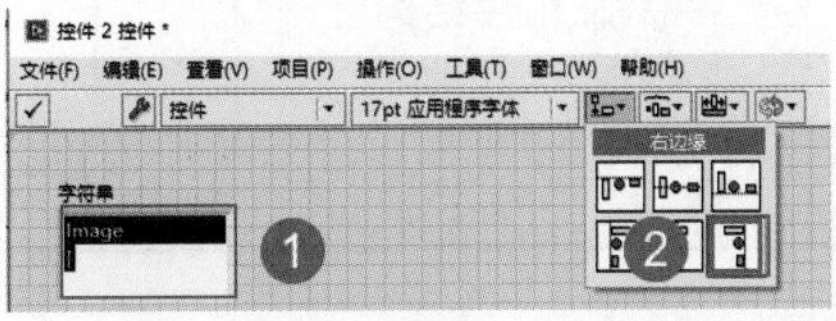

随堂记录

续表

序号	操作说明	效果图
14	单击“文件”，选择“保存”	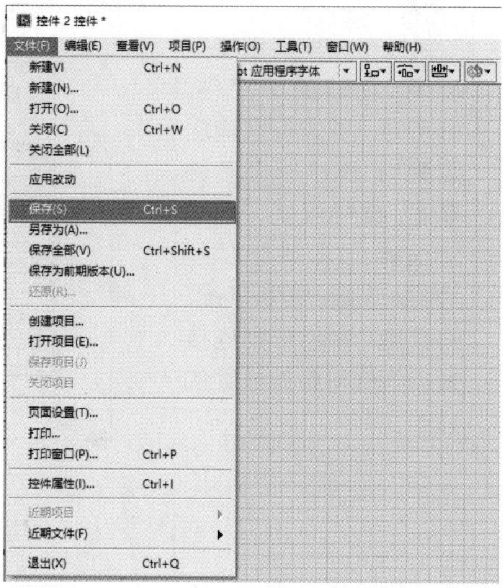
15	保存在同一目录下的文件夹中	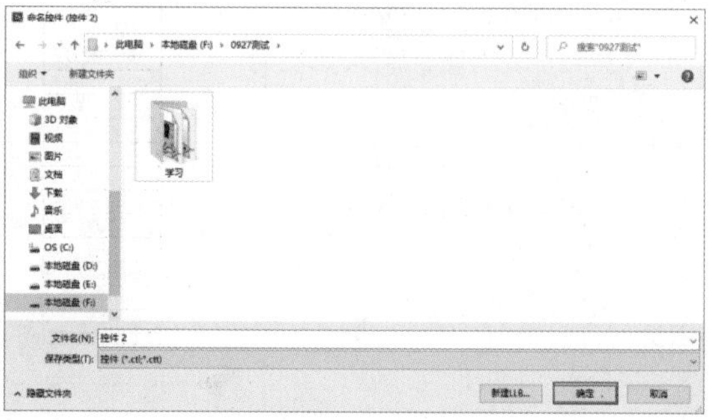
16	创建“发送字符串”的引用，连接至数据输出的发送数据引用；连接字符串的输出连接数据输出的解析字符串	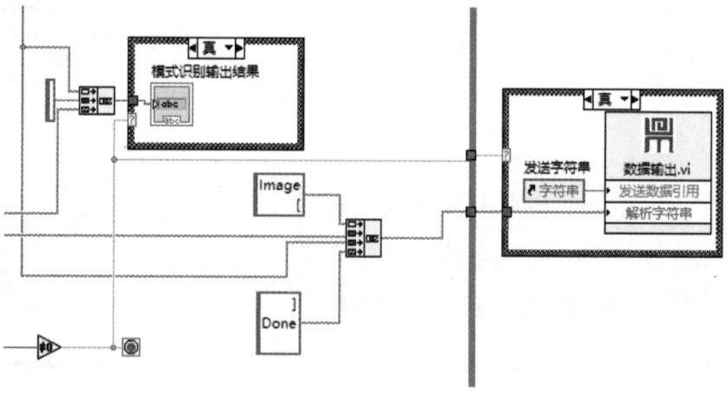
17	创建“Whlie 循环”与“平铺式顺序结构”	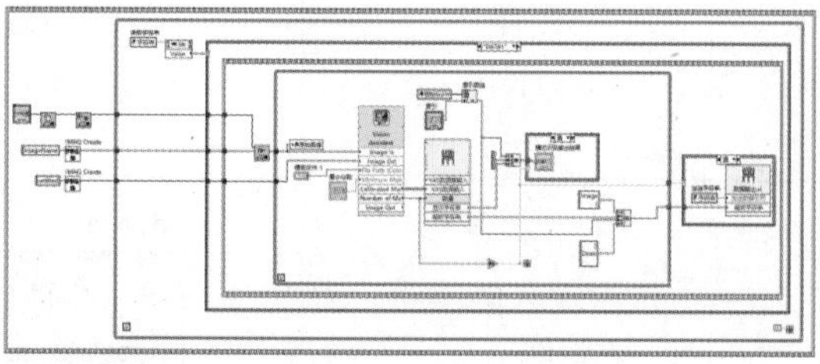

随堂记录

⑦保存程序

保存程序，见表 2.4.8。

表 2.4.8　保存程序

序号	操作说明	效果图
1	至此，KEBA 视觉颜色识别程序编写完成，单击“文件”→“保存”菜单项，保存整个程序，前面板程序	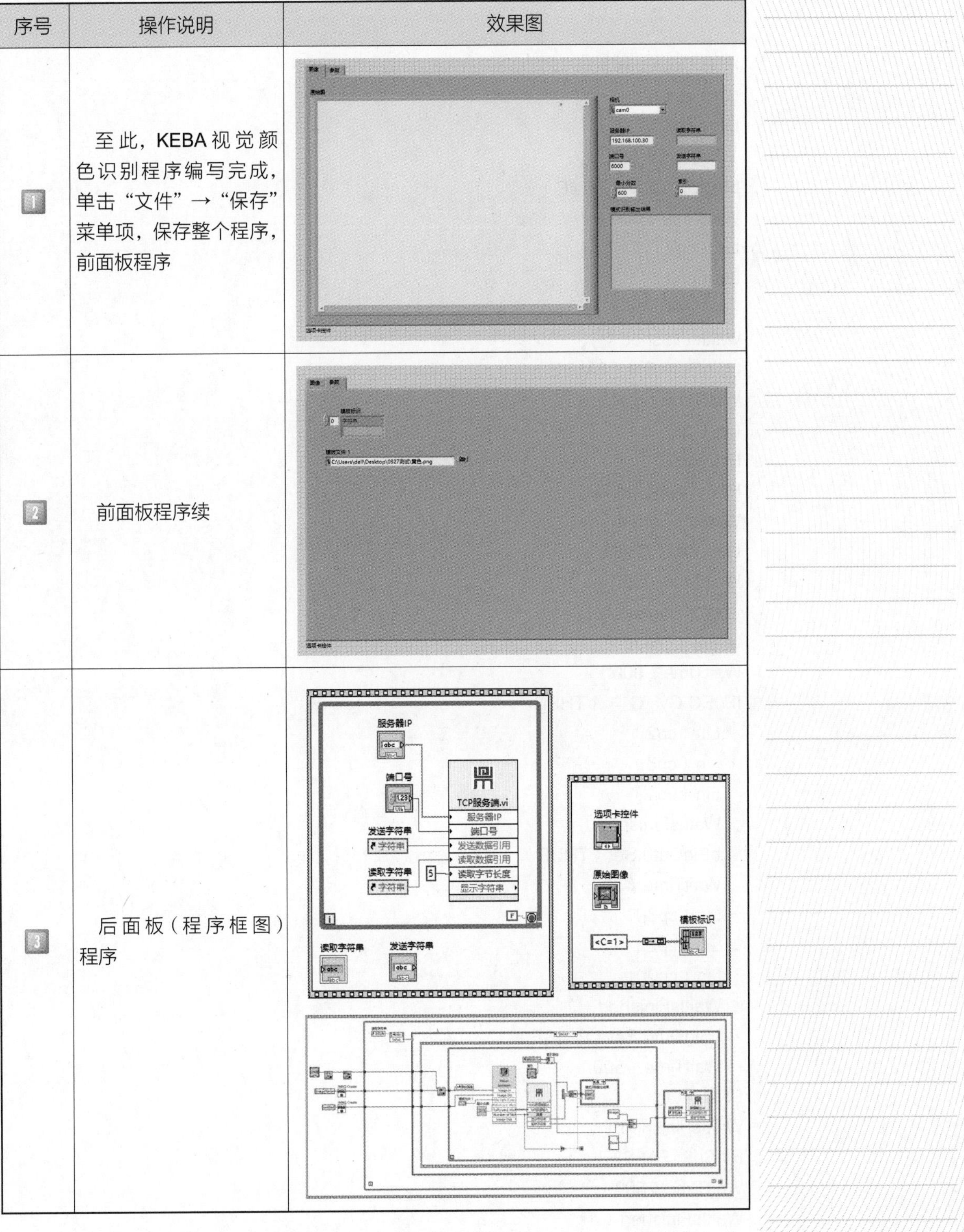
2	前面板程序续	
3	后面板（程序框图）程序	

随堂记录

⑧ KEBA 程序编写

KEBA 程序编写，见表 2.4.9。

表 2.4.9 KEBA 程序编写

程序

PTP（aphome）
Lin（cp1）
Lin（cp0，d0）
waitIsFinished（）
bSigOut0.Set（TRUE）
WaitTime（500）
Lin（cp2）
Lin（cp3）
Lin（cp4）
waitIsFinished（）
bSigOut0.Set（FALSE）
WaitTime（500）
Lin（cp3）
Lin（cp2）
PTP（aphome）
WaitIsFinished（）
Lian.Set（TRUE）
WaitTime（500）
WaitIsFinished（）
fa.Set（TRUE）
WaitTime（500）
IF IEC.Gvl_C ＝ 1 THEN
    Lin（cp2）
    Lin（cp3）
    Lin（cp4）
    WaitIsFinished（）
    bSigOut0.Set（TRUE）
    WaitTime（500）
    Lin（cp3）
    Lin（cp2）
    Lin（cp0）
    WaitIsFinished（）
    bSigOut0.Set（FALSE）
    WaitTime（500）
END IF
WaitIsFinished（）
Fa.Set（FALSE）
WaitTime（500）
WaitIsFinished（）

续表

程序
Lian.Set（FALSE） WaitTime（500） PTP（aphome）

✎随堂记录

（3）运行程序

视觉颜色判断（四）

①程序运行

程序运行，见表 2.4.10。

表 2.4.10　程序运行

序号	操作说明	效果图
1	在前面板或后面板中单击“运行”按钮，程序启动运行	
2	机器人发送“DATA1”	
3	VI 拍照识别	
4	机器人读取发送的数据	Image[<X=0.000><Y=0.000><A=0.000><N=1><C=1>]Done

②关闭程序

关闭程序，见表 2.4.11。

表 2.4.11　关闭程序

序号	操作说明	效果图
1	在“KEBA 视觉颜色识别”程序的前/后面板单击“停止”按钮，程序停止运行	

随堂记录

评一评

【任务评价】

（1）学生自评

学生进行自评，并将结果填入表 2.4.12 中。

表 2.4.12 学生自评表

班级		组名		日期	年 月 日
评价指标	评价要素			分数	分数评定
信息检索	能有效利用网络资源、工作手册查找有效信息；能用自己的语言有条理地去解释、表述所学知识；能将查找到的信息有效转换到学习中			10	
感知工作	在学习中能获得满足感			10	
参与状态	与教师、同学之间能相互尊重、理解、平等交流；与教师、同学之间能够保持多向、丰富、适宜的信息交流			10	
	探究学习、自主学习不流于形式，处理好合作学习和独立思考的关系，做到有效学习；能发表个人见解；能按要求正确操作；能够倾听、协作分享			10	
学习方法	工业机器人视觉颜色判断编程应用的工作计划、操作技能符合规范要求；能获得进一步发展的能力			10	
工作过程	能遵守管理规程，工业机器人视觉颜色判断编程应用的操作过程符合要求；平时上课的出勤情况和每天完成工作任务情况良好；善于多角度思考问题，能主动发现、提出有价值的问题			15	
思维状态	能自行解决在工业机器人视觉颜色判断编程应用的操作过程中遇到的问题			10	
自评反馈	按时保质完成工业机器人视觉颜色判断编程应用的 vi 文件，并能够正常运行；较好地掌握了专业知识点；具有较强的信息分析能力和理解能力；具有较为全面严谨的思维能力并能条理清晰地表述成文			25	
合计				100	
经验总结					
反思					

随堂记录

（2）学生互评

学生以小组为单位，对以上学习情境的过程与结果进行互评，并将结果填入表 2.4.13 中。

表 2.4.13 学生互评表

班级		被评组名		日期	年 月 日
评价指标	评价要素			分数	分数评定
信息检索	该组能有效利用网络资源、工作手册查找有效信息			5	
	该组能用自己的语言有条理地去解释、表述所学知识			5	
	该组能将查找到的信息有效转换到工作中			5	
感知工作	该组能熟悉自己的工作岗位，认同工作价值			5	
	该组成员在工作中能获得满足感			5	
参与状态	该组与教师、同学之间能相互尊重、理解、平等交流			5	
	该组与教师、同学之间能够保持多向、丰富、适宜的信息交流			5	
	该组能处理好合作学习和独立思考的关系，做到有效学习			5	
	该组能提出有意义的问题或能发表个人见解；能按要求正确操作；能够倾听、协作分享			5	
	该组能积极参与，在实训练习的过程中不断学习，提升动手能力			5	
学习方法	该组工业机器人视觉颜色判断编程应用的工作计划、操作技能符合规范要求			5	
	该组能获得进一步发展的能力			5	
工作过程	该组能遵守管理规程，操作过程符合现场管理要求			5	
	该组平时上课的出勤情况和每天完成工作任务情况良好			5	
	该组成员能成功采集图像，并善于多角度思考问题，能主动发现、提出有价值的问题			15	
思维状态	能自行解决在工业机器人视觉颜色判断编程应用的操作过程中遇到的问题			5	
自评反馈	该组能严肃认真地对待自评，并能独立完成自测试题			10	
合计				100	
简要评述					

随堂记录

（3）教师综合评价

教师对学生的工作过程与结果进行评价，并将结果填入表 2.4.14 中。

表 2.4.14　教师综合评价表

<table>
<tr><td colspan="2">班级</td><td></td><td>组名</td><td></td><td>姓名</td><td></td></tr>
<tr><td colspan="3">出勤情况</td><td colspan="4"></td></tr>
<tr><td>序号</td><td colspan="2">评价指标</td><td colspan="2">评价要求</td><td>分数</td><td>分数评定</td></tr>
<tr><td>一</td><td colspan="2">任务描述、接受任务</td><td colspan="2">口述任务内容细节</td><td>2</td><td></td></tr>
<tr><td>二</td><td colspan="2">任务分析、分组情况</td><td colspan="2">依据任务分析程序编写步骤</td><td>3</td><td></td></tr>
<tr><td>三</td><td colspan="2">制订计划</td><td colspan="2">①创建程序
②编写程序
③在线调试</td><td>15</td><td></td></tr>
<tr><td>四</td><td colspan="2">计划实施</td><td colspan="2">①另存程序
②编写工业机器人与视觉颜色判断程序
③在线调试</td><td>55</td><td></td></tr>
<tr><td>五</td><td colspan="2">检测分析</td><td colspan="2">是否完成任务</td><td>15</td><td></td></tr>
<tr><td>六</td><td colspan="2">总结</td><td colspan="2">任务总结</td><td>10</td><td></td></tr>
<tr><td colspan="5">合计</td><td>100</td><td></td></tr>
<tr><td rowspan="2">综合评价</td><td>自评（20%）</td><td>小组互评（30%）</td><td colspan="2">教师评价（50%）</td><td colspan="2">综合得分</td></tr>
<tr><td></td><td></td><td colspan="2"></td><td colspan="2"></td></tr>
</table>

项目 3　机器人静态多颜色识别与分拣

任务 3.1　机器视觉多工件分辨

关键词	机器视觉	数组元素	模板文件
	多工件分辨	索引数组	文件路径

【任务描述】

本任务讲解了 LabVIEW 程序中数组和索引数组的创建、赋值和索引调用的方法和过程，使学生熟练掌握模式匹配和模板文件建立的方法和步骤，掌握 LabVIEW 编程语言数组和索引数组的应用方法。

【任务目标】

1. 知识目标

（1）了解 LabVIEW 编程语言数组的应用方法。

（2）了解 LabVIEW 编程索引数组的应用方法。

2. 能力目标

（1）掌握 LabVIEW 程序中数组和索引数组的创建、赋值和索引调用的方法和过程。

（2）掌握颜色模式匹配中的模板文件创建方法和过程。

3. 素质目标

（1）有良好的行为习惯。

（2）能主动学习，在完成任务过程中发现问题、分析问题和解决问题。

（3）能主动与小组成员协商、交流、配合完成任务。

（4）勇于奋斗、乐观向上，具有自我管理能力，有较强的集体意识和团队合作精神。

【相关知识】

3.1.1　创建数组

创建数组连接多个数组或向 n 维数组添加元素。也可使用替换数组子集函数，修改现有数组。连线板显示该多态函数的默认数据类型（图 3.1.1）。

随掌记录

课程思政

在规则引导下，熟练出速度，勤思出精度。我们究竟该如何练习？如何思考？如何完成作业？

练一练

随堂记录

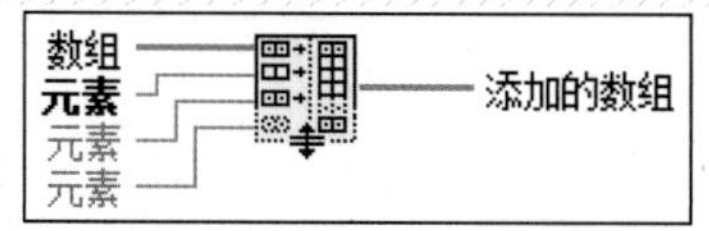

图 3.1.1 创建数组

在程序框图上放置该函数时，只有一个输入端可用。鼠标右键单击“输入端”，在快捷菜单中选择“添加输入”或调整节点大小，均可向节点增加输入端。

如连线不同类的控件引用至该函数，该函数将把控件引用的类强制转换为继承结构一个更通用的类，其为最低共同类。该函数在扩展的数组中可返回该类。

创建数组函数有两种模式，即在快捷菜单中选择“连接输入”和取消选择“连接输入”，这两种模式之间可以互相切换。如选择“连接输入”，函数将顺序添加全部输入，形成输出数组，该数组的维度与输入数组的维度相同；如取消选择“连接输入”，函数创建的输出数组比输入数组多一个维度。例如，如连线一维数组至该函数，即使输入值为一维空数组，输出值仍为二维数组。输入数组的维度应该相同。该函数可按顺序连接各个数组，形成输出数组的子数组、元素、行或页。如有需要，可填充输入以匹配最大输入的大小。

例如，如连线两个一维数组 {1，2} 和 {3，4，5} 至创建数组，然后在快捷菜单中选择“连接输入”，则输出为一维数组 {1，2，3，4，5}。仍将上述两个数组连接至创建数组，在快捷菜单中不选择“连接输入”，则输出为二维数组 {{1，2，0}，{3，4，5}}，第 1 个输出被填充以匹配第 2 个输入的长度。

如输入数组的维度相等，可鼠标右键单击该函数，取消勾选或勾选连接输入快捷菜单项。输入数组的维度不相等时，将自动选择连接输入，且不可取消；所有的输入为标量元素时，可自动取消勾选连接输入，且不能选择。输出的一维数组按顺序包含输入的标量元素。

在快捷菜单中选择“连接输入”时，创建数组图标上的符号会发生变化，以区别两个不同的输入类型。输入和输出的维数一致时，符号显示为数组；输入比输出小一个维度时，符号显示为元素。

3.1.2 索引数组

索引数组是返回 *n* 维数组在索引位置的元素或子数组。连线数组到该函数时，函数可自动调整大小，在 *n* 维数组中显示各个维度的索引输入；也可通过调整节点大小，添加元素或子数组；连线板可显示该多态函数的默认数据类型（图 3.1.2）。

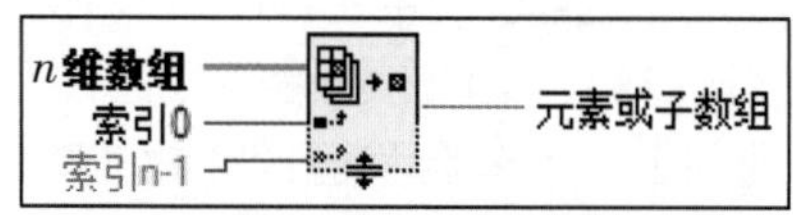

图 3.1.2 索引数组

不连线相应的索引，可禁用维度。一维数组不可禁用任何维度。默认状态下，第一个维度的索引处于启用状态，其他的索引处于禁用状态。如处于禁用状态，输入接线端外围为空心黑框，如启用，则为实心黑框。可连线常量或输入控件至要启用的索引输入。

例如，如需在二维数组中索引一行数据，第 1 个索引输入为启用状态，第 2 个索引输入为禁用状态。如需按列索引同 1 个二维数组，可调整函数的大小，

随堂记录

显示另一组输入接线端。设置输入对应的子数组输出端。默认情况下，如未连线任何索引输入端，第 1 个子数组可对第 0 行建立索引，第 2 个子数组可对第 1 行建立索引，依此类推。

1）超出范围的值的动作

如果索引小于零或大于数组中的维数，该函数返回，为数组定义的数据类型的默认值。

2）索引对应的维度

LabVIEW 中的数组函数按照行序访问数组。对于二维数组，行序作为主索引，列序作为次索引。在更大的多维数组中，列索引是最后处理的索引，其他索引均在列索引之前。第 1 个数字是数组索引中第 1 个维度数组的大小。这些名称只是索引标识符，没有其他含义。

3）未连线的索引输入

未连线的索引允许用户获取数组的子数组，而不是单个元素。例如，如需获取二维数组的第 1 列，可在列索引中指定“1”并保持行索引未连线。如一维数组的索引输入未连线，索引数组函数元素的第 1 个元素。

4）索引与多个输出的关系

如扩展节点显示多于 1 个元素或子数组输出，LabVIEW 为每个输出提供一组索引输入。连线至索引输入的值的集合决定相应输出的值。如不连线值至索引输入集，相应元素或子数组输出返回上一个原数组的元素或子数组输出之后的元素或子数组。详细信息见范例部分。

5）不同输入配置的范例

图 3.1.3 说明了函数在不同输入值时的动作。

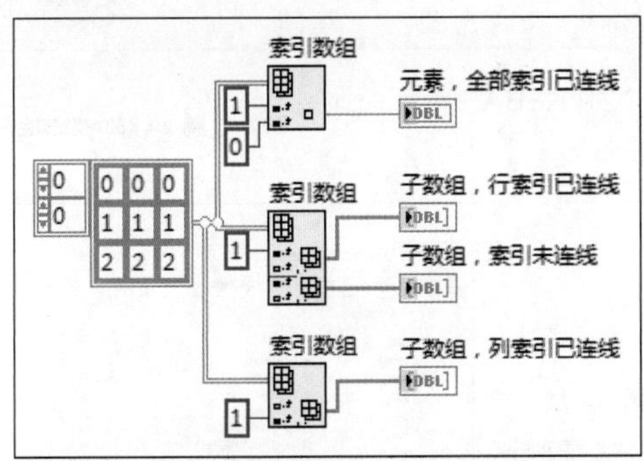

图 3.1.3　函数在不同输入值时的动作

【任务演练】

1）任务分组

学生任务分配表

班级		组号		指导老师	
组长		学号			

随堂记录

续表

组员	姓名	学号	姓名	学号
任务分工				

2）任务准备

①准备“NI LabVIEW 2014”视觉软件。

②准备机器视觉硬件模块。

③准备多种工件。

3）实施步骤

多工件分辨（一）

（1）另存程序

另存程序，见表 3.1.1。

表 3.1.1　另存程序

序号	操作说明	效果图
1	打开程序：“2.4 KEBA 视觉颜色识别 .vi”	2.4 KEBA视觉颜色识别
2	自定义“另存为”文件名称。单击“确定”按钮	

（2）拍摄图片

启动 MAX 软件，见表 3.1.2。

随堂记录

表 3.1.2　启动 MAX 软件

序号	操作说明	效果图
1	启动“NI MAX”软件，单击“Grab”，保存白色圆盘文件	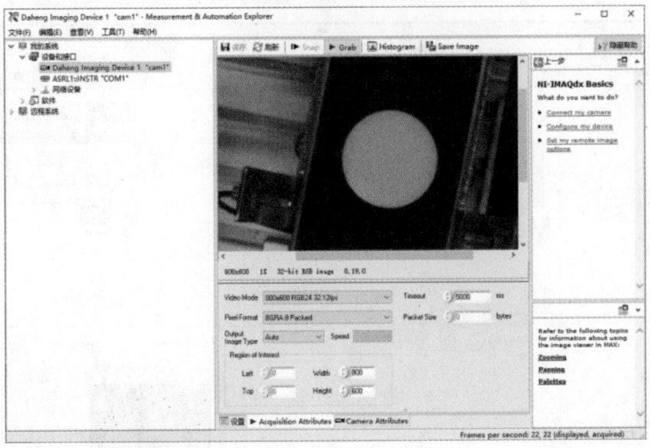

（3）创建模板

①进入“Vision Assistant”界面

进入“Vision Assistant”界面，见表 3.1.3。

表 3.1.3　进入“Vision Assistant”界面

序号	操作说明	效果图
1	打开程序框图，进入“Vision Assistant”界面	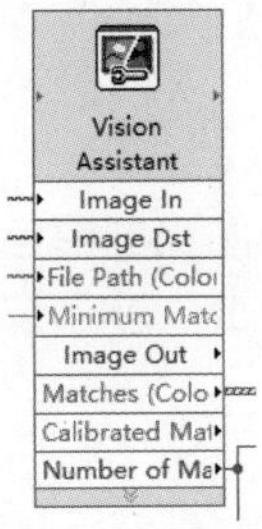
2	打开拍摄的白色圆盘图像	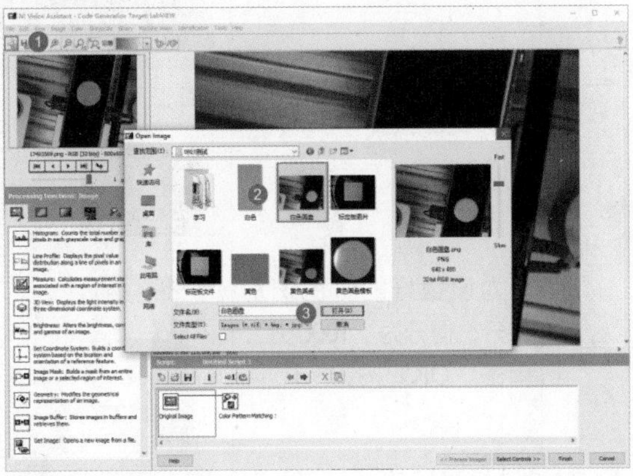

随堂记录

②颜色模板匹配设置

颜色模板匹配设置，见表 3.1.4。

表 3.1.4　颜色模板匹配设置

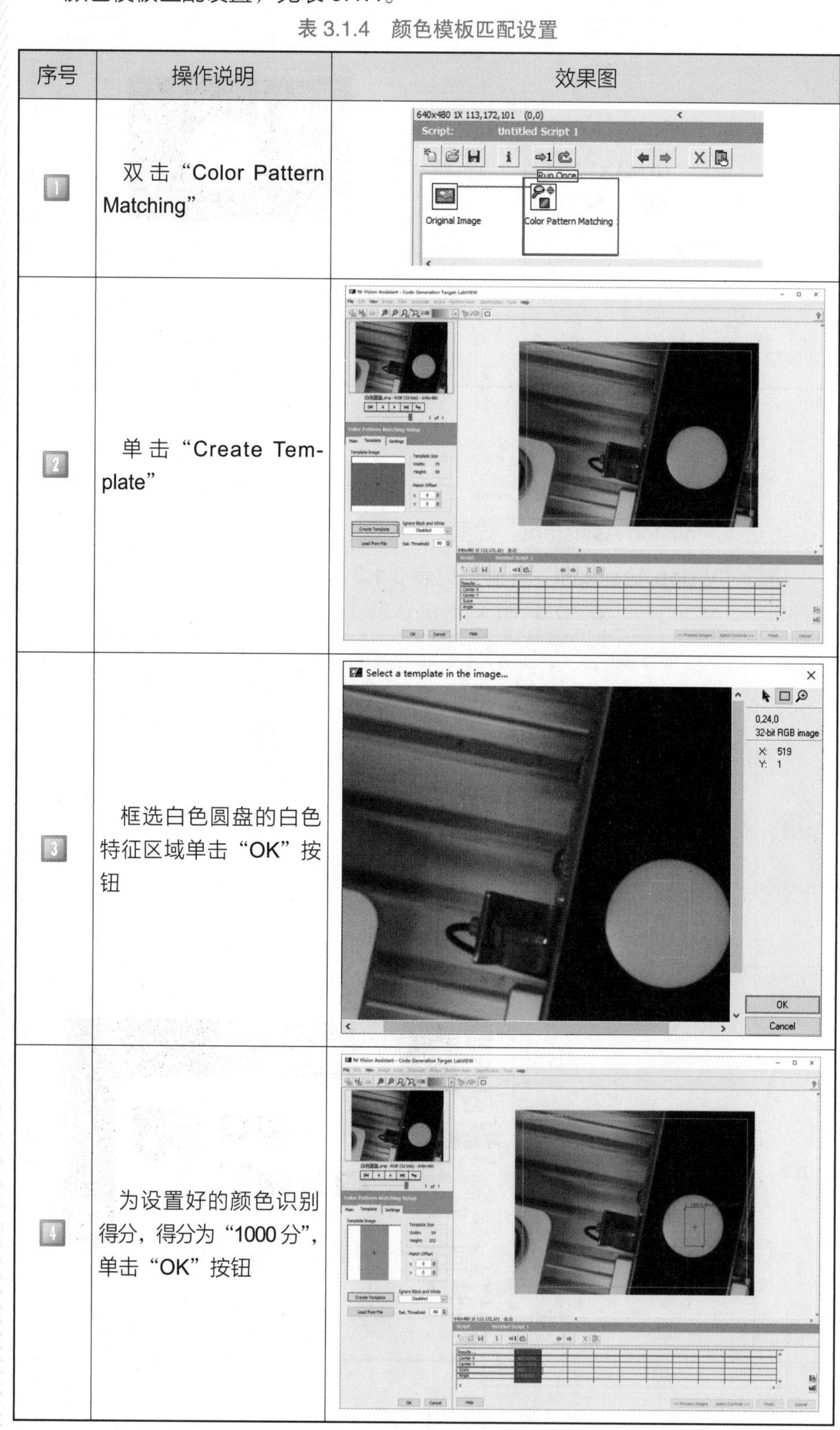

序号	操作说明	效果图
1	双击“Color Pattern Matching”	
2	单击“Create Template”	
3	框选白色圆盘的白色特征区域单击“OK”按钮	
4	为设置好的颜色识别得分，得分为“1000 分”，单击“OK”按钮	

随堂记录

③设置 VA 对象输入输出参数

设置 VA 对象输入输出参数，见表 3.1.5。

表 3.1.5　设置 VA 对象输入输出参数

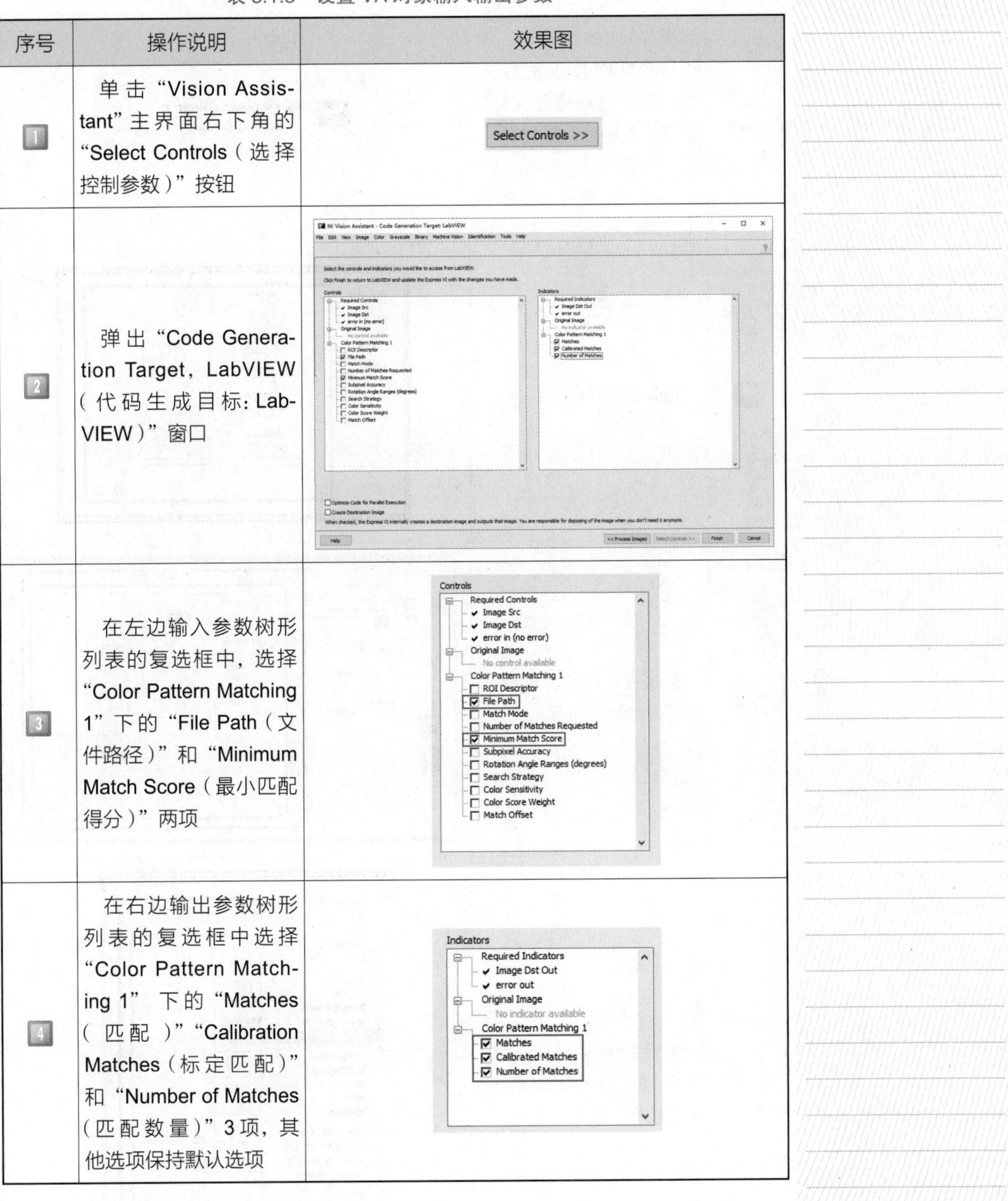

序号	操作说明	效果图
1	单击“Vision Assistant”主界面右下角的“Select Controls（选择控制参数）”按钮	Select Controls >>
2	弹出“Code Generation Target，LabVIEW（代码生成目标：LabVIEW）”窗口	NI Vision Assistant - Code Generation Target: LabVIEW
3	在左边输入参数树形列表的复选框中，选择“Color Pattern Matching 1”下的“File Path（文件路径）”和“Minimum Match Score（最小匹配得分）”两项	Controls Required Controls Image Src Image Dst error in (no error) Original Image No control available Color Pattern Matching 1 ROI Descriptor File Path Match Mode Number of Matches Requested Minimum Match Score Subpixel Accuracy Rotation Angle Ranges (degrees) Search Strategy Color Sensitivity Color Score Weight Match Offset
4	在右边输出参数树形列表的复选框中选择“Color Pattern Matching 1”下的“Matches（匹配）”“Calibration Matches（标定匹配）”和“Number of Matches（匹配数量）”3 项，其他选项保持默认选项	Indicators Required Indicators Image Dst Out error out Original Image No indicator available Color Pattern Matching 1 Matches Calibrated Matches Number of Matches

④完成 VA 操作

完成 VA 操作，见表 3.1.6。

随堂记录

表 3.1.6　完成 VA 操作

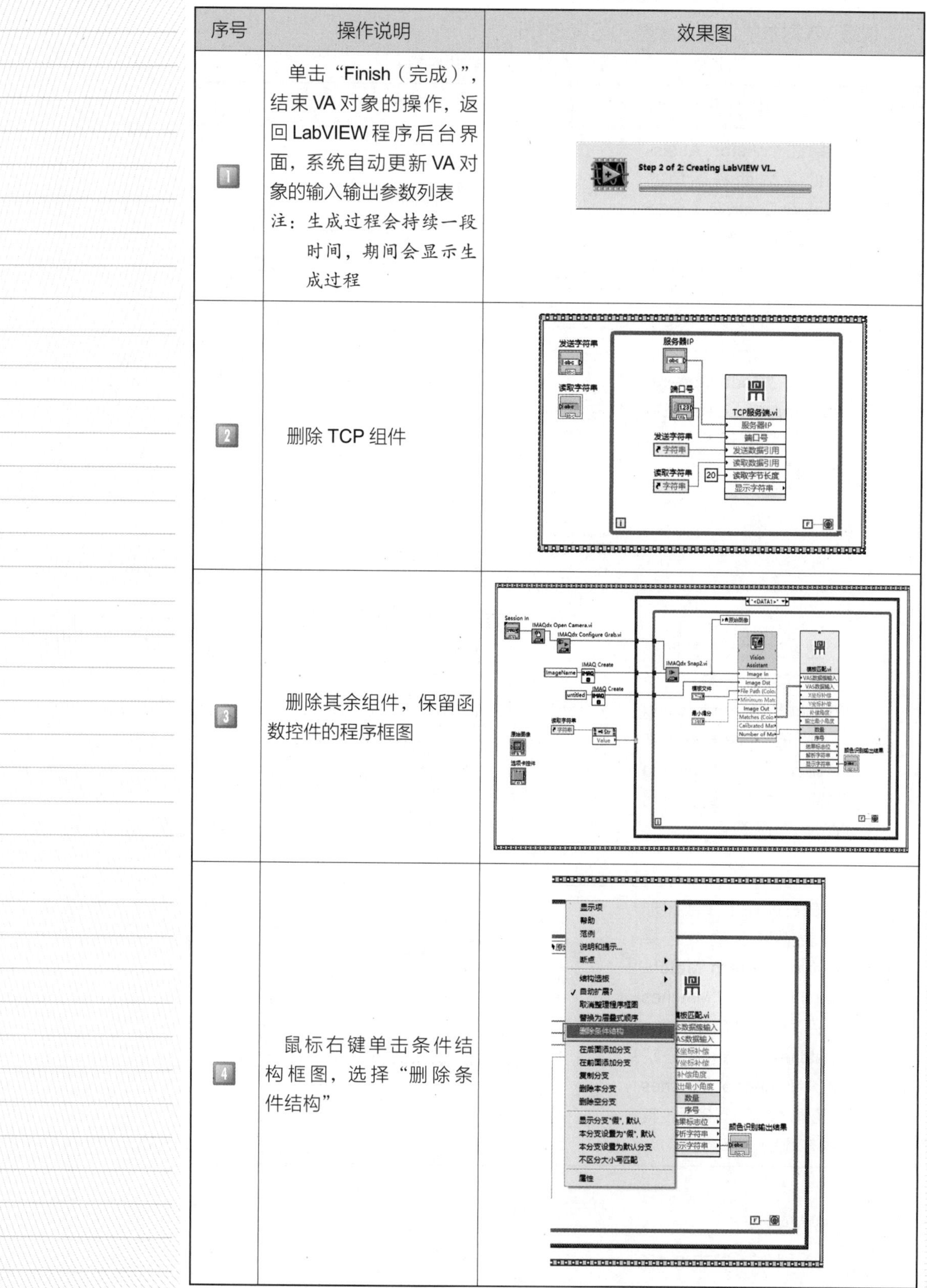

序号	操作说明	效果图
1	单击“Finish（完成）”，结束 VA 对象的操作，返回 LabVIEW 程序后台界面，系统自动更新 VA 对象的输入输出参数列表 注：生成过程会持续一段时间，期间会显示生成过程	Step 2 of 2: Creating LabVIEW VI...
2	删除 TCP 组件	
3	删除其余组件，保留函数控件的程序框图	
4	鼠标右键单击条件结构框图，选择“删除条件结构”	

随堂记录

续表

序号	操作说明	效果图
5	删除属性节点	

⑤创建“模板文件”输入控件

创建“模板文件”输入控件，见表 3.1.7。

多工件分辨（二）

表 3.1.7　创建“模板文件”输入控件

序号	操作说明	效果图
1	创建文件路径的输入控件	
2	为两个文件路径输入控件	
3	在前面板中修改模板文件路径	

随堂记录

⑥创建“模板文件”数组

创建“模板文件”数组，见表 3.1.8。

表 3.1.8 创建“模板文件”数组

序号	操作说明	效果图
1	在后面板程序的空白处单击鼠标右键，弹出“函数菜单窗口”，选择菜单项“编程”→“数组”→“创建数组”	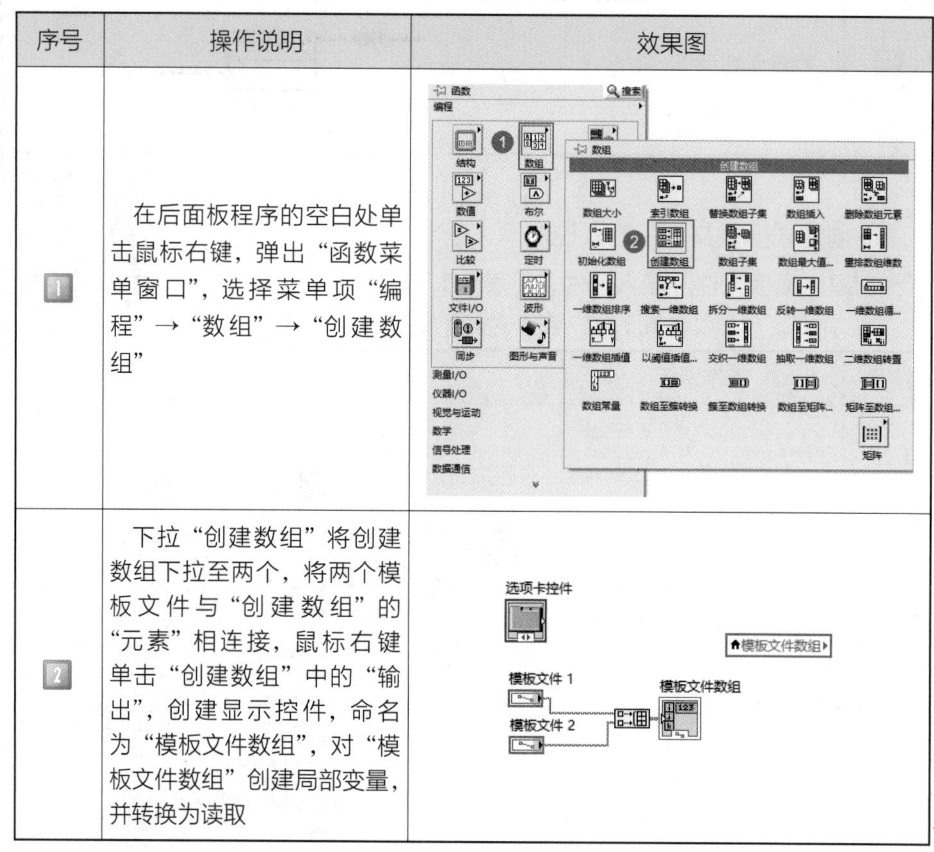
2	下拉“创建数组”将创建数组下拉至两个，将两个模板文件与“创建数组”的“元素”相连接，鼠标右键单击“创建数组”中的“输出”，创建显示控件，命名为“模板文件数组”，对“模板文件数组”创建局部变量，并转换为读取	

⑦创建“模板文件索引”数组

创建“模板文件索引”数组，见表 3.1.9。

表 3.1.9 创建“模板文件索引”数组

序号	操作说明	效果图
1	在后面板程序的空白处单击鼠标右键，弹出“函数菜单窗口”，选择菜单项“编程”→“数组”→“索引数组”	

续表

序号	操作说明	效果图
2	将“索引数组”的输入参数“数组”与“模板文件数组”的局部变量连接；为其输入参数“索引”，创建一个输入控件，命名为“模板文件索引”；将“索引数组”输出参数“元素”，与“Vision Assistant”对象的输入参数“File Path”连接	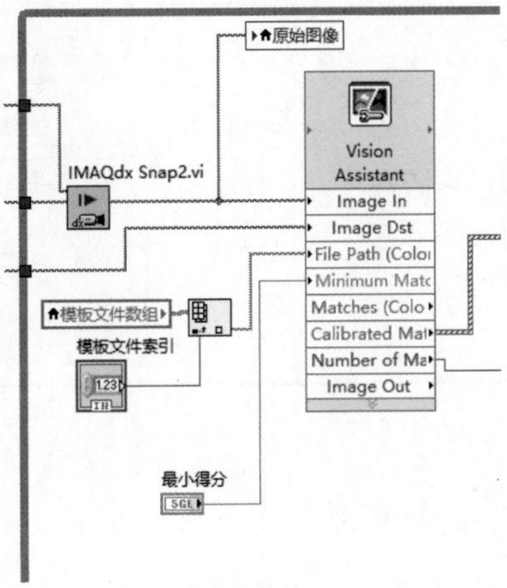

⑧保存程序

保存程序，见表 3.1.10。

表 3.1.10　保存程序

序号	操作说明	效果图
1	保存程序	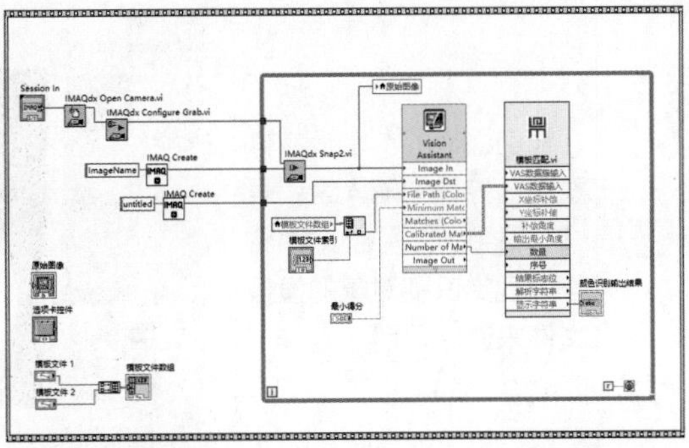
2	前面板	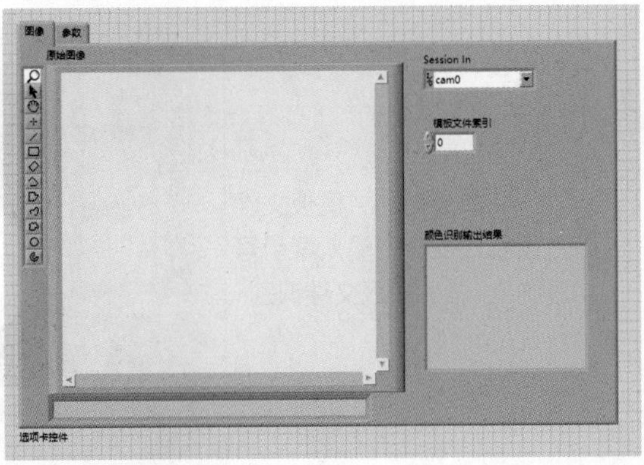

随堂记录

想一想

Q：索引数组的作用是什么？为什么要通过索引数组连接“File Path”？

随堂记录

续表

序号	操作说明	效果图
3	前面板续	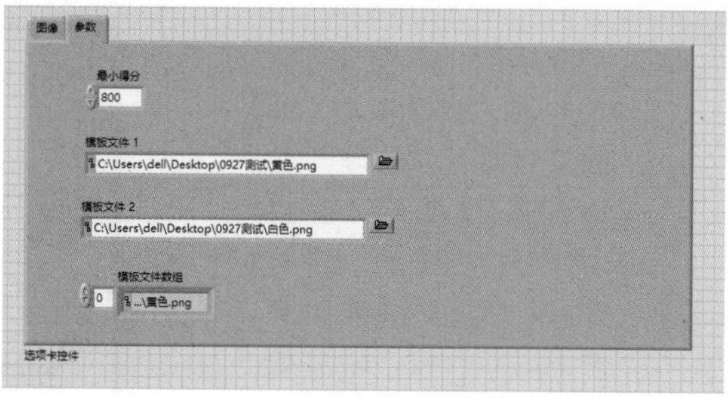

（4）运行程序

程序运行，见表 3.1.11。

表 3.1.11　程序运行

序号	操作说明	效果图
1	在前面板或后面板中单击“运行”按钮，程序启动运行	
2	在前面板的“模板文件索引”控件中输入索引号“0”，相应的模板文件将作为视觉识别对象的模板文件来进行识别	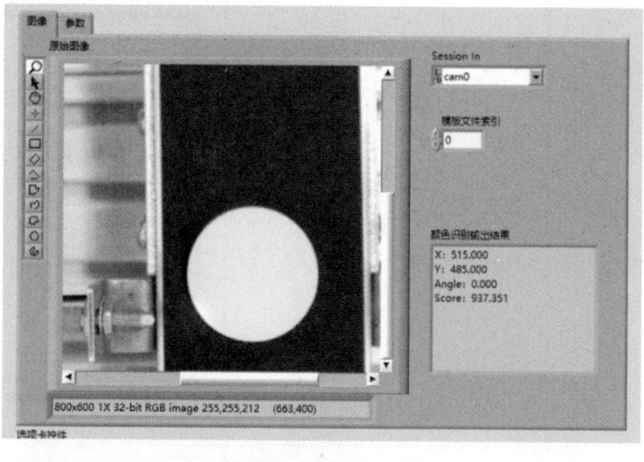
3	在前面板的“模板文件索引”控件中输入索引号“1”，白色模板文件识别	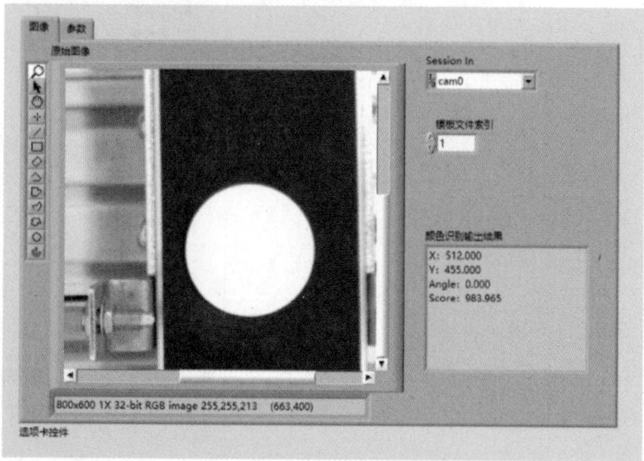

续表

序号	操作说明	效果图
4	单击“停止”按钮，程序停止运行	

随学记录

【任务评价】

(1) 学生自评

学生进行自评，并将结果填入表 3.1.12 中。

表 3.1.12 学生自评表

班级		组名		日期	年 月 日
评价指标	评价要素			分数	分数评定
信息检索	能有效利用网络资源、工作手册查找有效信息；能用自己的语言有条理地去解释、表述所学知识；能将查找到的信息有效转换到学习中			10	
感知工作	在学习中能获得满足感			10	
参与状态	与教师、同学之间能相互尊重、理解、平等交流；与教师、同学之间能够保持多向、丰富、适宜的信息交流			10	
	探究学习、自主学习不流于形式，处理好合作学习和独立思考的关系，做到有效学习；能发表个人见解；能按要求正确操作；能够倾听、协作分享			10	
学习方法	机器视觉多工件分辨的工作计划、操作技能符合规范要求；能获得进一步发展的能力			10	
工作过程	能遵守管理规程，机器视觉多工件分辨的操作过程符合要求；平时上课的出勤情况和每天完成工作任务情况良好；善于多角度思考问题，能主动发现、提出有价值的问题			15	
思维状态	能自行解决在机器视觉多工件分辨的操作过程中遇到的问题			10	
自评反馈	按时保质完成机器视觉多工件分辨的 vi 文件，并能够正常运行；较好地掌握了专业知识点；具有较强的信息分析能力和理解能力；具有较为全面严谨的思维能力并能条理清晰地表述成文			25	
合计				100	
经验总结					
反思					

评一评

随堂记录

(2)学生互评

学生以小组为单位，对以上学习情境的过程与结果进行互评，并将结果填入表 3.1.13 中。

表 3.1.13　学生互评表

班级		被评组名		日期	年　月　日
评价指标	评价要素			分数	分数评定
信息检索	该组能有效利用网络资源、工作手册查找有效信息			5	
	该组能用自己的语言有条理地去解释、表述所学知识			5	
	该组能将查找到的信息有效转换到工作中			5	
感知工作	该组能熟悉自己的工作岗位，认同工作价值			5	
	该组成员在工作中能获得满足感			5	
参与状态	该组与教师、同学之间能相互尊重、理解、平等交流			5	
	该组与教师、同学之间能够保持多向、丰富、适宜的信息交流			5	
	该组能处理好合作学习和独立思考的关系，做到有效学习			5	
	该组能提出有意义的问题或能发表个人见解；能按要求正确操作；能够倾听、协作分享			5	
	该组能积极参与，在实训练习的过程中不断学习，提升动手能力			5	
学习方法	该组机器视觉多工件分辨的工作计划、操作技能符合规范要求			5	
	该组能获得进一步发展的能力			5	
工作过程	该组能遵守管理规程，操作过程符合现场管理要求			5	
	该组平时上课的出勤情况和每天完成工作任务情况良好			5	
	该组成员能成功完成任务，并善于多角度思考问题，能主动发现、提出有价值的问题			15	
思维状态	能自行解决在机器视觉多工件分辨的操作过程中遇到的问题			5	
自评反馈	该组能严肃认真地对待自评，并能独立完成自测试题			10	
合计				100	
简要评述					

随堂记录

(3) 教师综合评价

教师对学生的工作过程与结果进行评价，并将结果填入表 3.1.14 中。

表 3.1.14　教师综合评价表

班级		组名		姓名	
出勤情况					
序号	评价指标	评价要求		分数	分数评定
一	任务描述、接受任务	口述任务内容细节		2	
二	任务分析、分组情况	依据任务分析程序编写步骤		3	
三	制订计划	①创建程序 ②修改与编写程序 ③在线调试		15	
四	计划实施	①创建程序 ②修改与编写程序 ③在线调试		55	
五	检测分析	是否完成任务		15	
六	总结	任务总结		10	
合计				100	
综合评价	自评（20%）	小组互评（30%）	教师评价（50%）	综合得分	

任务 3.2　机器视觉多工件分拣

关键词	多工件分拣	循环结构	比较函数
	模式匹配结果	索引	布尔函数

【任务描述】

本任务在任务 3.1 的基础上增加循环体，通过索引序号在每次循环后自加模板数组，以实现自动循环模板匹配的过程。通过本任务的学习，学生能熟练掌握循环索引号自增的方法，掌握数组通过索引号访问的方法，同时掌握通过判断模式匹配结果数量，来处理识别到的两种模板文件的方法。

课程思政

机器视觉技术来源于生活。我能将学到的哪些知识应用于生活中？

随堂记录

【任务目标】

1. 知识目标

（1）熟知 LabVIEW 编程语言数组和索引数组的应用方法。

（2）熟悉模式匹配输出参数及其应用方法。

2. 能力目标

（1）掌握 LabVIEW 程序中数组和索引数组的创建、赋值和索引调用的方法和过程。

（2）掌握模式匹配与否的处理方法。

3. 素质目标

（1）能主动学习，在完成任务过程中发现问题、分析问题和解决问题。

（2）能与小组成员协商、交流、配合完成任务。

（3）严格遵守安全规范。

（4）勇于奋斗、乐观向上，具有自我管理能力，有较强的集体意识和团队合作精神。

【相关知识】

3.2.1 模式匹配结果

模式匹配函数输出项中的“Number of Matches（匹配数量）”，表示在图像中搜索到的模板块个数，如果为“0”，表示图像中不包含模板块；如果大于“0”，则表示搜索到模板块，同时其坐标和偏移角度有效。

3.2.2 LabVIEW 程序中循环结构

循环结构有 While 循环结构和 For 循环结构。

For 循环用于执行指定次数的循环。当循环次数不能预先确定时，使用 While 循环，其是否继续执行由控制条件来确定，一般的控制条件是布尔型变量或常量，可以设置为“TRUE”时终止，也可以设置为“FALSE”时终止。

1）While 循环

While 循环是重复执行子程序框图中的代码，直至满足某一条件。While 循环至少执行一次。

While 循环的组成部分如图 3.2.1 所示。

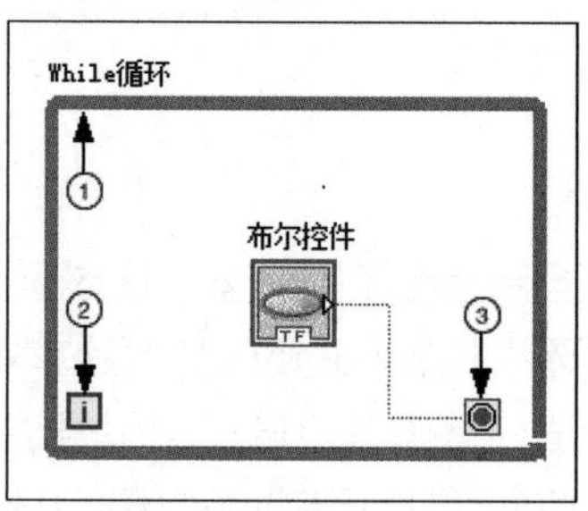

图 3.2.1 While 循环的组成部分

随堂记录

①了程序框图．包含每个迭代 Whilo 循环执行一次的代码。

②计数接线端（i）：提供当前的循环计数。第1个迭代的循环计数始终从零开始。如循环计数超过2，147，483，647（即231-1），在后续循环中，计数接线端的值保持为2，147，483，647。如需保存大于2，147，483，647的循环次数，可使用表示更大范围整数的移位寄存器。

③条件接线端：根据布尔输入值决定是否继续执行 While 循环。如需指定循环在布尔值为“TRUE”或“FALSE”时停止，请配置循环的连续动作。也可以通过将一个错误群连接到条件终端来确定循环何时停止。

2）For 循环

使用连线至总数（*N*）接线端的值 *n* 作为执行次数的子程序框图。计数接线端（*i*）可提供当前的循环计数，取值范围是0到 *n*-1。

（1）接线端输入

N：总数接线端指定 For 循环内部代码执行的次数。如将“0”或负数连接至总数接线端，则循环不执行。默认情况下，该接线端显示。

P：并行实例接线端指定 LabVIEW 执行并行循环的循环实例数量。如不连接并行实例接线端，LabVIEW 将自动检测计算机逻辑处理器的数量，并将其作为默认的并行实例接线端的值。可使用并行实例接线端和 For 循环并行迭代对话框的生成的并行循环实例数量选项来控制 For 循环的执行速度。要显示该接线端，需启用 For 循环的并行执行。

C：块大小接线端指定启用 For 循环并行执行后，每个并行执行块的大小。只有当自定义执行计划比默认的执行计划更有效率时，才需要为 For 循环指定自定义执行方案。通过程序配置循环执行翻案，可显示该接线端。

◉：条件接线端用于指定 For 循环的结束条件。For 循环通常在完成总数接线端指定的循环次数后结束执行。条件接线端可用来指定在某个条件（例如，错误）发生时停止 For 循环。默认状态下，条件接线端设置为真（T）时停止，将条件接线端改变为真（T）时继续。要显示该接线端，设置 For 循环在条件发生时停止即可。

（2）接线端输出

N：总数接线端指定 For 循环内部代码执行的次数。

i：计数接线端表示完成的循环次数。第一次循环的计数为“0”。默认情况下，该接线端显示。

P：鼠标右键单击接线端并选择 *P* 接线端输出指定并行实例接线端的输出。该接线端的输出如下：

实例数量——LabVIEW 中并行运行循环实例的数量。这个值是连接至并行实例接线端的值和 For 循环并行迭代对话框生成的并行循环实例数量的值中较小的一个。

当前实例 ID——当前运行的循环实例，ID 可能的值为0至 *P*-1 之间。

C：表示 LabVIEW 当前执行的实例所属的块的大小。

随堂记录

（3）For 循环隧道输入

循环隧道用于在 For 循环之间传递数据。隧道传递数据的方式有多种。

■：隧道将数据传出和传入 For 循环，不进行额外处理。

▼ ▲：移位寄存器获取上一次循环的数据，并将数据传递至下一次循环。

[]：将数组或群体数据类型连接至 For 循环的输入隧道时，自动索引隧道每次读取数组或群体的一个元素。

（4）For 循环隧道输出

鼠标右键单击循环的输出隧道，从快捷菜单中选择“隧道模式”，可配置 For 循环返回最后一次循环的输出值、循环生成的带索引数组、每个值相连接形成的连接后数组等。

【任务演练】

1）任务分组

学生任务分配表

<table>
<tr><td>班级</td><td></td><td>组号</td><td></td><td>指导老师</td><td></td></tr>
<tr><td>组长</td><td></td><td>学号</td><td colspan="3"></td></tr>
<tr><td rowspan="4">组员</td><td>姓名</td><td>学号</td><td colspan="2">姓名</td><td>学号</td></tr>
<tr><td></td><td></td><td colspan="2"></td><td></td></tr>
<tr><td></td><td></td><td colspan="2"></td><td></td></tr>
<tr><td></td><td></td><td colspan="2"></td><td></td></tr>
<tr><td colspan="6">任务分工</td></tr>
<tr><td colspan="6"></td></tr>
</table>

2）任务准备

①准备“NI LabVIEW 2014”视觉软件。

②准备机器视觉硬件模块。

③准备多种工件。

3）实施步骤

（1）创建程序

创建程序，见表 3.2.1。

多工件分拣（一）

表 3.2.1　创建程序

序号	操作说明	效果图
1	打开程序："3.1 视觉双色识别.vi" 所在的目录	3.1 视觉双色识别
2	输入文件名为 "3.2 视觉双色分拣"	将VI (3.1 视觉双色分拣.vi)另存为 文件名(N): 3.2 视觉双色分拣 保存类型(T): VI (*.vi;*.vit) 新建LLB...　确定　取消

（2）编写程序

①添加"循环体"

添加"循环体"，见表 3.2.2。

表 3.2.2　添加"循环体"

序号	操作说明	效果图
1	在已有的 while 循环体内，再添加 1 个 while 循环，内层的循环体实现模板文件的循环切换识别，外出循环体实现不断重复识别	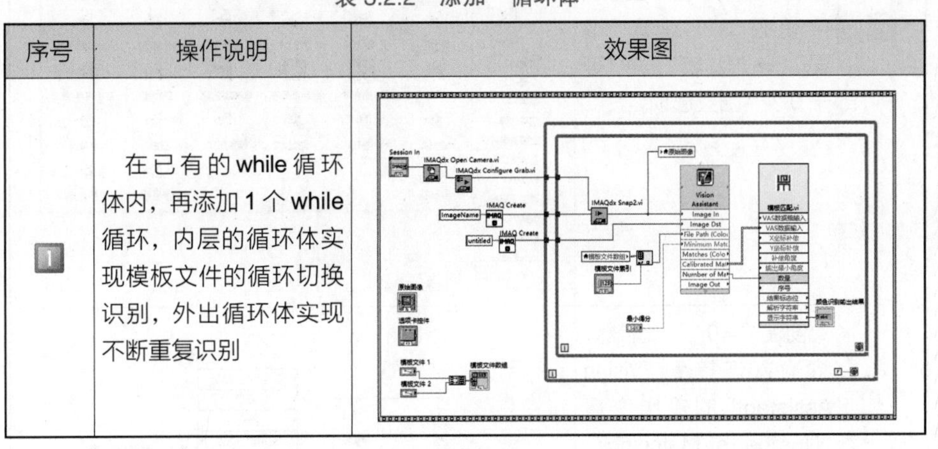

②添加"模板文件索引"局部变量

添加"模板文件索引"局部变量，见表 3.2.3。

表 3.2.3　添加"模板文件索引"局部变量

序号	操作说明	效果图
1	删除"模板文件索引"上的连接线，创建其局部变量，并转换为"读取"，连接到"模板文件索引数组"的输入参数"索引"上	模板文件数组 模板文件索引 模板文件索引 123

随堂记录

想一想

Q：While 循环在此处的作用是什么？

想一想

Q：说说索引数组的应用和方法。

随堂记录

续表

序号	操作说明	效果图
2	再创建“模板文件索引”的局部变量，创建常量，输入“0”	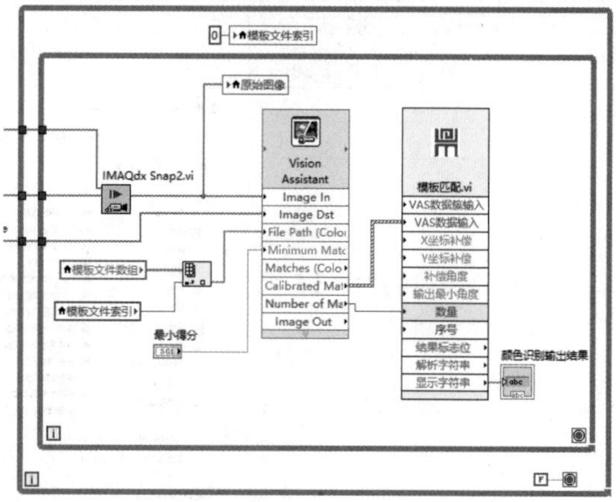
3	鼠标右键单击后面板空白处，弹出“函数”菜单窗口”，选择“编程”→“比较”→“等于0？”函数选项	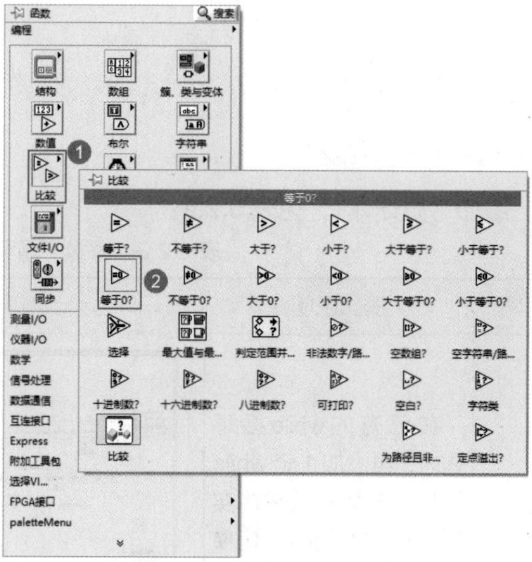
4	创建“=0？”比较器，将输入连接到“Vision Assistant”的输出变量“Number of Matching”；同时创建“条件结构框体”，条件“真”则放入局部变量“模板文件索引”自加1运算，其输入条件连接到“=0？”比较器的输出	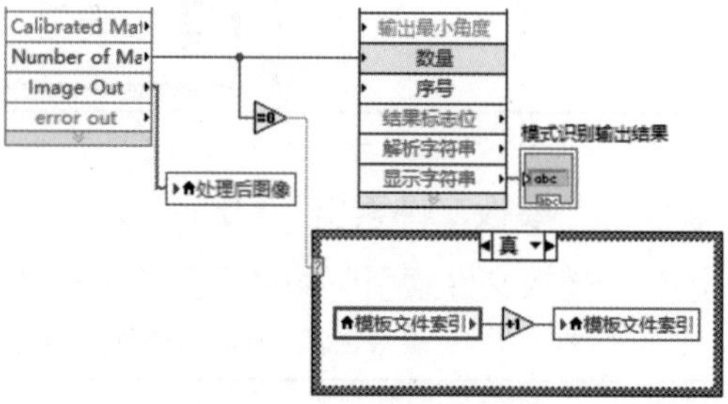
5	条件“假”则放入局部变量“模板文件索引”的局部变量，连接输出	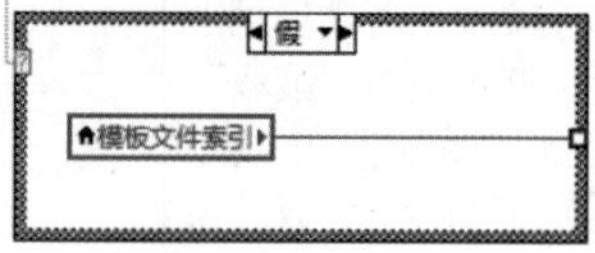

③创建“识别模板个数”并初始化

创建“识别模板个数”并初始化，见表 3.2.4。

表 3.2.4　创建“识别模板个数”并初始化

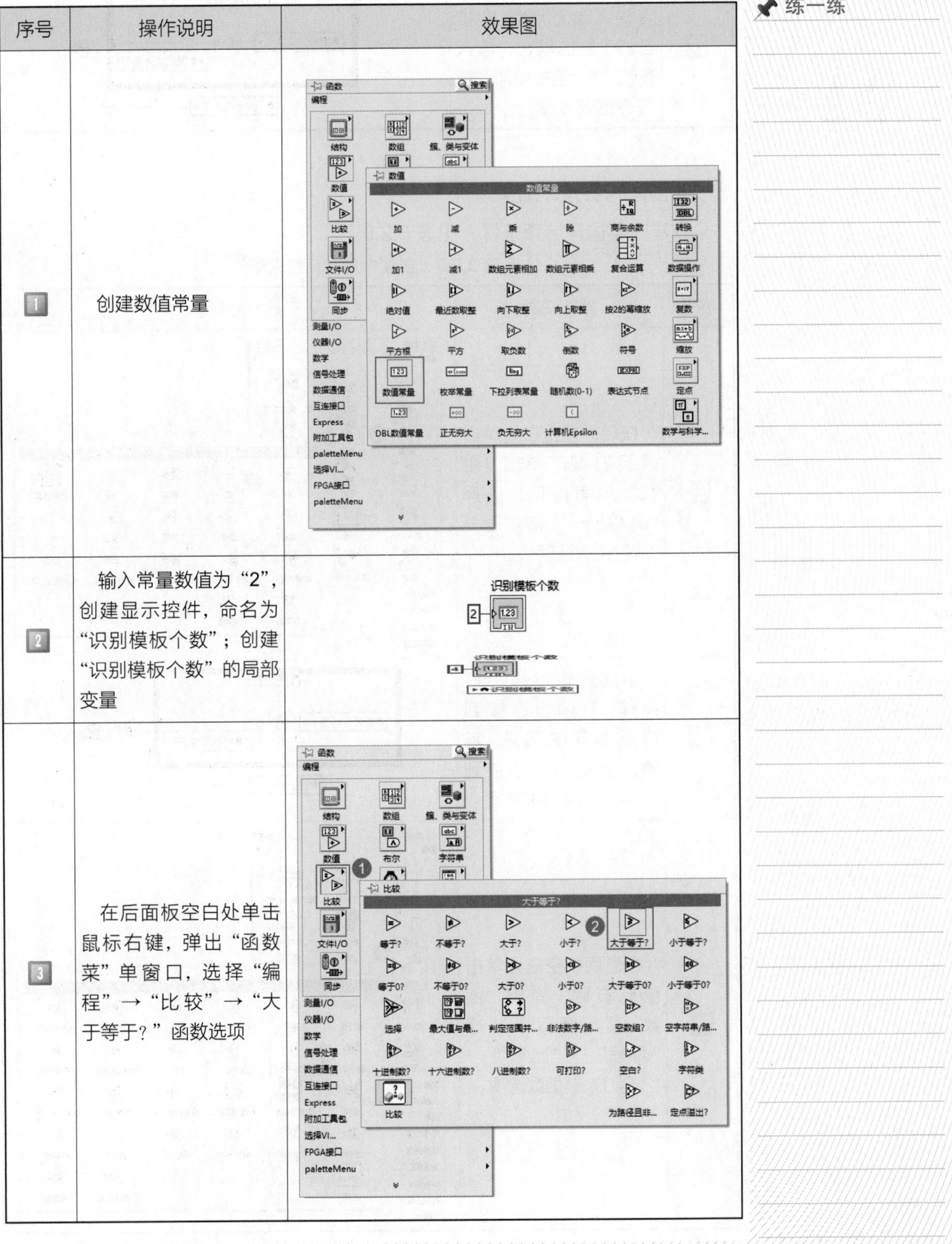

序号	操作说明	效果图
1	创建数值常量	
2	输入常量数值为“2”，创建显示控件，命名为“识别模板个数”；创建“识别模板个数”的局部变量	
3	在后面板空白处单击鼠标右键，弹出“函数菜”单窗口，选择“编程”→“比较”→“大于等于？”函数选项	

随堂记录

练一练

随堂记录

续表

序号	操作说明	效果图
4	创建“>=”比较器，其输入参数“X”连接自加1后的输出，输入参数“Y”连接局部变量“识别模板个数”	

④创建内层循环结束条件

创建内层循环结束条件，见表 3.2.5。

表 3.2.5　创建内层循环结束条件

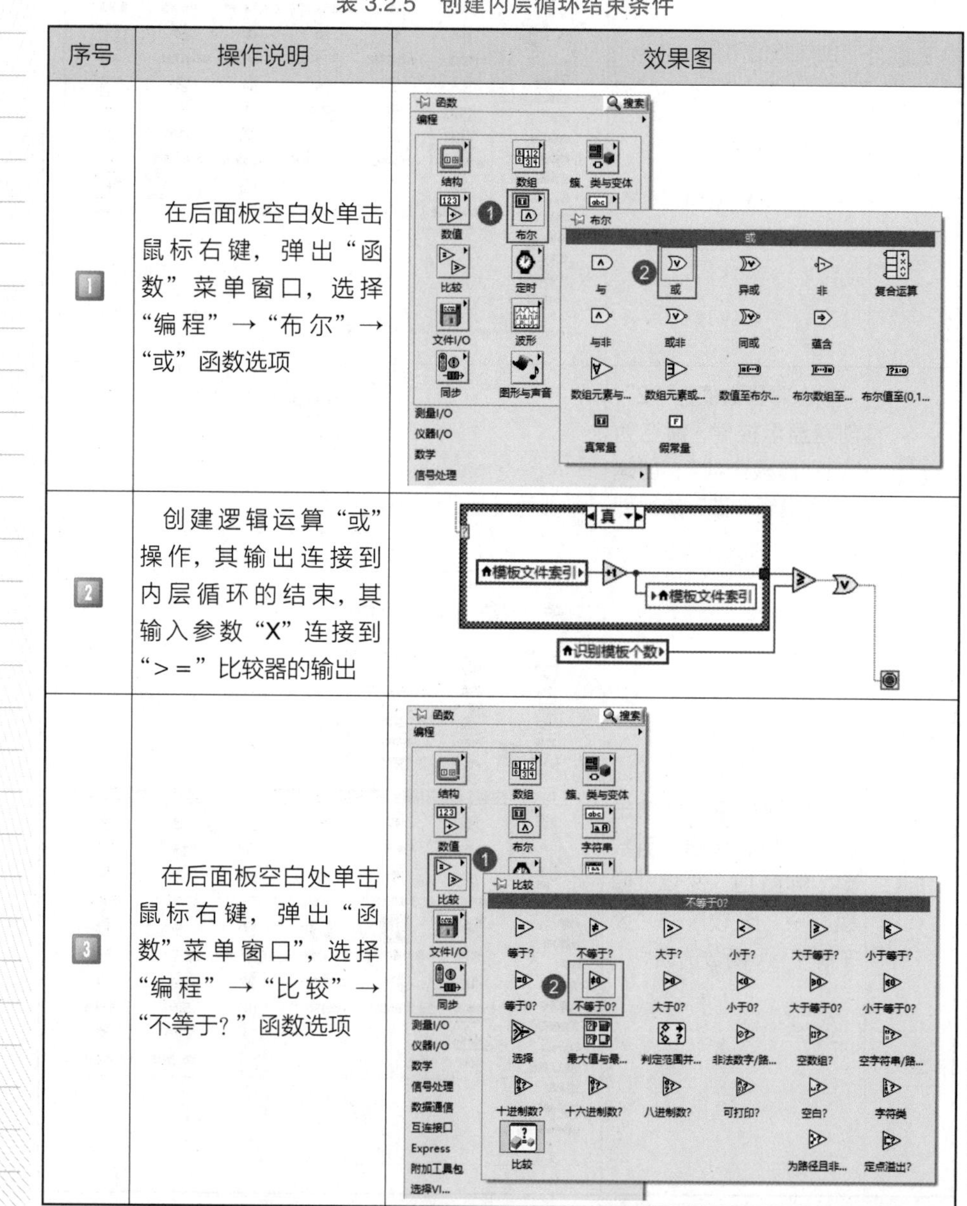

序号	操作说明	效果图
1	在后面板空白处单击鼠标右键，弹出“函数”菜单窗口，选择“编程”→“布尔”→“或”函数选项	
2	创建逻辑运算“或”操作，其输出连接到内层循环的结束，其输入参数“X”连接到“>=”比较器的输出	
3	在后面板空白处单击鼠标右键，弹出“函数”菜单窗口”，选择“编程”→“比较”→“不等于？”函数选项	

续表

序号	操作说明	效果图
4	“不等于 0 ?” 的输入连接到“Vision Assistant”的输出变量“Number of Matching”，其输出连接到“或”操作的输入参数“Y”上	

⑤为输出结构创建条件结构框

为输出结构创建条件结构框，见表 3.2.6。

多工件分拣（二）

表 3.2.6　为输出结构创建条件结构框

序号	操作说明	效果图
1	创建条件结构框，输入条件连接到“不等于 0”比较器的输出，为“真”条件框中放入“模式识别结果”显示控件	

⑥创建“模板标识数组”

为输出结构创建条件结构框，见表 3.2.7。

表 3.2.7　为输出结构创建条件结构框

序号	操作说明	效果图
1	创建“创建数组”与“字符串常量”，将数组大小拖至 3 个并连接至创建数组的输入；对“创建数组”的输出创建显示控件，命名为“模板标识”，输入字符串常量内容	
2	在“字符串”函数内，创建“连接字符串”，将字符串输入数量拖至 3 个	

随堂记录

想一想

Q：想想该程序的意义在哪里？

随堂记录

想一想

Q：想想该程序意义在哪里？

续表

序号	操作说明	效果图
3	创建“索引数组”，创建“模板标识”与“模板文件索引”的局部变量，转换为读取，分别连接到索引数组的输入参数“数组”与“索引”上	
4	将索引数组的输出参数“元素”连接到“连接字符串”第1个输入参数。 创建字符常量，其值为“换行符”（回车键），连接到“连接字符串”第2个输入参数，将“模板匹配”对象的输出参数“显示字符串”连接到“连接字符串”第3个输入参数	
5	将“连接字符串”的输出参数“连接的字符串”连接到“模式识别输出结果上”	

⑦保存程序

保存程序，见表3.2.8。

表3.2.8 保存程序

序号	操作说明	效果图
1	程序编写完成，单击“文件”→“保存”菜单项，保存整个程序	

随堂记录

续表

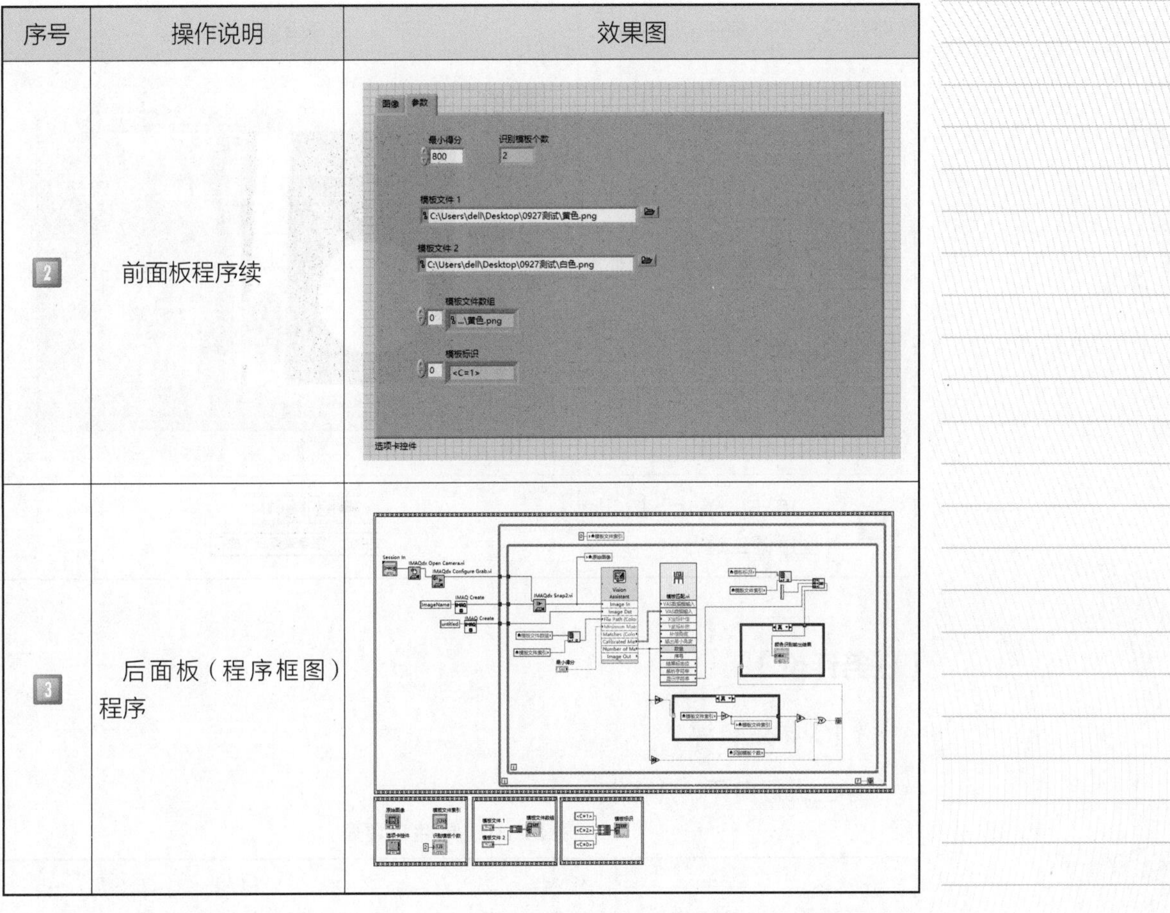

序号	操作说明	效果图
2	前面板程序续	
3	后面板（程序框图）程序	

（3）程序运行

运行程序，见表 3.2.9。

表 3.2.9　运行程序

序号	操作说明	效果图
1	单击“运行”按钮，程序启动运行，黄色圆盘识别	

随堂记录

续表

序号	操作说明	效果图
2	白色圆盘图标识别	
3	单击“停止”按钮，程序停止运行	中止“图像采集.vi”执行

【任务评价】

（1）学生自评

学生进行自评，并将结果填入表 3.2.10 中。

评一评

表 3.2.10　学生自评表

班级		组名		日期	年　月　日
评价指标	评价要素			分数	分数评定
信息检索	能有效利用网络资源、工作手册查找有效信息；能用自己的语言有条理地去解释、表述所学知识；能将查找到的信息有效转换到学习中			10	
感知工作	在学习中能获得满足感			10	
参与状态	与教师、同学之间能相互尊重、理解、平等交流，能够保持多向、丰富、适宜的信息交流			10	
	探究学习、自主学习不流于形式，处理好合作学习和独立思考的关系，做到有效学习；能发表个人见解；能按要求正确操作；能够倾听、协作分享			10	
学习方法	机器视觉多工件分拣的工作计划、操作技能符合规范要求；能获得进一步发展的能力			10	
工作过程	能遵守管理规程，机器视觉多工件分拣的操作过程符合要求；平时上课的出勤情况和每天完成工作任务情况良好；善于多角度思考问题，能主动发现、提出有价值的问题			15	
思维状态	能自行解决在机器视觉多工件分拣的操作过程中遇到的问题			10	

随堂记录

续表

评价指标	评价要素	分数	分数评定
自评反馈	按时保质完成机器视觉多工件分拣的 vi 文件，并能够正常运行；较好地掌握了专业知识点；具有较强的信息分析能力和理解能力；具有较为全面严谨的思维能力并能条理清晰地表述成文	25	
合计		100	
经验总结			
反思			

（2）学生互评

学生以小组为单位，对以上学习情境的过程与结果进行互评，并将结果填入表 3.2.11 中。

表 3.2.11　学生互评表

班级		被评组名		日期	年　月　日
评价指标	评价要素			分数	分数评定
信息检索	该组能有效利用网络资源、工作手册查找有效信息			5	
	该组能用自己的语言有条理地去解释、表述所学知识			5	
	该组能将查找到的信息有效转换到工作中			5	
感知工作	该组能熟悉自己的工作岗位，认同工作价值			5	
	该组成员在工作中能获得满足感			5	
参与状态	该组与教师、同学之间能相互尊重、理解、平等交流			5	
	该组与教师、同学之间能够保持多向、丰富、适宜的信息交流			5	
	该组能处理好合作学习和独立思考的关系，做到有效学习			5	
	该组能提出有意义的问题或能发表个人见解；能按要求正确操作；能够倾听、协作分享			5	
	该组能积极参与，在实训练习的过程中不断学习，提升动手能力			5	
学习方法	该组机器视觉多工件分拣的工作计划、操作技能符合规范要求			5	
	该组能获得进一步发展的能力			5	

随堂记录

续表

评价指标	评价要素	分数	分数评定
工作过程	该组能遵守管理规程，操作过程符合现场管理要求	5	
	该组平时上课的出勤情况和每天完成工作任务情况良好	5	
	该组成员能成功完成任务，并善于多角度思考问题，能主动发现、提出有价值的问题	15	
思维状态	能自行解决在机器视觉多工件分拣的操作过程中遇到的问题	5	
自评反馈	该组能严肃认真地对待自评，并能独立完成自测试题	10	
合计		100	
简要评述			

(3)教师综合评价

教师对学生的工作过程与结果进行评价，并将结果填入表 3.2.12 中。

表 3.2.12　教师综合评价表

班级		组名		姓名	
出勤情况					
序号	评价指标	评价要求		分数	分数评定
一	任务描述、接受任务	口述任务内容细节		2	
二	任务分析、分组情况	依据任务分析程序编写步骤		3	
三	制订计划	①创建程序 ②修改与编写程序 ③在线调试		15	
四	计划实施	①创建程序 ②修改与编写程序 ③在线调试		55	
五	检测分析	是否完成任务		15	
六	总结	任务总结		10	
合计				100	
综合评价	自评（20%）	小组互评（30%）	教师评价（50%）	综合得分	

任务 3.3　工业机器人视觉颜色分拣编程应用

关键词	工业机器人	颜色分拣编程	数值常量
	机器视觉	传送带轴	清除数据

【任务描述】

本任务主要介绍了 KEBA 机器人与上位机通信，实现工业机器人视觉颜色分拣编程应用功能。

机器人的工作流程为：传送带传送工件到相机的检测区域，对工件进行拍照，相机系统把拍到的工件颜色（黄色和白色）和位置信息发送给机器人，机器人根据收到的信号，在传送带上抓取工件，并按照颜色分类放到不同的物料盒中。

【任务目标】

1. 知识目标

（1）熟知传送带轴的调试方法。

（2）熟知相机的参数和调试方法。

2. 能力目标

（1）能编写通过 LabVIEW 软件实现传送带分拣功能的机器人程序。

（2）掌握图像的拍照和识别的方法和过程。

3. 素质目标

（1）能合理利用与支配各类资源。

（2）具有团队意识。

（3）小组成员意见出现分歧时，能主动沟通并积极提出建议。

【相关知识】

3.3.1　平铺式顺序结构

1）平铺式顺序结构

该结构包括一个或多个顺序执行的子程序框图（即帧），如图 3.3.1 所示。平铺式顺序结构可确保子程序框图按一定顺序执行。平铺式顺序结构的数据流不同于其他结构的数据流。所有连线至帧的数据都可用时，平铺式顺序结构的帧按照从左至右的顺序执行。每帧执行完毕后，将数据传递至下一帧。即一个帧的输入可能取决于另一个帧的输出。

随堂记录

课程思政

视觉识别物体的摆放位置不同，所识别的图像不相同，其得分也不相同。我们该如何摆正自己的位置，使自己得分最高呢?

随堂记录

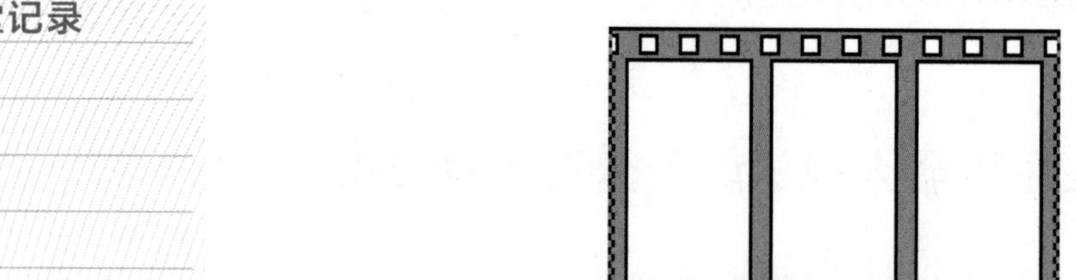

图 3.3.1　平铺式顺序结构

与层叠式顺序结构不同，平铺式顺序结构中不必使用顺序局部变量在帧与帧之间传递数据。平铺式顺序结构在程序框图上显示每个帧，故无须使用顺序局部变量即可完成帧与帧之间的连线，同时也不会隐藏代码。

在平铺式顺序结构中添加或删除帧时，结构会自动调整尺寸大小。

注：不可在平铺式顺序结构的各个帧之间拖曳隧道。

应确立数据依赖或使用流经参数可控 VI 的数据流，避免过度使用平铺式顺序结构。

2）层叠式顺序结构

层叠式顺序结构包括一个或多个按顺序执行的子程序框图或帧（图 3.3.2）。鼠标右键单击结构边框，可添加或删除分支，也可创建顺序局部变量，在帧之间传递数据。层叠式顺序结构可确保子程序框图按顺序执行。

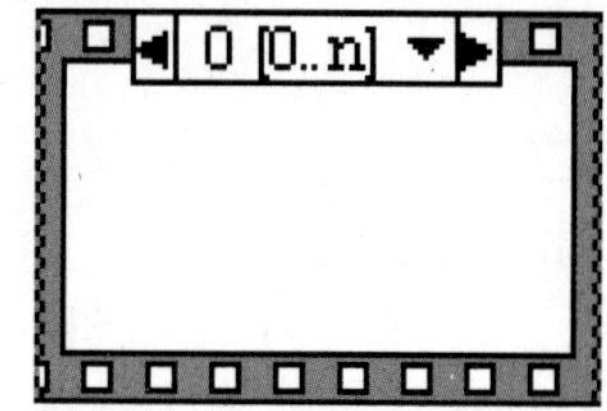

图 3.3.2　层叠式顺序结构

要创建层叠式顺序结构，首先在程序框图中放置一个平铺式顺序结构，然后鼠标右键单击该结构，选择替换为层叠式顺序。

单击选择器标签中的递减和递增箭头可滚动浏览已有的条件分支，可添加、复制、重排或删除子程序框图，也可以使用序列本地终端将数据从一帧传递到任何后续帧。

如需节省程序框图空间，可使用层叠式顺序结构。使用扁平序列结构可以避免使用序列定位，并更好地记录框图。鼠标右键单击层叠式顺序结构，在快捷菜单中选择“替换”为平铺式顺序，把层叠式顺序结构替换为平铺式顺序结构。

鼠标右键单击层叠式顺序结构，在快捷菜单中选择“替换”为条件结构，把平铺式顺序结构替换为条件结构。

只有所有数据与结构相连时，平铺式顺序结构才开始执行。所有帧执行完毕后，各个帧才返回连线的数据。

创建数据依赖或使用数据流向参数可控制 VI 的数据流，避免过度使用层叠式顺序结构。

随堂记录

3.3.2　字符串常量

该常量为程序框图提供文本字符串常量（图 3.3.3）。

abc

图 3.3.3　字符串常量

通过操作工具设置字符串常量的值，或使用标注工具单击字符串，并输入字符串。鼠标右键单击“常量选择编辑”，打开字符串常量的编辑对话框，也可设置字符串常量的值。

按下 <Shift-Enter> 键，可禁用已启用的自动调整大小功能。如已禁用自动调整大小功能，按 <Shift-Enter> 键时可在常量中显示滚动条。如自动调整大小功能被禁用，垂直滚动条不可见，在常量中输入文本时，常量在垂直方向上调整。使字符串常量的大小调整为小于常量的内容，显示垂直滚动条。如垂直滚动条可见，并调整常量为大于内容，LabVIEW 可隐藏滚动条。

VI 运行时不能改变字符串常量的值。可为该常量指定标签。

【任务演练】

1）任务分组

学生任务分配表

<table>
<tr><td>班级</td><td></td><td>组号</td><td></td><td>指导老师</td><td></td></tr>
<tr><td>组长</td><td></td><td>学号</td><td colspan="3"></td></tr>
<tr><td rowspan="4">组员</td><td>姓名</td><td>学号</td><td>姓名</td><td colspan="2">学号</td></tr>
<tr><td></td><td></td><td></td><td colspan="2"></td></tr>
<tr><td></td><td></td><td></td><td colspan="2"></td></tr>
<tr><td></td><td></td><td></td><td colspan="2"></td></tr>
<tr><td colspan="6">任务分工</td></tr>
<tr><td colspan="6"></td></tr>
</table>

2）任务准备

①准备“NI LabVIEW 2014”视觉软件。

②准备 KEBA 机器人与视觉硬件模块。

③准备多种工件。

练一练

随堂记录

视觉颜色分拣（一）

3）实施步骤

（1）创建程序

创建程序，见表 3.3.1。

表 3.3.1　创建程序

序号	操作说明	效果图
1	打开程序“2.4 KEBA视觉颜色识别.vi”所在的目录	2.4 KEBA视觉颜色识别
2	另存为名称“3.3 KEBA视觉双色识别”	

（2）编写程序

①添加模板文件

添加模板文件，见表 3.3.2。

表 3.3.2　添加模板文件

序号	操作说明	效果图
1	单击白色圆盘图片，打开白色颜色模板，单击“OK”	

随堂记录

续表

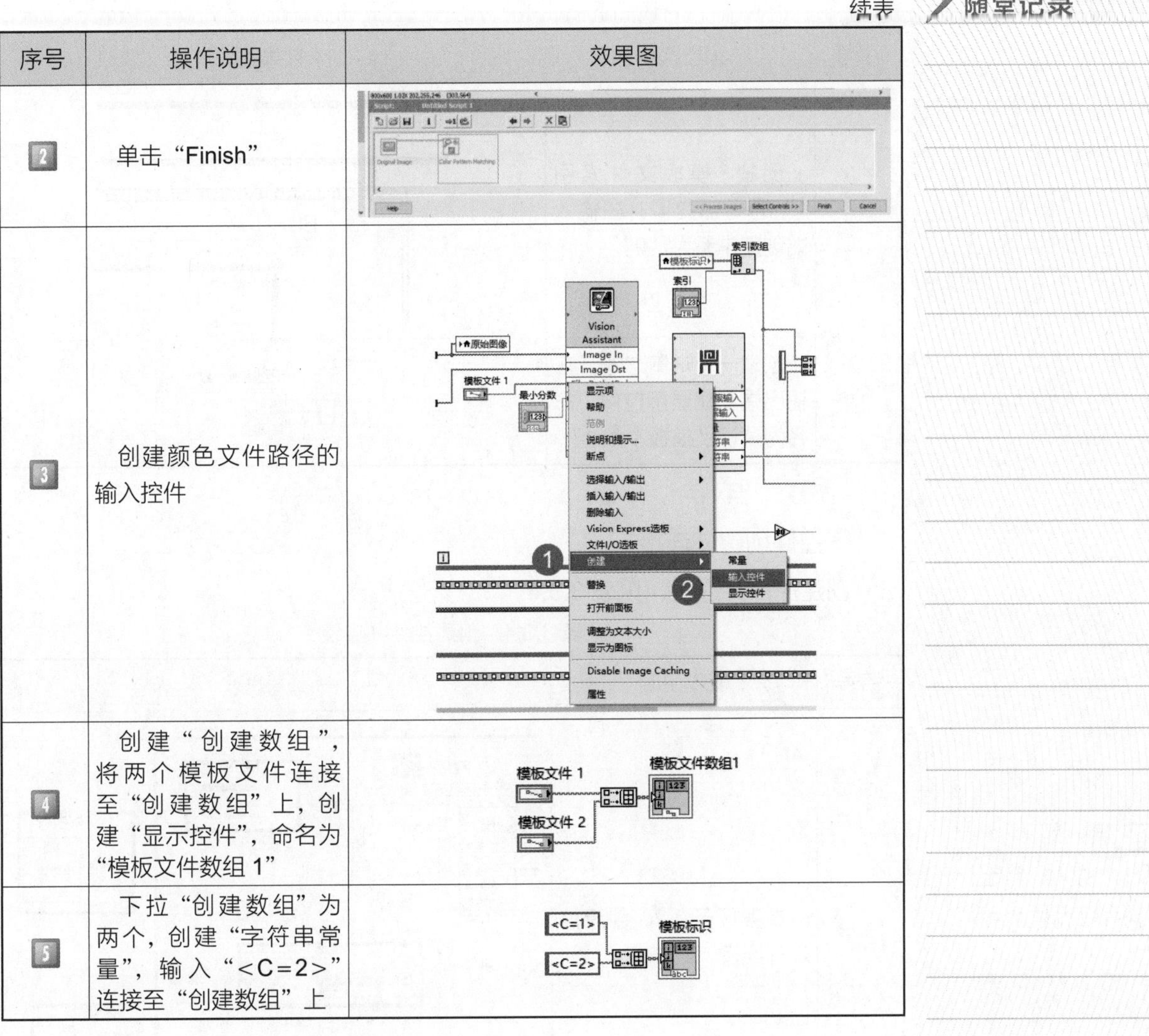

序号	操作说明	效果图
2	单击“Finish”	
3	创建颜色文件路径的输入控件	
4	创建“创建数组”，将两个模板文件连接至“创建数组”上，创建“显示控件”，命名为“模板文件数组 1”	
5	下拉“创建数组”为两个，创建“字符串常量”，输入“<C=2>”连接至“创建数组”上	

②创建“模板文件索引”对象

创建“模板文件索引”对象，见表 3.3.3。

表 3.3.3　创建“模板文件索引”对象

序号	操作说明	效果图
1	创建“模板文件数组 1”的局部变量；创建“索引数组”；将“模板文件数组 1”的局部变量连接至“模板文件索引数组 1”；创建“模板文件索引”与局部变量，将其连接至索引数组上	

随堂记录

续表

序号	操作说明	效果图
2	创建“模板文件索引1”的局部变量，在输入端创建常量为“0”	0 模板文件索引1
3	创建一个常量“2”，在输出端创建显示控件，命名为“识别模板个数1”	识别模板个数1 2 1.23 I32

③控件创建并连接

创建控件并连接，见表 3.3.4。

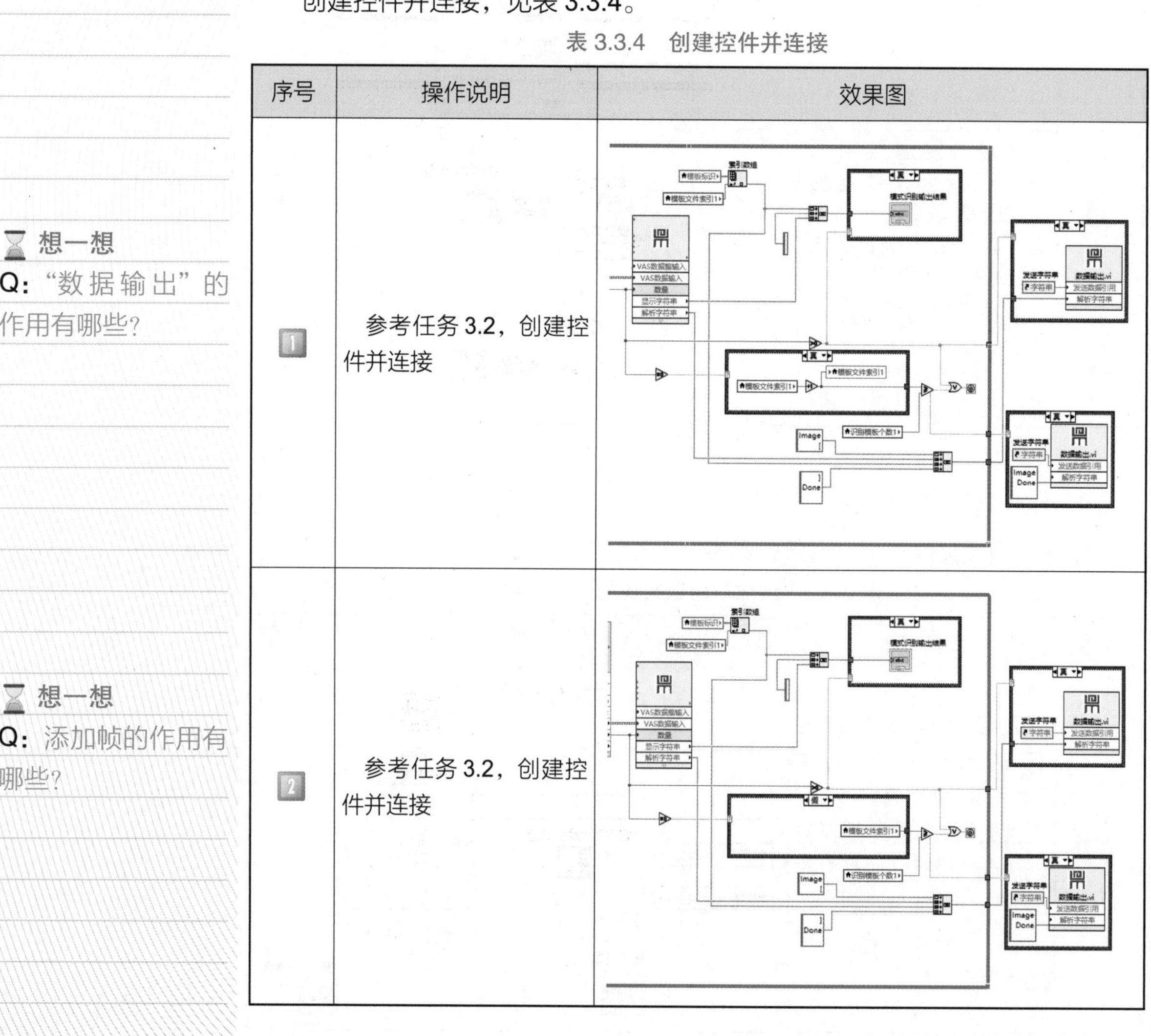

表 3.3.4　创建控件并连接

序号	操作说明	效果图
1	参考任务 3.2，创建控件并连接	
2	参考任务 3.2，创建控件并连接	

想一想

Q：“数据输出”的作用有哪些？

想一想

Q：添加帧的作用有哪些？

续表

随堂记录

序号	操作说明	效果图
3	在数据输出后添加帧，创建“清除数据”，将读取字符串的引用连接到“清除数据引用”上	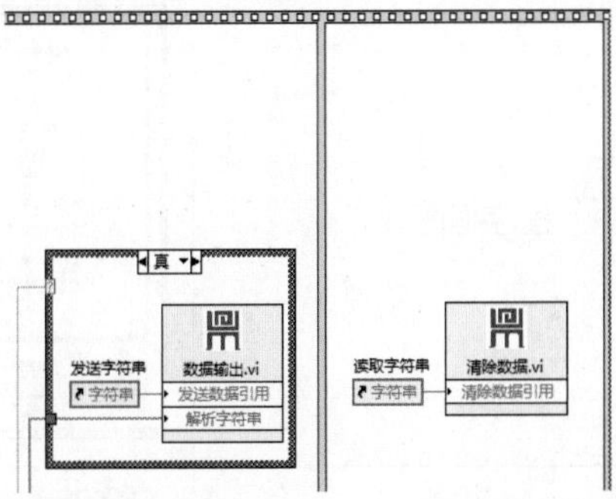 真 发送字符串 字符串 数据输出.vi 发送数据引用 解析字符串 读取字符串 字符串 清除数据.vi 清除数据引用

④保存程序

保存程序，见表 3.3.5。

Q：“清除数据”的作用有哪些？

表 3.3.5 保存程序

序号	操作说明	效果图
1	程序框图 1	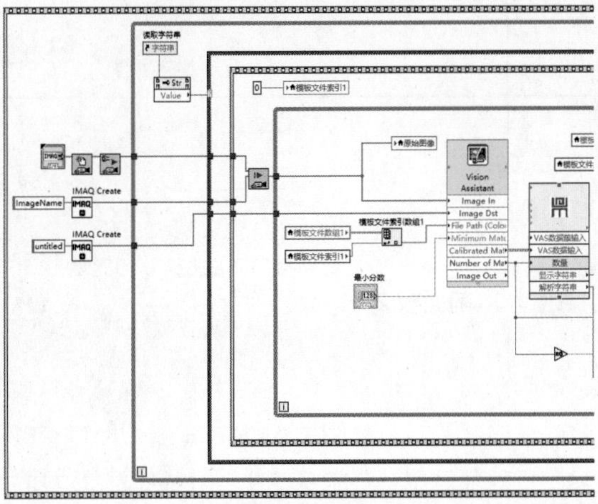
2	程序框图 2	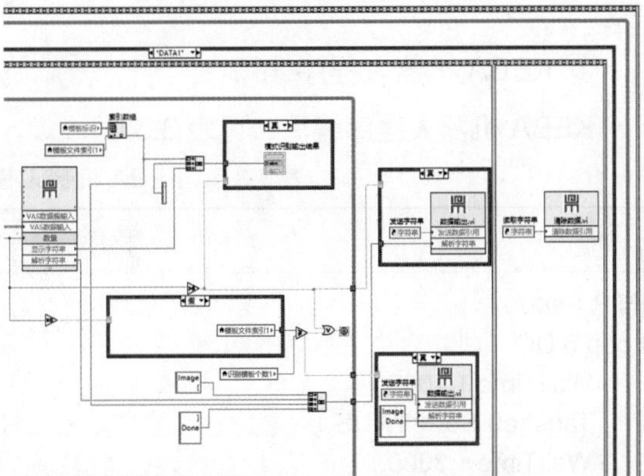

随堂记录

续表

序号	操作说明	效果图
3	程序框图 3	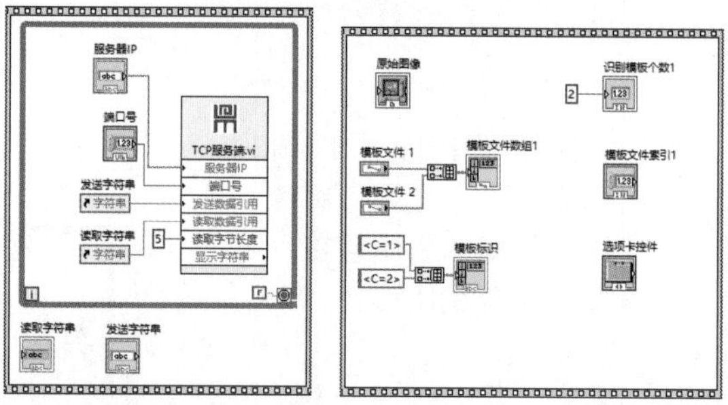
4	前面板 1	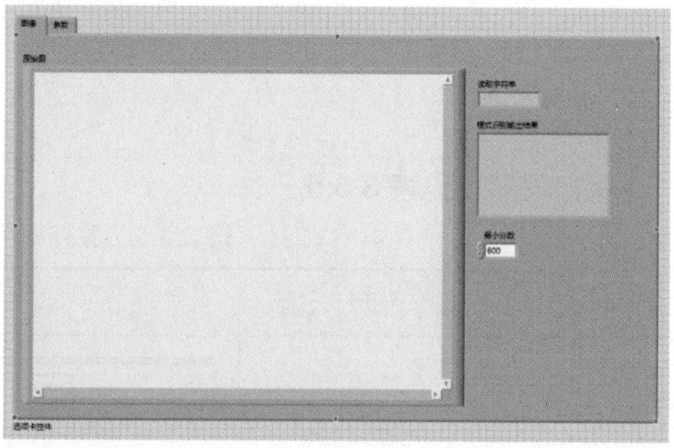
5	前面板 2	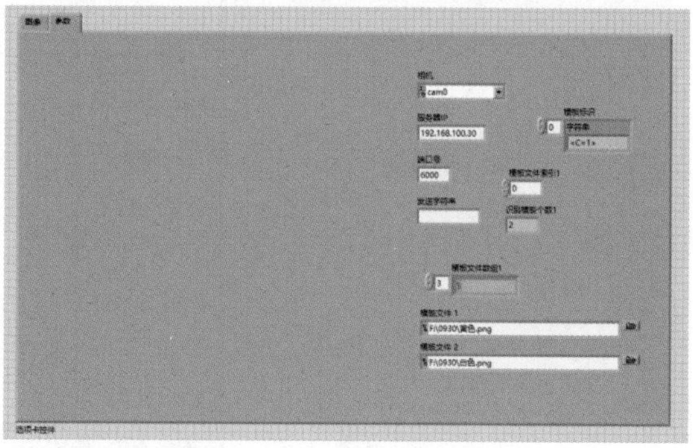

⑤ KEBA 机器人程序编写

KEBA 机器人程序编写，见表 3.3.6。

表 3.3.6　KEBA 机器人程序编写

程序
PTP（ap0） Loop 6 DO 　WaitTime（1000） 　Tanshe0.Set（TRUE） 　WaitTime（3000） 　Tanshe0.Set（FALSE） 　WaitTime（1000）

评一评

续表　　随堂记录

程序

chuansongdai0.Set (TRUE)
WaitTime (6000)
chuansongdai0.Set (FALSE)
WaitTime (1000)
xiangji0.Set (FALSE)
WaitTime (1000)
Xiangji1.Set (FALSE)
WaitTime (1000)
xiangji0.Set (TRUE)
WaitTime (1000)
Xiangji1.Set (TRUE)
WaitTime (1000)
IF IEC.Gvl_C = 1 THEN
Lin (cp0)
Lin (cp1)
Lin (cp2)
Lin (cp3)
WaitTime (1000)
xi0.Set (TRUE)
WaitTime (1000)
Lin (cp2)
Lin (cp1)
Lin (cp0)
duopan0.ToPut ( )
WaitTime (1000)
xi0.Set (FALSE)
WaitTime (1000)
duopan0.FromPut ( )
PTP (ap0)
END_IF
IF IEC.Gvl_C = 2 THEN
Lin (cp0)
Lin (cp1)
Lin (cp2)
Lin (cp3)
WaitTime (1000)
xi0.Set (TRUE)
WaitTime (1000)
Lin (cp2)
Lin (cp1)
Lin (cp0)
Duopan1.ToPut ( )
WaitTime (1000)
xi0.Set (FALSE)
WaitTime (1000)
Duopan1.FromPut ( )
PTP (ap0)
END_IF
END_LOOP

随堂记录

视觉颜色分拣（二）

（3）程序运行

程序运行，见表 3.3.7。

表 3.3.7 程序运行

序号	操作说明	效果图
1	机器人发送“DATA1”。相机拍照，识别黄色圆盘后发送数据给机器人	
2	相机拍照，识别白色圆盘后发送数据给机器人	
3	单击“停止”按钮，程序停止运行	中止"3.3 KEBA视觉双色识别.vi"执行

【任务评价】

（1）学生自评

学生进行自评，并将结果填入表 3.3.8 中。

表 3.3.8 学生自评表

班级		组名		日期	年 月 日
评价指标	评价要素			分数	分数评定
信息检索	能有效利用网络资源、工作手册查找有效信息；能用自己的语言有条理地去解释、表述所学知识；能将查找到的信息有效转换到学习中			10	

随堂记录

续表

评价指标	评价要素	分数	分数评定
感知工作	在学习中能获得满足感	10	
参与状态	与教师、同学之间能相互尊重、理解、平等交流；能够保持多向、丰富、适宜的信息交流	10	
	探究学习、自主学习不流于形式，处理好合作学习和独立思考的关系，做到有效学习；能发表个人见解；能按要求正确操作；能够倾听、协作分享	10	
学习方法	工业机器人视觉颜色分拣编程应用的工作计划、操作技能符合规范要求；能获得进一步发展的能力	10	
工作过程	能遵守管理规程，工业机器人视觉颜色分拣编程应用的操作过程符合要求；平时上课的出勤情况和每天完成工作任务情况良好；善于多角度思考问题，能主动发现、提出有价值的问题	15	
思维状态	能自行解决在机器视觉颜色分拣的操作过程中遇到的问题	10	
自评反馈	按时保质完成工业机器人视觉颜色分拣编程应用的 vi 文件，并能够正常运行；较好地掌握了专业知识点；具有较强的信息分析能力和理解能力；具有较为全面严谨的思维能力并能条理清晰地表述成文	25	
合计		100	
经验总结			
反思			

（2）学生互评

学生以小组为单位，对以上学习情境的过程与结果进行互评，并将结果填入表 3.3.9 中。

表 3.3.9　学生互评表

班级		被评组名		日期	年　月　日
评价指标	评价要素			分数	分数评定
信息检索	该组能有效利用网络资源、工作手册查找有效信息			5	
	该组能用自己的语言有条理地去解释、表述所学知识			5	
	该组能将查找到的信息有效转换到工作中			5	

随堂记录

续表

评价指标	评价要素	分数	分数评定
感知工作	该组能熟悉自己的工作岗位，认同工作价值	5	
	该组成员在工作中能获得满足感	5	
参与状态	该组与教师、同学之间能相互尊重、理解、平等交流	5	
	该组与教师、同学之间能够保持多向、丰富、适宜的信息交流	5	
	该组能处理好合作学习和独立思考的关系，做到有效学习	5	
	该组能提出有意义的问题或能发表个人见解；能按要求正确操作；能够倾听、协作分享	5	
	该组能积极参与，在实训练习的过程中不断学习，提升动手能力	5	
学习方法	该组工业机器人视觉颜色分拣编程应用的工作计划、操作技能符合规范要求	5	
	该组能获得进一步发展的能力	5	
工作过程	该组能遵守管理规程，操作过程符合现场管理要求	5	
	该组平时上课的出勤情况和每天完成工作任务情况良好	5	
	该组成员能成功完成任务，并善于多角度思考问题，能主动发现、提出有价值的问题	15	
思维状态	能自行解决在工业机器人视觉颜色分拣编程应用的操作过程中遇到的问题	5	
自评反馈	该组能严肃认真地对待自评，并能独立完成自测试题	10	
合计		100	
简要评述			

（3）教师综合评价

教师对学生的工作过程与结果进行评价，并将结果填入表 3.3.10 中。

表 3.3.10　教师综合评价表

班级		组名		姓名	
出勤情况					
序号	评价指标	评价要求		分数	分数评定
一	任务描述、接受任务	口述任务内容细节		2	

续表　　随堂记录

序号	评价指标	评价要求		分数	分数评定
二	任务分析、分组情况	依据任务分析程序编写步骤		3	
三	制订计划	①编写视觉程序 ②编写机器人程序 ③测试视觉与机器人之间的通信 ④在线调试机器人程序		15	
四	计划实施	①创建视觉程序 ②修改与编写视觉程序 ③编写机器人程序 ④调试机器人程序 ⑤测试视觉与机器人之间通信 ⑥视觉与机器人程序的在线联调		55	
五	检测分析	是否完成任务		15	
六	总结	任务总结		10	
合计				100	
综合评价	自评 （20%）	小组互评 （30%）	教师评价 （50%）	综合得分	

随堂记录

课程思政

组合函数不同，视觉效果也不同。请谈谈组合意识的应用及其对自身思维的影响有哪些？

项目 4　机器人静态综合识别与分拣

任务 4.1　机器视觉程序编写

关键词	图像标定	查找表	时间延迟
	颜色平面抽取	模式匹配	添加帧

【任务描述】

本任务在前面任务的基础上增加图像标定、颜色平面抽取、查找表与模式匹配等内容。通过标定，建立参考坐标系；通过颜色平面抽取、查找表函数，抽取灰度，提高对比度；通过模式匹配，实现双色单形状模板匹配的功能，使学生通过本任务的学习，掌握 Imaye Calilibration、Color Plane Extraction、Lookup Table、Patlerm Matches 4 个函数的使用方法。

【任务目标】

1. 知识目标

（1）掌握 Image Calibration 函数创建的方法与参数的意义。

（2）掌握 Color Plane Extraction 函数创建的方法与参数的意义。

（3）掌握 Lookup Table 函数创建的方法与参数的意义。

（4）掌握 Pattern Matches 函数创建的方法与参数的意义。

2. 能力目标

（1）能独立编写本任务的机器视觉程序。

（2）能进行视觉程序的调试。

3. 素质目标

（1）能获取信息后对信息进行评估、分析。

（2）能使用计算机处理信息。

【相关知识】

4.1.1　视觉助手的 4 个图像函数

1) Image Calibration

此函数建立参考坐标系，将图像坐标系和参考坐标系建立对应关系，并在

随堂记录

像素数和常用长度单位（mm、cm）之间建立换算关系，为图像的定位和长度测量建立基础。

此函数设置页面有两个选项卡：Main 和 Calibration Data。

（1）Main（主）选项卡

Step Name（步骤名称），为本处理步骤设置一个名称，可以修改，也可以保持默认。

Calibration File Path（标定文件路径），如果文件已经标定好，就可以直接使用路径控制的文件浏览器进行查找定位或者直接输入路径。如果没有标定文件，则需要使用“New Calibration …（新建标定）”选项进行新标定文件的设定。如图 4.1.1 所示。

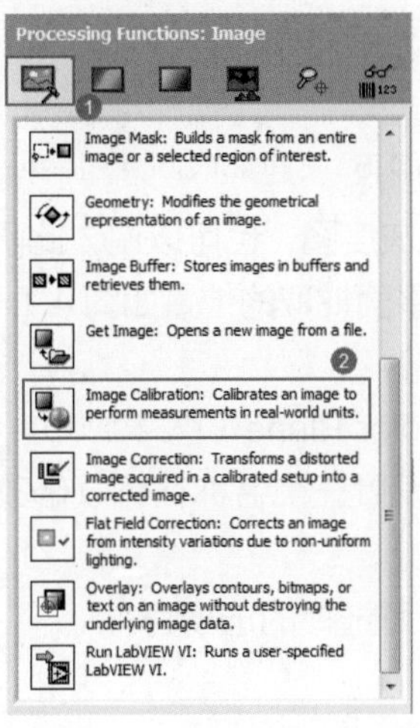

图 4.1.1　图像标定的位置

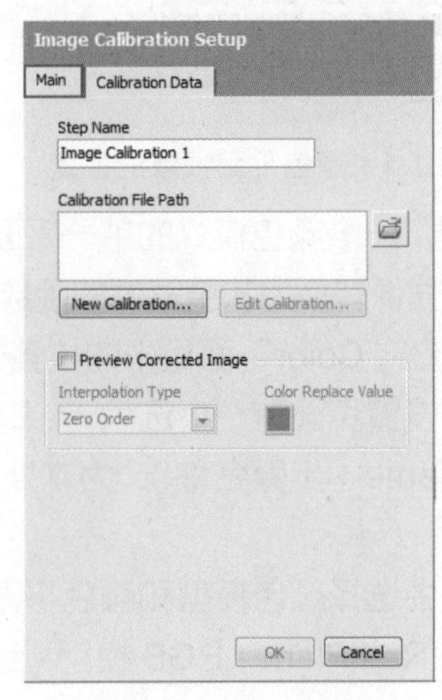

图 4.1.2　图像标定 Main（主）选项卡

Preview Corrected Image 预览校正过的图像，必须使用 Image Calibration 对图像进行标定，通过 Image Correction 步骤对图像进行校正后，才能正常显示。在预览校正后的图像中，有两个参数，一个是 Interpolation Type 插值类型，插值类型中有 Zero Order 零次插值法（围绕最近的整型像素位置）和 Bi-Linear B 样条插值（使用直线插值法计算 X、Y 方向的像素位置）两种，另一个是 Replace Value 取代值，用于替代空间校正后的图像中未校正的区域。如图 4.1.2 所示。

（2）Calibration Data（标定数据）选项卡

该选项中显示标定后的图像数据。Learn Calibration at Each Iteration 在每次重复时学习标定，则对图像重复进行校正，并且选择后，可以在校正数据列表中使用前面的步骤结果编辑点、距离、轴参考角度。如图 4.1.3 所示。

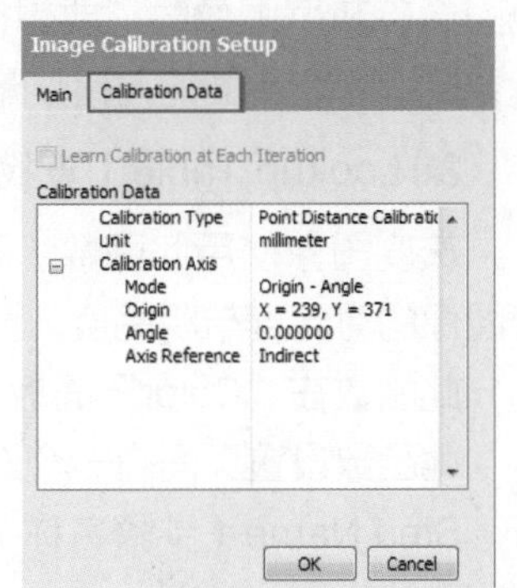

图 4.1.3　图像标定 Calibration Data（标定数据）选项卡

2）Color Plane Extraction（颜色平面抽取）

颜色平面抽取，此函数的功能是从一幅彩色图像中提取 3 个颜色平面中的 1 个，3 个平面可以是不同的颜色模型，如 RGB、HSV、HSI 或

随堂记录

图 4.1.4　颜色平面抽取的位置

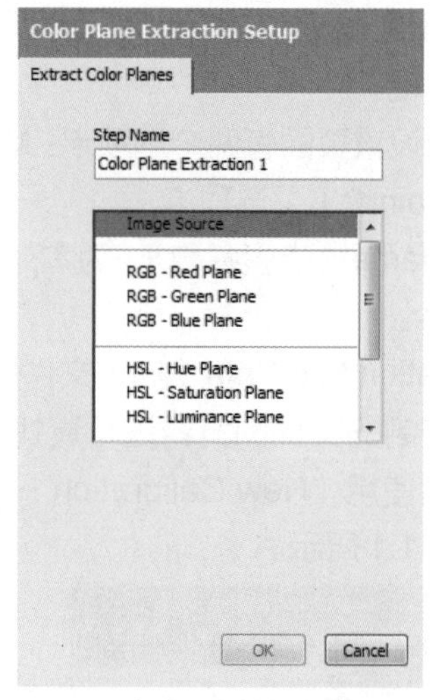

图 4.1.5　Extract Color Plane

HSL 等模型。一个颜色模式的单一平面是 8 位灰度图，也可以说，此函数是最直接的将彩色图像转换为灰度图像的函数。颜色平面抽取的位置如图 4.1.4 所示。

此函数在“Color”面板中的位置如下：

此函数设置页面有一个选项卡：Extract Color Plane（图 4.1.5）。

Step Name（步骤名称），为本处理步骤设置一个名称，可以修改，也可以保持默认。

列表框中选择颜色模型和颜色平面即可。可选择的选项有：

RGB—Red Plane：RGB 模型 - 红色平面

RGB—Green Plane：RGB 模型 - 绿色平面

RGB—Blue Plane：RGB 模型 - 蓝色平面

HSL—Hue Plane：HSL 模型 - 色调平面

HSL—Saturation Plane：HSL 模型 - 饱和度平面

HSL—Luminance Plane：HSL 模型 - 亮度平面

HSV—Value Plane：HSL 模型 - 值平面

HSI—Intensity Plane：HSL 模型 - 强度平面

对于同一图像分别抽取的不同平面，效果不同，甚至差别很大。需要把彩色图像转灰度图像时，要想得到比较明显的特征，较好的方法就是逐个平面进行尝试，哪个平面的对比度最好，就使用哪个平面。

3）Lookup Table（查找表）

灰度图像使用此函数，利用查找表，对每个像素的色值进行变换，可以改善图像的对比度与明亮度。查找表在“GrnyScale”的位置如图 4.1.6 所示。

此函数在“Color”面板中的位置。

此函数设置页面有一个选项卡：Lookup Table（图 4.1.7）。

Step Name（步骤名称），为本处理步骤设置一个名称，可以修改，也可以保持默认。

列表框中选择变换方法即可。可选择的选项及其作用：

随堂记录

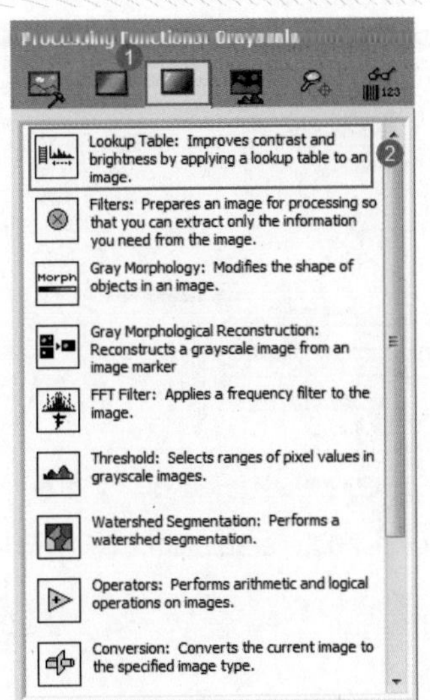

图 4.1.6　查找表在“GrayScale”的位置

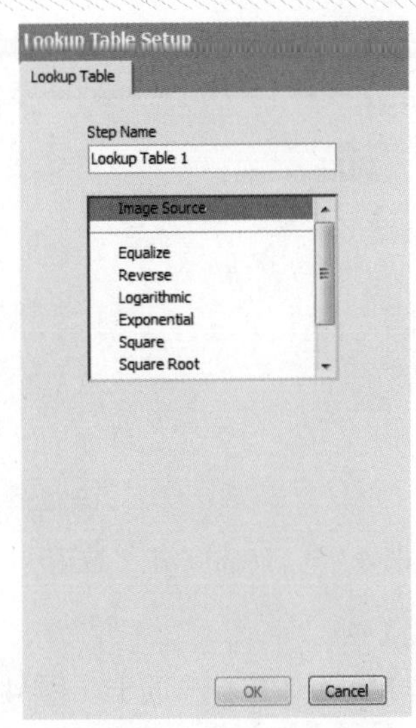

图 4.1.7　Lookup Table

Equalize（均衡化）：此变换提供线性累积直方图会重新分配像素强度。

Reverse（取反）：此变换生成原始图像的底片。

Logarithmic（取对数）：增加图像黑暗区域的对比度和亮度。

Exponential（取指数）：在图像的明亮区域减少亮度和增加对比度。

Square（取平方）：减少黑暗区域的对比度。

Square Root（取平方根）：减少明亮区域的对比度

Power X（取 X 次幂）：减少黑暗区域的对比度。

Power 1/X（取 1/X 次幂）：减少明亮区域的对比度。

4）Pattern Matches（模式匹配）

模式匹配可以快速定位一个灰度图像区域，明确灰度图像区域与一个已知的参考模板是否匹配。模式匹配的位置如图 4.1.8 所示。

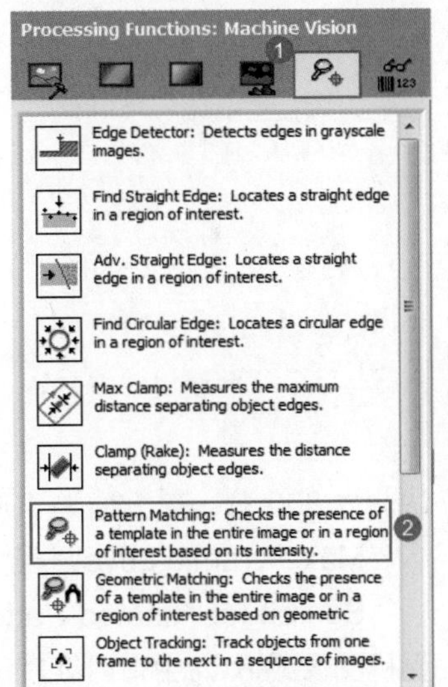

图 4.1.8　模式匹配的位置

模板是图像中特征的理想化表示形式，它代表了要搜索的目标。模式匹配算法是机器视觉应用中比较重要的功能。

当图像中的模式旋转或缩放时，模式匹配函数可以检测：

①图像中的模板。

②图像中模板的位置。

③模板的方向。

④如果适用，可以检测图像中多个匹配结果实例。

此函数在“Machine Vision”面板中的位置：

此函数设置页面有 4 个选项卡：Main、Template、Settings 和 Advanced

随堂记录

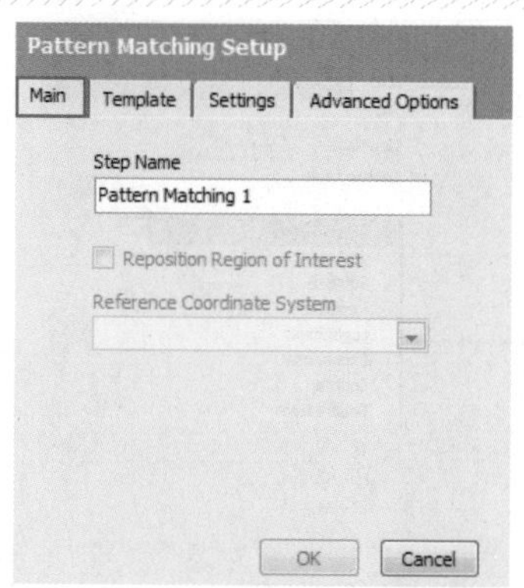

图 4.1.9　Main（主）选项卡

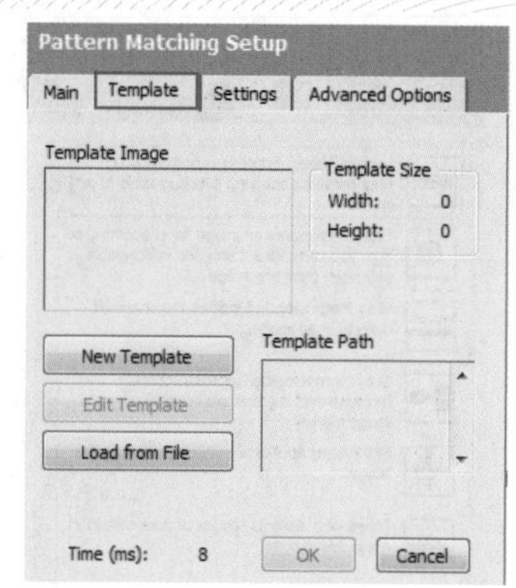

图 4.1.10　Template（模板）选项卡

Options。

（1）Main（主）选项卡（图 4.1.9）

Step Name（步骤名称），为本处理步骤设置一个名称，可以修改，也可以保持默认。

（2）Template（模板）选项卡（图 4.1.10）

Template Image 模板图像：显示模板图像区域。

Template Size 模板尺寸：模板图像的宽度和高度。

New Template 新建模板：创建新的模板文件，来定义一个新的模板文件。

Edit Template 编辑模板：如果加载了模板文件，编辑模板文件。

Load Template 加载模板：加载创建好的模板文件。

Template Path 模板路径：显示模板文件的路径位置。

图 4.1.11　Settings（设置值）选项卡

（3）Settings（设置值）选项卡（图 4.1.11）

Algorithm（算法）：

Low Discrepancy Sampling：最低差异采样。

Grayscale Value Pyramid：灰度值金字塔级数。

Gradient Pyramid：梯度金字塔级数。

Number of Matches to Find（查找匹配的个数）：用于指定需要查找多少个模板目标。

Minimum Score（最小分值）：指定匹配的最小分值，即相似度。分值越小，通常越容易找到目标，但是容易找错；分值越大，则表示要求相似的程度越高，找到目标的难度也会增大。默认值为 800 分，最大值为 1000 分。

Max Pyramid Level：最大金字塔级数。

Search for Rotated Patterns（搜索旋转模式）：可利用角度参数进行设置查找图像或 ROI 中有可能旋转的目标。

Angle Range +/–（degrees）（角度范围）：指定可以查找的角度范围，值越大，则查找的范围越宽。正负角度只能指定相同的值。

随堂记录

Mirror Angle（镜像角度）：判断是否水平镜像角度。如果使能，则会将 180 ± A 的区域包含进来，指示了 Min -X degrees → Max X degrees 最小到最大角度的范围。金字塔算法处理效果图如图 4.1.12 所示。

图 4.1.12　金字塔算法处理效果图

（4）Advanced Options（高级选项）选项卡（图 4.1.13）

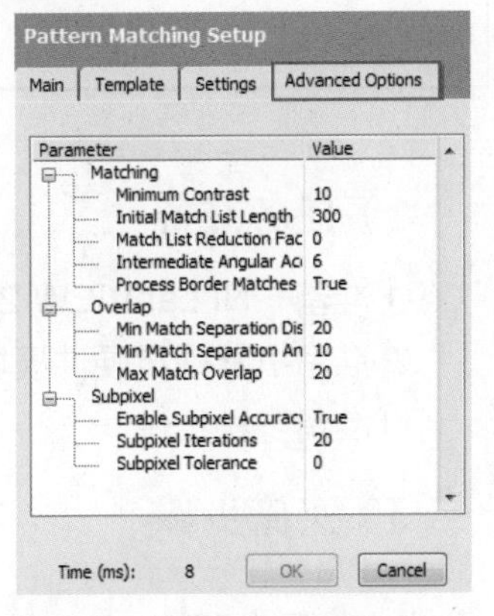

图 4.1.13　Advanced Options（高级选项）选项卡

① Matching（匹配）

Minimum Contrast：最小对比度。

Initial Match List Length：初始匹配列表长度。

Match List Reduction Factor：匹配列表减少因子。

Intermediate Angular Accuracy：中间角度精度。

Process Border Matches：处理边界匹配。

② Overlap（重叠）

Min Match Separation Distance：最小匹配分隔距离。

Min Match Separation Angle：最小匹配分隔角度。

Max Match Overlap：最大匹配重叠。

③ Subpixel（亚像素）

Enable Subpixel Accuracy：启用亚像素精度。

Subpixel Iterations：亚像素迭代。

Subpixel Tolerrance：亚像素容忍。

4.1.2　模式匹配结果

模式匹配函数输出项中有“Number of Matches（匹配数量）”一项，表示在图像中搜索到模板的个数，如果个数为“0”，表示图像中不包含模板块；如果个数大于“0”，则表示搜索到模板块，同时其坐标和偏移角度有效。

随堂记录

练一练

【任务演练】

1）任务分组

学生任务分配表

<table>
<tr><td>班级</td><td></td><td>组号</td><td></td><td>指导老师</td><td></td></tr>
<tr><td>组长</td><td></td><td>学号</td><td colspan="3"></td></tr>
<tr><td rowspan="4">组员</td><td>姓名</td><td>学号</td><td>姓名</td><td colspan="2">学号</td></tr>
<tr><td></td><td></td><td></td><td colspan="2"></td></tr>
<tr><td></td><td></td><td></td><td colspan="2"></td></tr>
<tr><td></td><td></td><td></td><td colspan="2"></td></tr>
<tr><td colspan="6">任务分工</td></tr>
<tr><td colspan="6"></td></tr>
</table>

2）任务准备

①准备“NI LabVIEW 2014”视觉软件。
②准备机器视觉硬件模块。
③准备多种工件。

3）实施步骤

视觉程序编写（一）

（1）另存程序

另存程序，见表 4.1.1。

表 4.1.1　另存程序

序号	操作说明	效果图
1	打开程序“3.2 视觉双色分拣.vi”	3.2 视觉双色分拣
2	保持默认选项，单击“继续…”，输入新文件名称“4.1 视觉双色单形状分拣.vi”，单击“确定”按钮	

（2）编写程序

①拍摄标定板图片

打开“NI MAX”软件，拍摄在传送带上的标定板图片，见表 4.1.2。

表 4.1.2　拍摄标定板图片

序号	操作说明	效果图
1	打开“NI MAX 软件”，单击“Grab 拍摄标定板”图片，单击“Save Image”，保存标定板图片	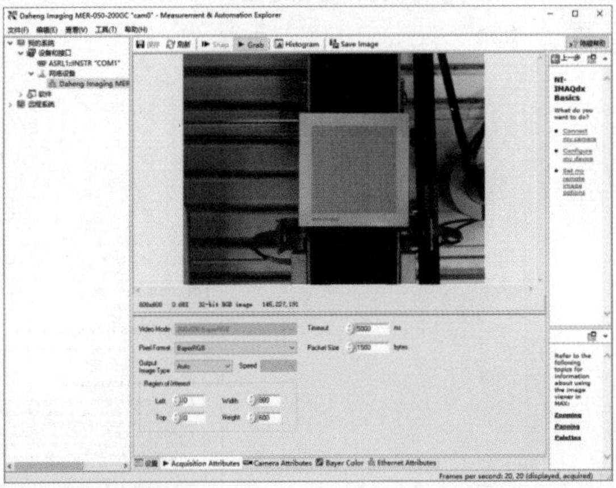

②图像标定

添加“Image Calibration”，图像标定见表 4.1.3。

表 4.1.3　图像标定

序号	操作说明	效果图
1	打开“标定板图片”	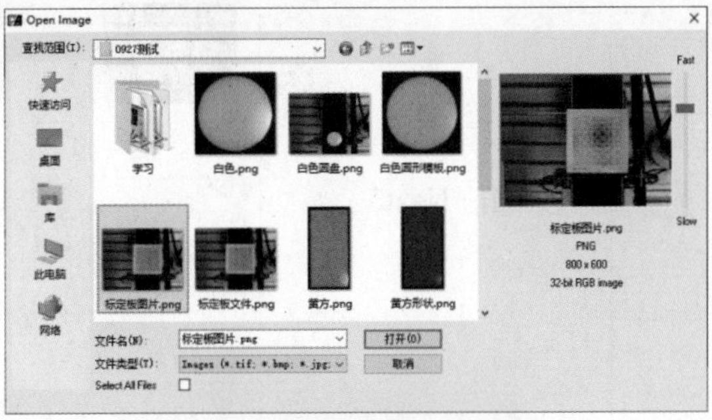
2	选择第 1 步“Original Image”，在后面插入“Image Calibration”	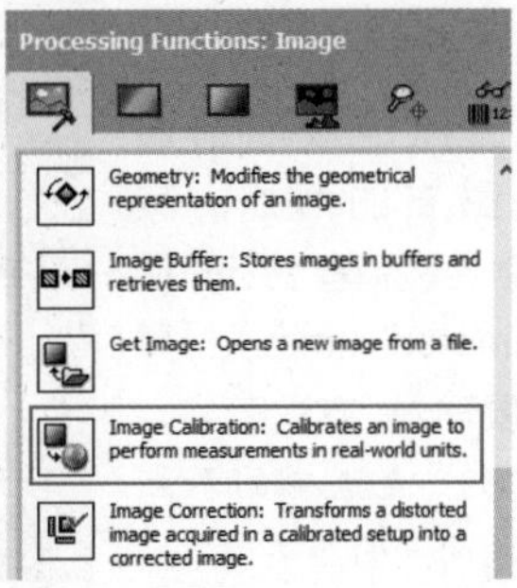

随堂记录

想一想

Q：通过 NI Vision Assistant 实现 Labview 实时图像处理的步骤有哪些？

小提示

完成校准成像系统的步骤如下：

①定义校准模板。

②定义参照坐标系。

③了解校准信息。

随堂记录

续表

序号	操作说明	效果图
3	单击“New Calibration”	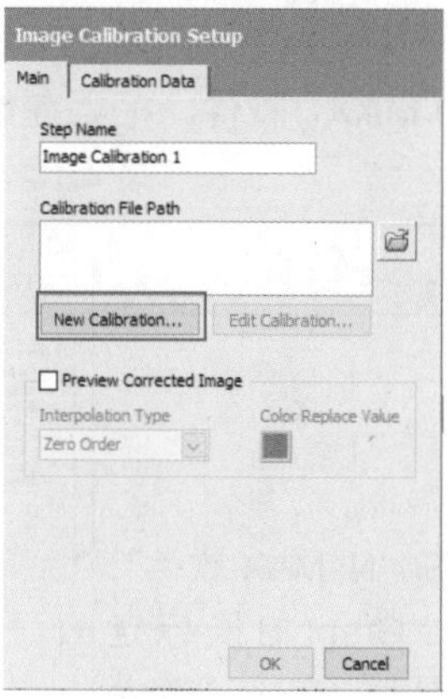
4	单击“Next”	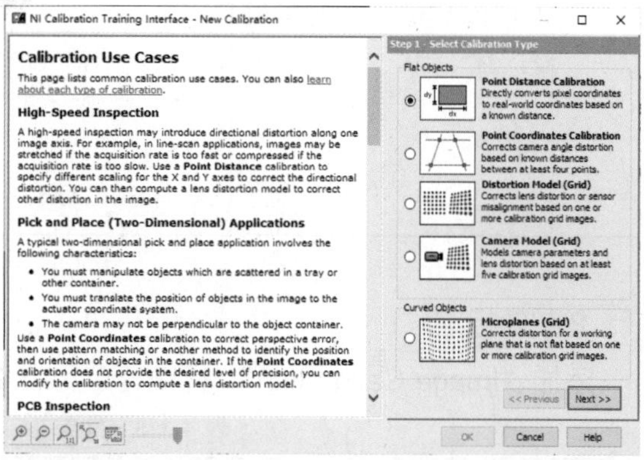
5	再单击“Next”	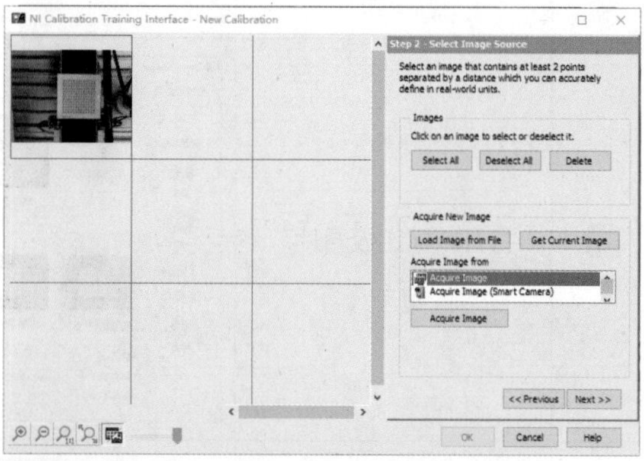
6	选择标定板底部最左与最右的两点，其真实坐标单位选择“millimeter”（mm），真实长度输入“53” 注：“53”是选择的两点之间点的距离	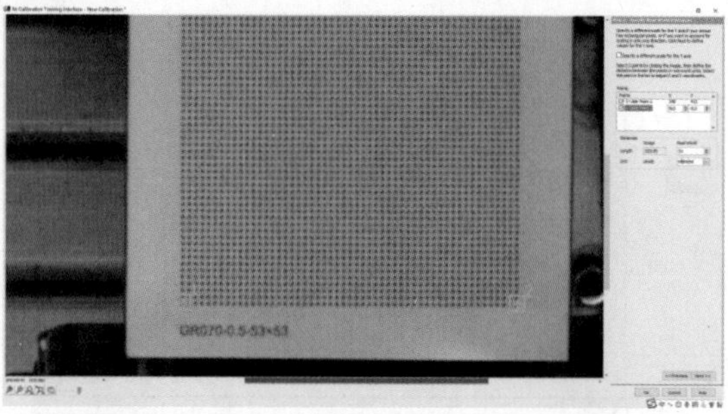

小提示

单击“确定”，标定两点的位置后，可将两点的Y轴坐标修改一致。

随堂记录

续表

序号	操作说明	效果图
7	单击“Next”	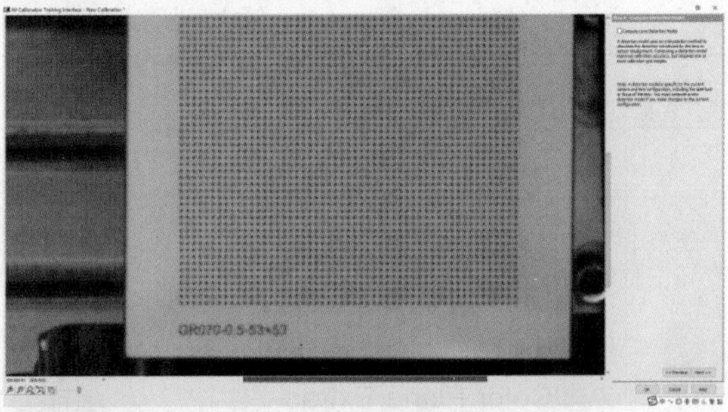
8	将“Axis Reference”修改为所需坐标方向，单击刚刚选择的第 1 个点，通过鼠标拖动至第 2 个点的位置	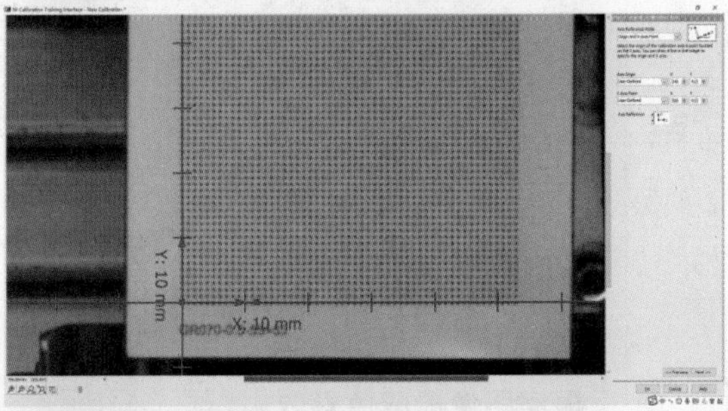
9	单击“OK”	
10	保存，命名为“标定板文件”	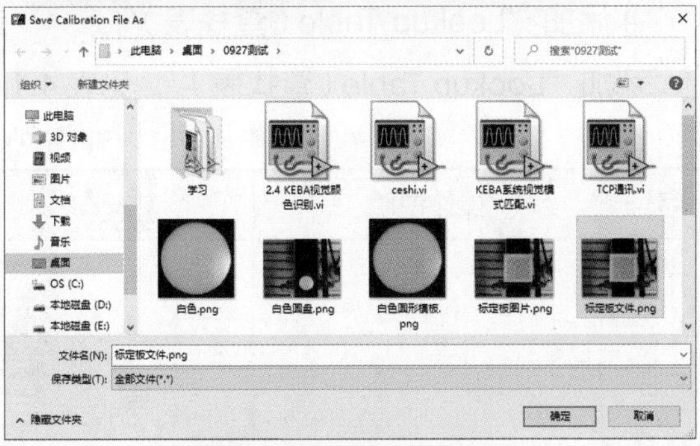
11	单击“OK”，完成标定	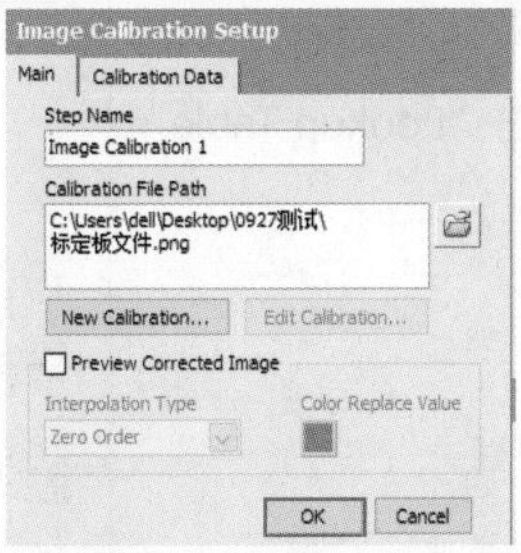

随堂记录

小提示
选择使图像与周边区域界限分明且清晰的选项。

③添加“Color Plane Extraction”

添加“Color Plane Extraction”，见表 4.1.4。

表 4.1.4 添加“Color Plane Extraction”

序号	操作说明	效果图
1	切换图片，打开黄色圆盘图片，单击“Color Pattern Matching”，插入“Color Plane Extraction”	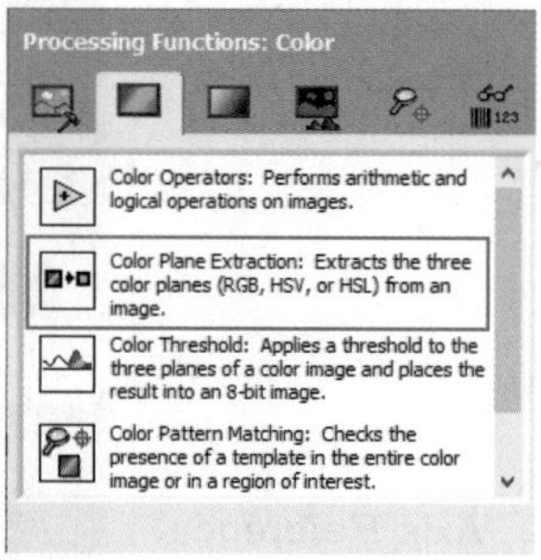
2	根据图像提取色彩效果，选择合适的选项，单击“OK”按钮	

小提示
改善对比度和亮度，使得某些特征更加明显的选项。

④添加“Lookup Table（查找表）”

添加“Lookup Table（查找表）”，见表 4.1.5。

表 4.1.5 添加“Lookup Table（查找表）”

序号	操作说明	效果图
1	单击“Lookup Table”	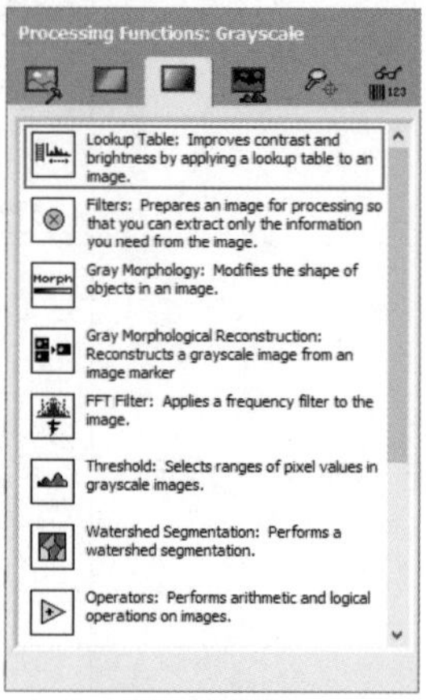

随堂记录

续表

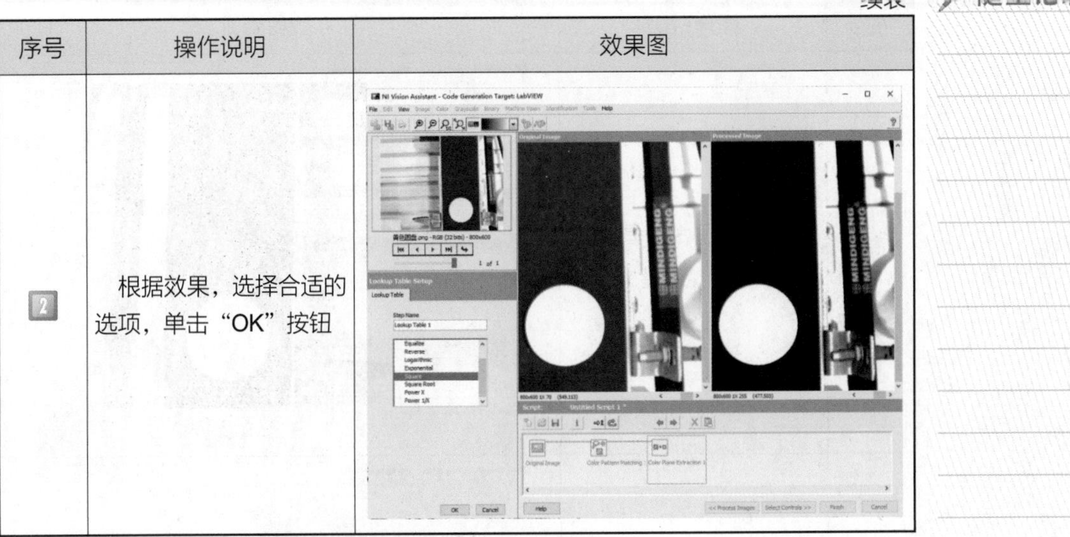

序号	操作说明	效果图
2	根据效果，选择合适的选项，单击“OK”按钮	

⑤创建“Pattern Matching”

创建“Pattern Matching”，见表 4.1.6。

表 4.1.6　创建“Pattern Matching”

序号	操作说明	效果图
1	单击“Pattern Matching”	
2	单击“New Template”，新建形状特征模型	

随堂记录

续表

序号	操作说明	效果图
3	框选处理好的圆形模板区域	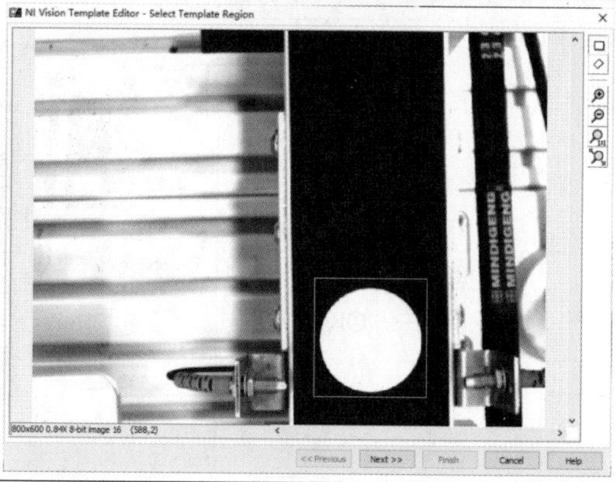
4	单击“Finish”	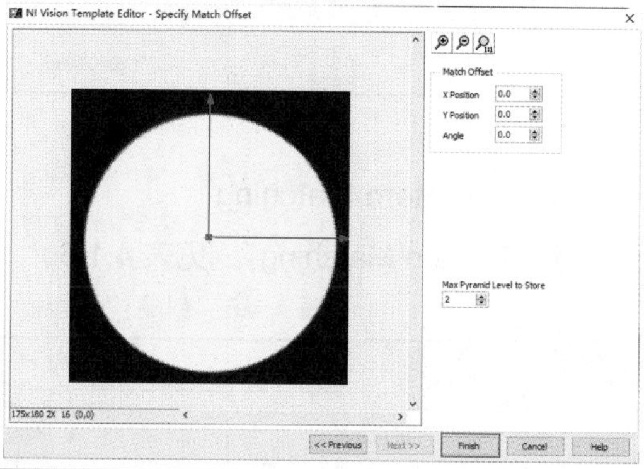
5	保存创建的模板，命名为“圆形模板”	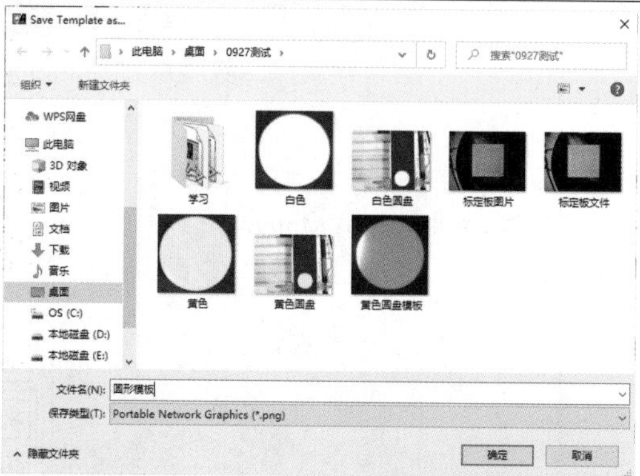
6	为创建的模板匹配的数据	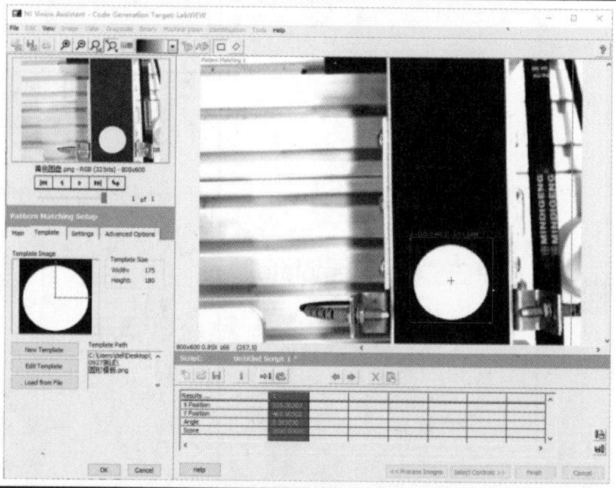

随堂记录

⑥选择参数

选择参数，见表 4.1.7。

表 4.1.7　选择参数

序号	操作说明	效果图
1	单击“Select Controls”	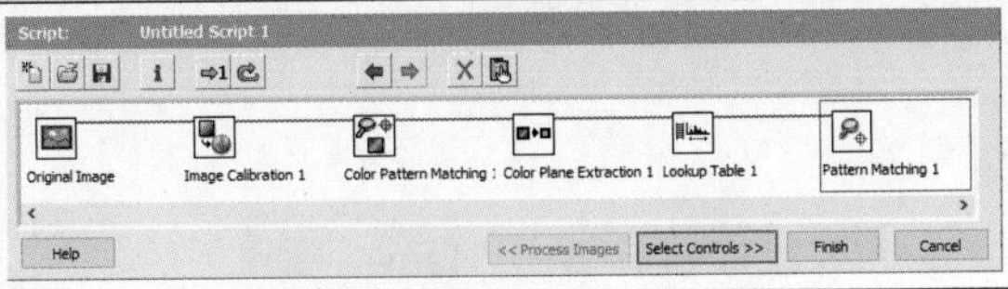
2	勾选参数	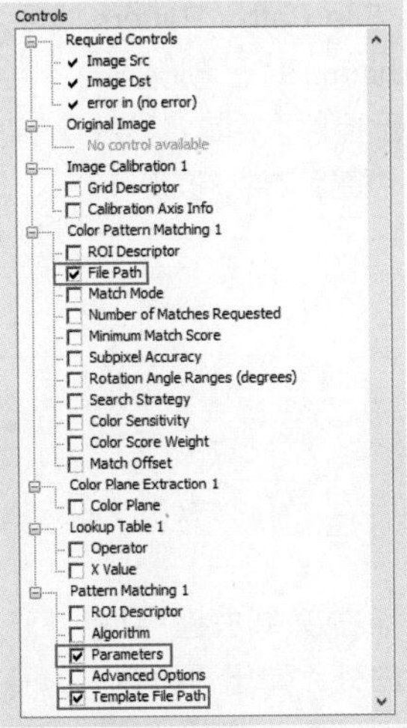
3	再次勾选参数	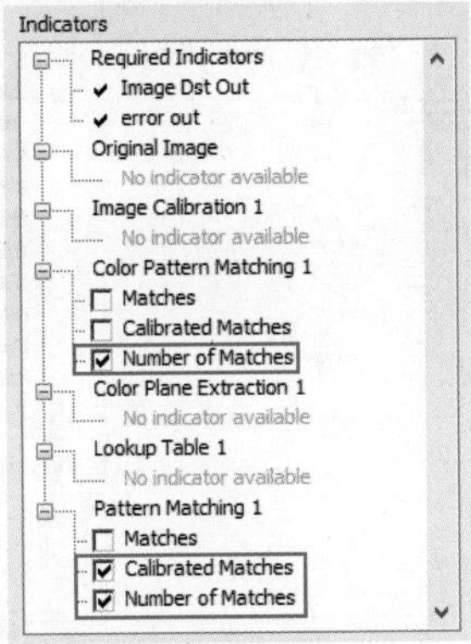
4	设置完成后，单击“Finish”	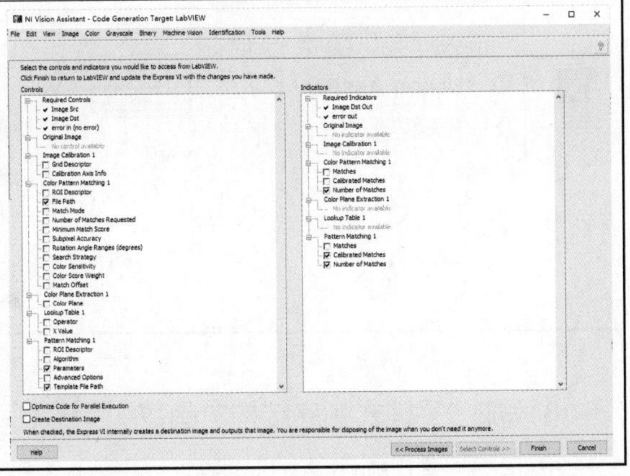

随堂记录

⑦布尔函数创建

布尔函数创建，见表 4.1.8。

表 4.1.8 布尔函数创建

序号	操作说明	效果图
1	鼠标右键单击“Template File Path（Pattern Matching 1）”，创建一个显示控件，将其名称修改为“模板文件 圆形”	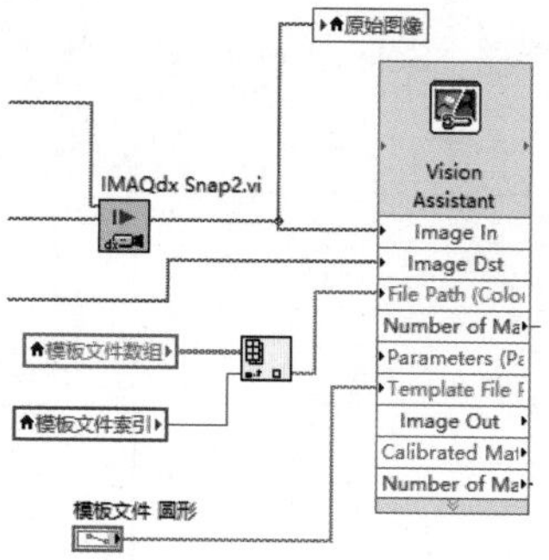
2	鼠标右键单击程序框图空白处，弹出“函数”菜单窗口，选择“编程”→“布尔”→“与”函数选项	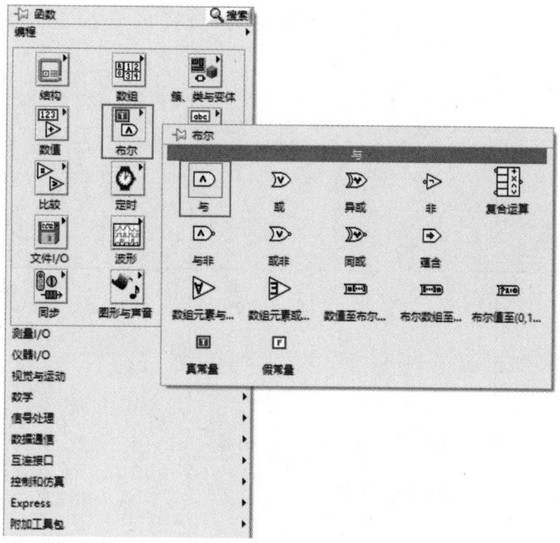
3	连接“与”函数选项和“Vision Assistant”以及“模板匹配”	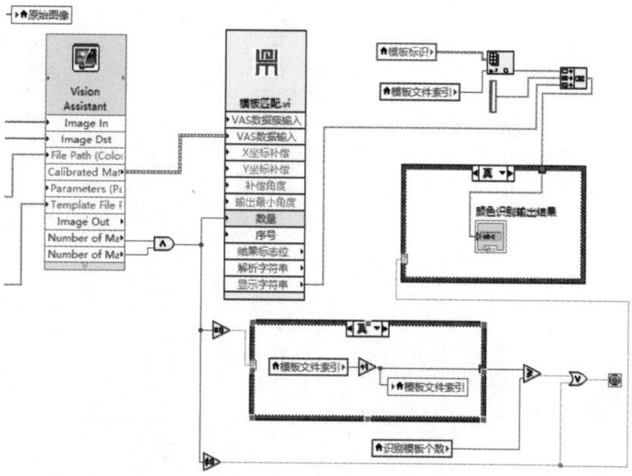

⑧添加“平铺式顺序结构”函数

添加“平铺式顺序结构”函数，见表 4.1.9。

表 4.1.0　添加“平铺式顺序结构”函数

序号	操作说明	效果图
1	鼠标右键单击后面板空白处，弹出“函数”菜单窗口，选择“编程”→“结构”→“平铺式顺序结构”函数选项	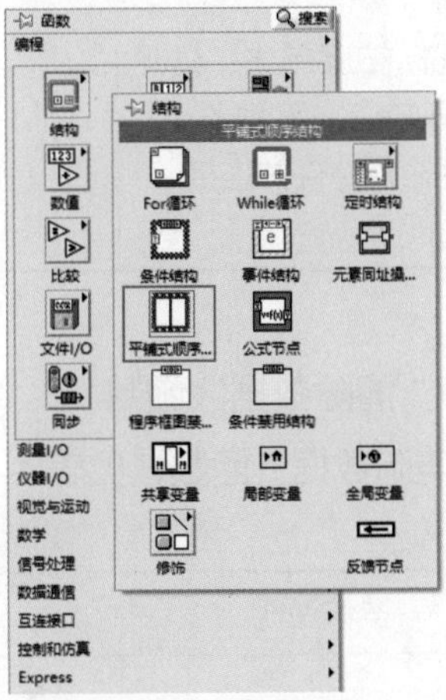
2	将平铺式顺序结构图添加在内、外循环之间	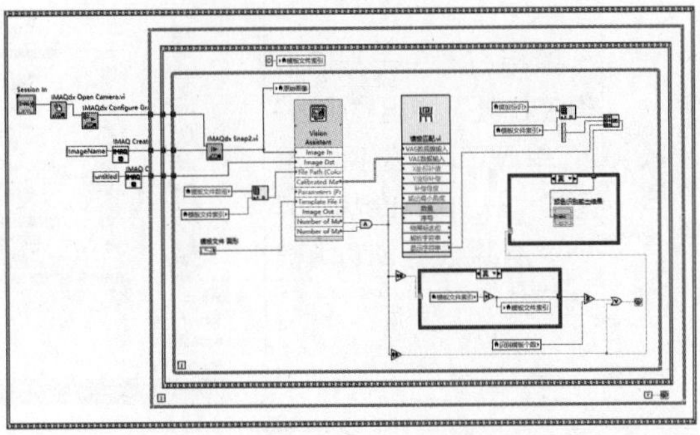

⑨添加“时间延迟”函数

添加“时间延迟”函数，见表 4.1.10。

表 4.1.10　添加“时间延迟”函数

序号	操作说明	效果图
1	鼠标右键单击后面板空白处，弹出“函数”菜单窗口，选择“编程”→“定时”→“时间延迟”函数选项	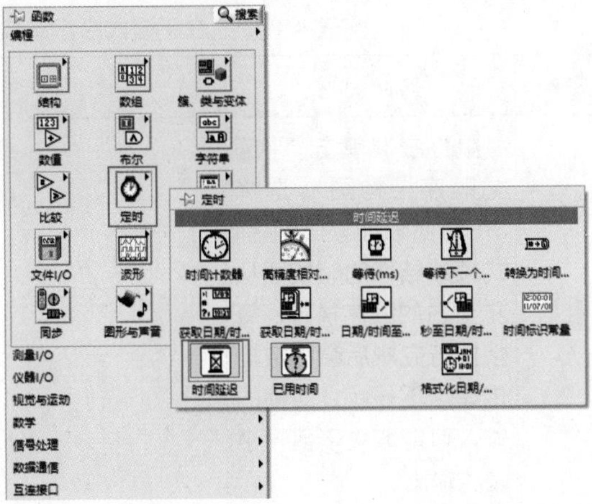

随堂记录

想一想

Q：试简述“时间延迟”的用处。如果把输入控件换成常量会有影响吗？

随堂记录

续表

序号	操作说明	效果图
2	鼠标右键单击“延迟时间（s）”函数选项，创建输入控件并连接	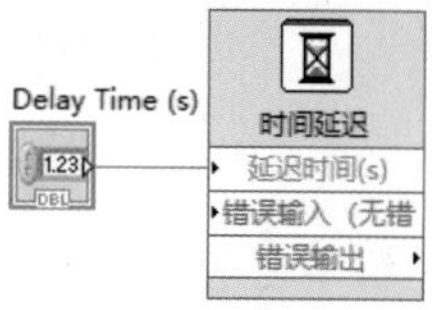

⑩添加“清除数据”函数

添加“清除数据”函数，见表 4.1.11。

表 4.1.11　添加“清除数据”函数

序号	操作说明	效果图
1	鼠标右键单击程序框图空白处，弹出“函数”菜单窗口，选择“编程”→“paletteMenu”→“清除数据.vi”函数选项并	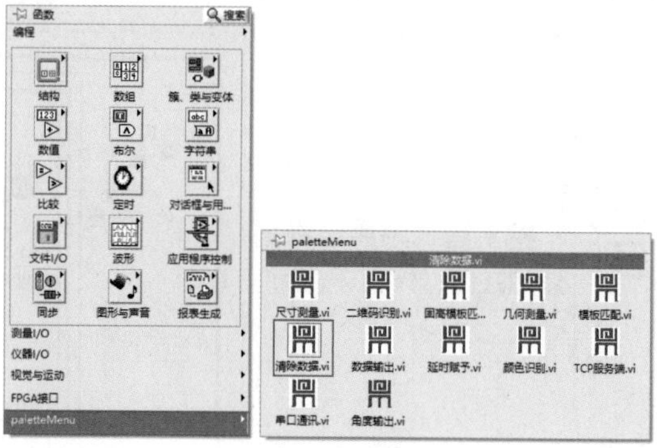
2	鼠标右键单击“模式识别输出结果”，创建引用连接	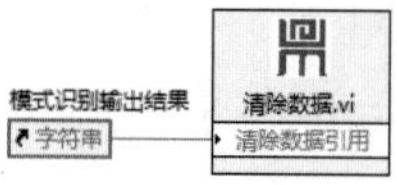

⑪在平铺式顺序结构后添加“帧”

在平铺式顺序结构后添加“帧”，见表 4.1.12。

表 4.1.12　在平铺式顺序结构后添加“帧”

序号	操作说明	效果图
1	鼠标右键单击“平铺式顺序结构图”，选择“在后面添加帧”，平铺式顺序结构的帧按照从左至右的顺序执行；每帧执行完毕后会将数据传递至下一帧，即帧的输入可能取决于另一个帧的输出	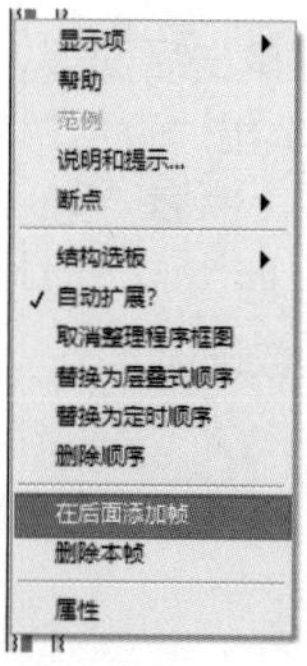

续表　随堂记录

序号	操作说明	效果图
2	将“时间延迟”与“清除数据”分别放到添加的两个帧里	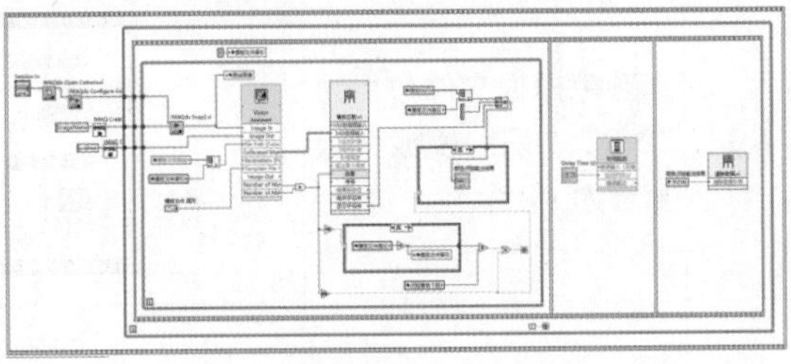

⑫前 / 后面板程序补充

对前 / 后面板程序进行补充，见表 4.1.13。

表 4.1.13　前 / 后面板程序补充

序号	操作说明	效果图
1	鼠标右键单击前面板空白处，在“Vision”中单击“Image Display”，将其命名为“处理后图像”	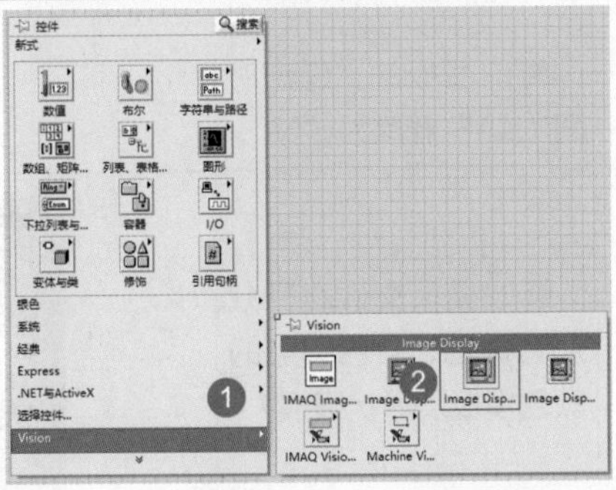
2	鼠标右键单击选项卡控件的选项卡名称处，单击“在后面添加选项卡”	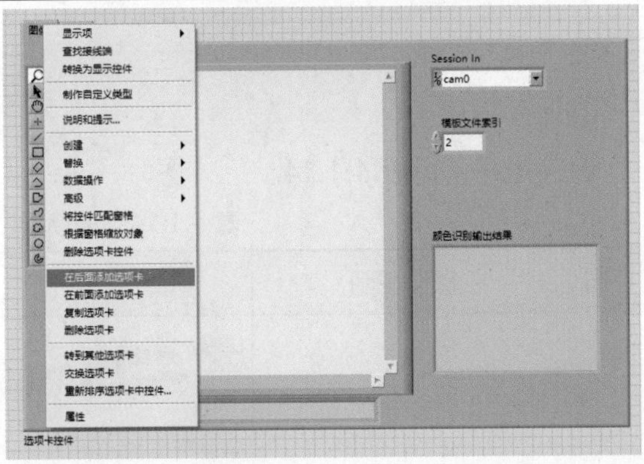
3	将第 2 张选项卡的名称命名为“处理后图像”，第 3 张选项卡名称命名为“参数”	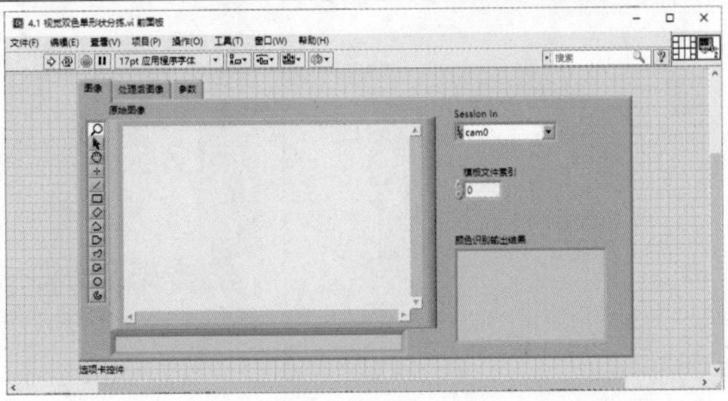

随堂记录

续表

序号	操作说明	效果图
4	颜色模板文件数组为“2个”；识别模板个数常量为“2个”	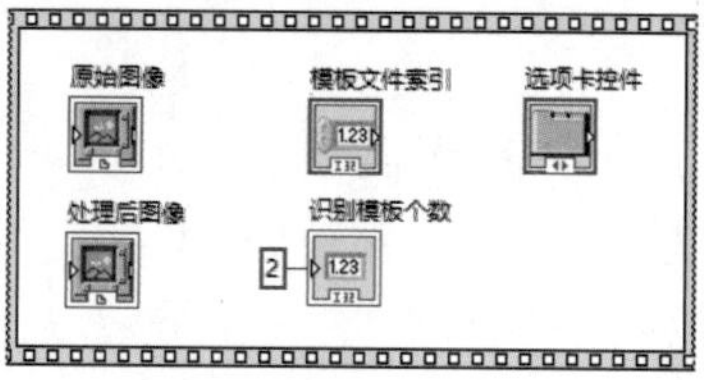
5	鼠标右键单击处理后图像，创建局部变量，将其连接到“Vision Assistant”的“Image Out”上	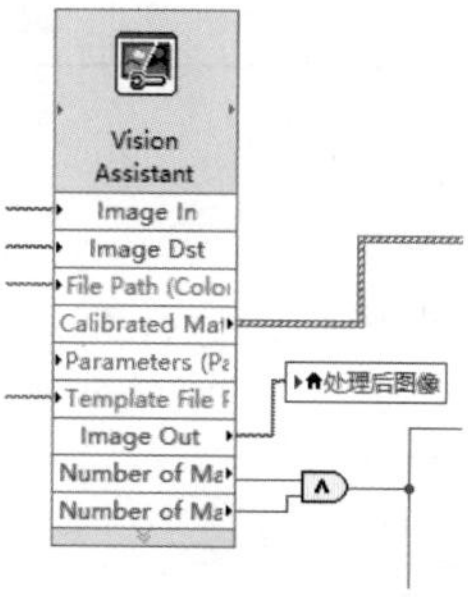
6	将前面板的“延迟时间（s）”修改为“5s”	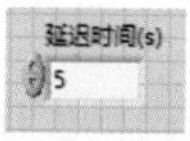
7	修改模板文件路径分别为黄色、白色圆盘的颜色模板及形状模板	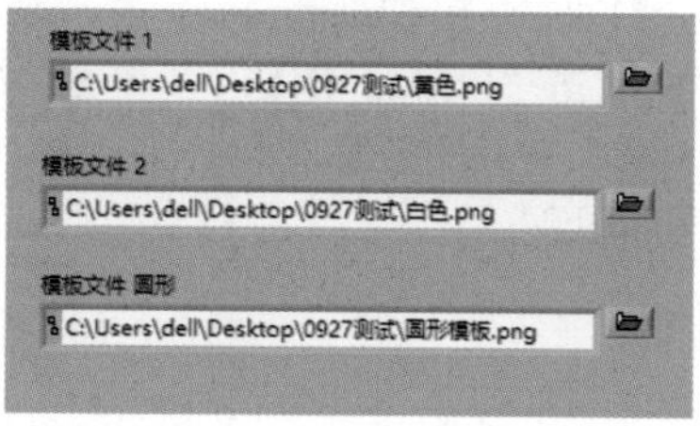

⑬保存程序

保存程序，见表 4.1.14。

表 4.1.14　保存程序

序号	操作说明	效果图
1	前面板程序	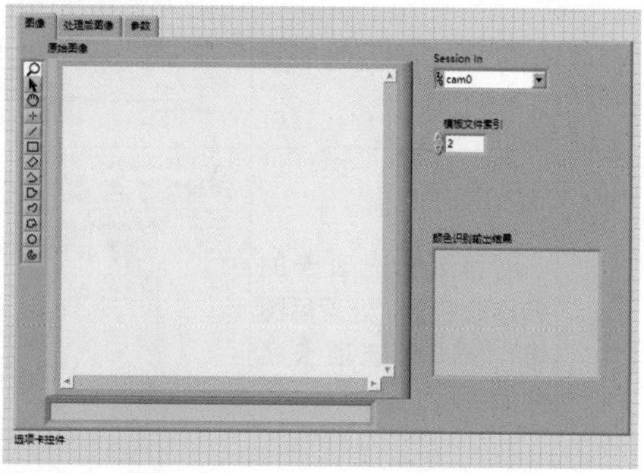

随堂记录

续表

序号	操作说明	效果图
2	前面板程序续	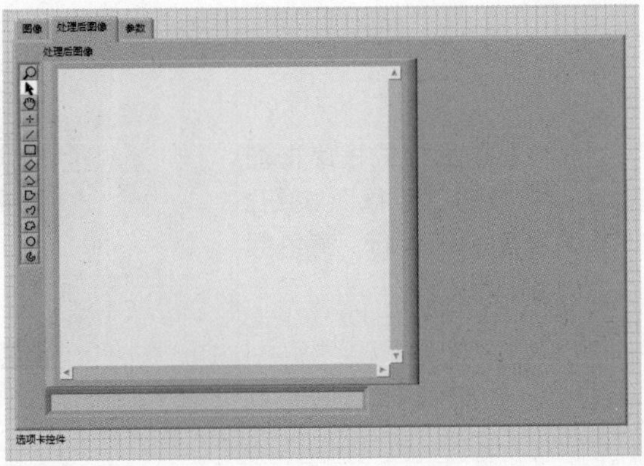
3	前面板程序续	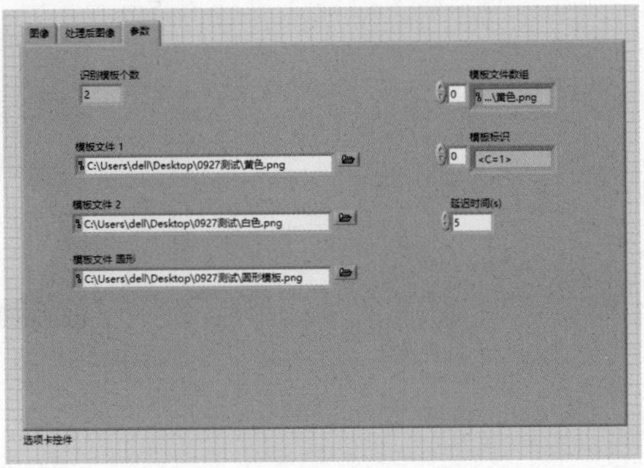
4	后面板程序	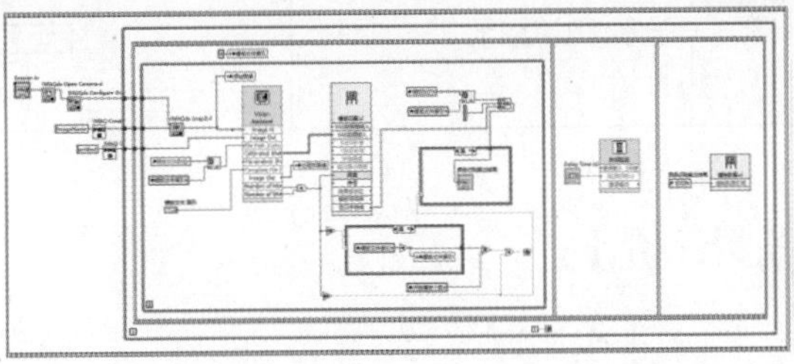
5	后面板程序续	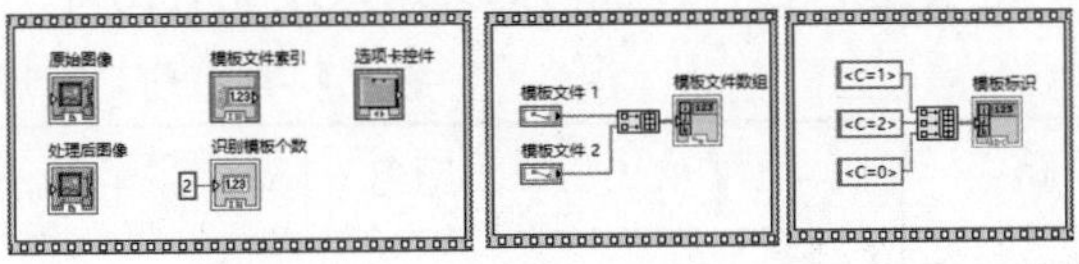

（3）程序运行

运行程序，见表 4.1.15。

随堂记录

表 4.1.15　运行程序

序号	操作说明	效果图
1	在前面板或程序框图中单击“运行”按钮，程序启动运行，黄色圆盘识别	
2	白色圆盘识别	
4	单击“停止”按钮，程序停止运行	

【任务评价】

评一评

（1）学生自评

学生进行自评，并将结果填入表 4.1.16 中。

表 4.1.16　学生自评表

班级		组名		日期	年　月　日
评价指标	评价要素			分数	分数评定
信息检索	能有效利用网络资源、工作手册查找有效信息；能用自己的语言有条理地去解释、表述所学知识；能将查找到的信息有效转换到学习中			10	
感知工作	在学习中能获得满足感			10	

续表

随学记录

评价指标	评价要素	分数	分数评定
参与状态	与教师、同学之间能相互尊重、理解、平等交流，能够保持多向、丰富、适宜的信息交流	10	
	探究学习、自主学习不流于形式，处理好合作学习和独立思考的关系，做到有效学习；能发表个人见解；能按要求正确操作；能够倾听、协作分享	10	
学习方法	机器视觉程序编写的工作计划、操作技能符合规范要求；能获得进一步发展的能力	10	
工作过程	遵守管理规程，任务的操作过程符合要求；平时上课的出勤情况和每天完成工作任务情况良好；善于多角度思考问题能主动发现、提出有价值的问题	15	
思维状态	能自行解决在任务编写的操作过程中遇到的问题	10	
自评反馈	按时保质完成机器视觉程序编写的 vi 文件，并能够正常运行；较好地掌握了专业知识点；具有较强的信息分析能力和理解能力；具有较为全面严谨的思维能力并能条理清晰地表述成文	25	
合计		100	
经验总结			
反思			

（2）学生互评

学生以小组为单位，对以上学习情境的过程与结果进行互评，并将结果填入表 4.1.17 中。

表 4.1.17　学生互评表

班级		被评组名		日期	年　月　日
评价指标	评价要素			分数	分数评定
信息检索	该组能有效利用网络资源、工作手册查找有效信息			5	
	该组能用自己的语言有条理地去解释、表述所学知识			5	
	该组能将查找到的信息有效转换到工作中			5	
感知工作	该组能熟悉自己的工作岗位，认同工作价值			5	
	该组成员在工作中能获得满足感			5	

随堂记录

续表

评价指标	评价要素	分数	分数评定
参与状态	该组与教师、同学之间能相互尊重、理解、平等交流	5	
	该组与教师、同学之间能够保持多向、丰富、适宜的信息交流	5	
	该组能处理好合作学习和独立思考的关系，做到有效学习	5	
	该组能提出有意义的问题或能发表个人见解；能按要求正确操作；能够倾听、协作分享	5	
	该组能积极参与，在实训练习的过程中不断学习，提升动手能力	5	
学习方法	该组机器视觉程序编写的工作计划、操作技能符合规范要求	5	
	该组能获得进一步发展的能力	5	
工作过程	该组能遵守管理规程，操作过程符合现场管理要求	5	
	该组平时上课的出勤情况和每天完成工作任务情况良好	5	
	该组成员能成功完成任务，并善于多角度思考问题，能主动发现、提出有价值的问题	15	
思维状态	能自行解决在机器视觉程序编写的操作过程中遇到的问题	5	
自评反馈	该组能严肃认真地对待自评，并能独立完成自测试题	10	
合计		100	
简要评述			

(3)教师综合评价

教师对学生的工作过程与结果进行评价，并将结果填入表 4.1.18 中。

表 4.1.18　教师综合评价表

班级		组名		姓名	
出勤情况					
序号	评价指标	评价要求		分数	分数评定
一	任务描述、接受任务	口述任务内容细节		2	
二	任务分析、分组情况	依据任务分析程序编写步骤		3	
三	制订计划	①创建程序 ②修改与编写程序 ③在线调试		15	

续表

序号	评价指标	评价要求	分数	分数评定
四	计划实施	1. 创建程序 2. 修改与编写程序 3. 在线调试	55	
五	检测分析	是否完成任务	15	
六	总结	任务总结	10	
合计			100	

综合评价	自评（20%）	小组互评（30%）	教师评价（50%）	综合得分

随堂记录

任务 4.2　工业机器人视觉综合分拣编程应用

关键词	机器人程序	图像标定	时间延迟
	综合分拣	颜色模式匹配	VA 设置

【任务描述】

本任务介绍了 KEBA 机器人与上位机通信，实现颜色与形状识别分拣的功能。

机器人的工作流程为：在放料区中夹取不同的工件到传送带上，通过对工件拍照，把拍到的工件颜色（黄色和白色）和形状（长方体与圆盘）位置信息发送给机器人，机器人根据收到的信号，在传送带上抓取工件，并按照颜色放到不同的物料盒中进行分类。

课程思政

综合练习就是多程序结合与对照的过程。我们在日常工作、学习中，如何进行对照和结合，举一反三呢？

【任务目标】

1. 知识目标

（1）熟知传送带轴及相机的调试方法。

2. 能力目标

（1）能编写 KEBA 机器人视觉综合分拣的程序。

（2）能通过机器人进行物料的正确分拣操作。

3. 素质目标

（1）会搜集、理解书面文件与书写书面报告；正确理解口语信息并准确地表达想法，通过所学知识解决实际问题。

（2）能分析事物规律并用其解决问题。

随堂记录

【相关知识】

4.2.1 时间类函数

1）时间延迟

在调用 VI 中插入“时间延迟”。指定延迟运行调用 VI 的时间。默认值为 1.000（图 4.2.1）。

图 4.2.1 时间延迟

2）时间计数器函数

时间计数器函数为返回毫秒计时器的值（图 4.2.2）。

基准参考时间（第 0 ms）不是一个实际的时间点，故不可将毫秒计时值转换为实际时间或日期。在比较函数中使用时间计数器时应小心谨慎，因为毫秒计数值到达（2^32）–1 后将复位为 0，重新开始计时。

图 4.2.2 时间计数器函数

3）等待时间（ms）函数

等待指定长度的毫秒数，并返回毫秒计时器的值（图 4.2.3），实际等待时间可能比请求等待时间最多短 1 ms。

该函数进行异步系统调用，但程序框图上的节点是同步执行的。所以直至指定时间结束，该函数才停止执行。

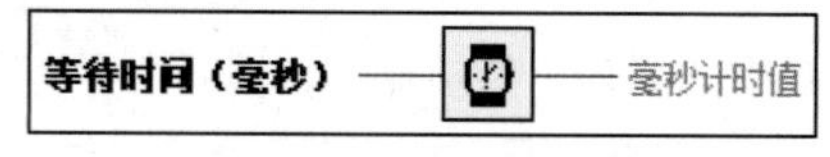

图 4.2.3 等待时间函数

4.2.2 数值函数

数值函数见表 4.2.1。

表 4.2.1 数值函数

函数名称	图示	说明
加函数	x y x+y	计算输入的和
减函数	x y x-y	计算输入的差
乘函数	x y x*y	计算输入的积

续表　随堂记录

函数名称	图示	说明
除函数	x y ÷ x/y	计算输入的商
加 1 函数	x +1 x+1	输入值加 1
减 1 函数	x -1 x-1	输入值减 1
绝对值函数	x abs(x)	返回输入的绝对值

4.2.3　布尔函数

布尔函数见表 4.2.2。

表 4.2.2　布尔函数

函数名称	图示	说明
与函数	x y ∧ x与y?	计算输入的逻辑与：两个输入必须为布尔值、数值或错误簇。如两个输入都为“TRUE”，函数返回“TRUE”。否则，返回“FALSE”
或函数	x y ∨ x或y?	计算输入的逻辑或：两个输入必须为布尔值、数值或错误簇。如两个输入都为“FALSE”，则函数返回“FALSE”。否则，返回“TRUE”
异或函数	x y ∨ x异或y?	计算输入的逻辑异或（XOR）：两个输入必须为布尔值、数值或错误簇。如两个输入都为“TRUE”或都为“FALSE”，函数返回“FALSE”。否则，返回“TRUE”
非函数	x ¬ 非x?	计算输入的逻辑非：如 x 为“FALSE”，则函数返回“TRUE”。如 x 为“TRUE”，则函数返回“FALSE”
与非函数	x y ∧ 非(x与y)?	计算输入的逻辑与非：两个输入必须为布尔值、数值或错误簇。如两个输入都为“TRUE”，则函数返回“FALSE”。否则，返回“TRUE”
或非函数	x y ∨ 非(x或y)?	计算输入的逻辑或非：两个输入必须为布尔值、数值或错误簇。如两个输入都为“FALSE”，则函数返回“TRUE”。否则，返回“FALSE”

随堂记录

【任务演练】

1）任务分组

学生任务分配表

<table>
<tr><td>班级</td><td colspan="2"></td><td>组号</td><td></td><td>指导老师</td><td></td></tr>
<tr><td>组长</td><td colspan="2"></td><td>学号</td><td colspan="3"></td></tr>
<tr><td rowspan="4">组员</td><td>姓名</td><td colspan="2">学号</td><td colspan="2">姓名</td><td>学号</td></tr>
<tr><td></td><td colspan="2"></td><td colspan="2"></td><td></td></tr>
<tr><td></td><td colspan="2"></td><td colspan="2"></td><td></td></tr>
<tr><td></td><td colspan="2"></td><td colspan="2"></td><td></td></tr>
<tr><td colspan="7">任务分工</td></tr>
<tr><td colspan="7"></td></tr>
</table>

2）任务准备

①准备“NI LabVIEW 2014”视觉软件。

②准备机器视觉硬件模块。

③准备多种工件。

综合视觉分拣（一）

3）实施步骤

（1）创建程序

练一练

另存程序，见表 4.2.3。

表 4.2.3　另存为新程序

序号	操作说明	效果图
1	打开程序“3.3 KEBA视觉双色识别.vi”	3.3 KEBA视觉双色识别.vi
2	选择“文件”→“另存为”，单击“继续”	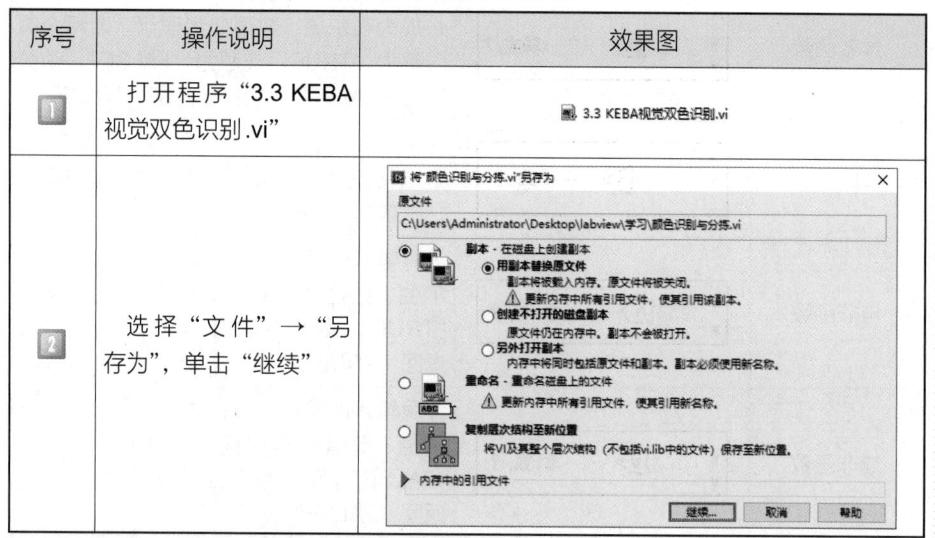

随堂记录

续表

序号	操作说明	效果图
3	保持默认选项，单击“继续…”，输入新文件名称“4.2 KEBA 系统视觉颜色模式匹配.vi”，单击“确定”	

（2）编写程序

①拍摄图片

拍摄黄色长方体图片，见表 4.2.4。

表 4.2.4　拍摄图片

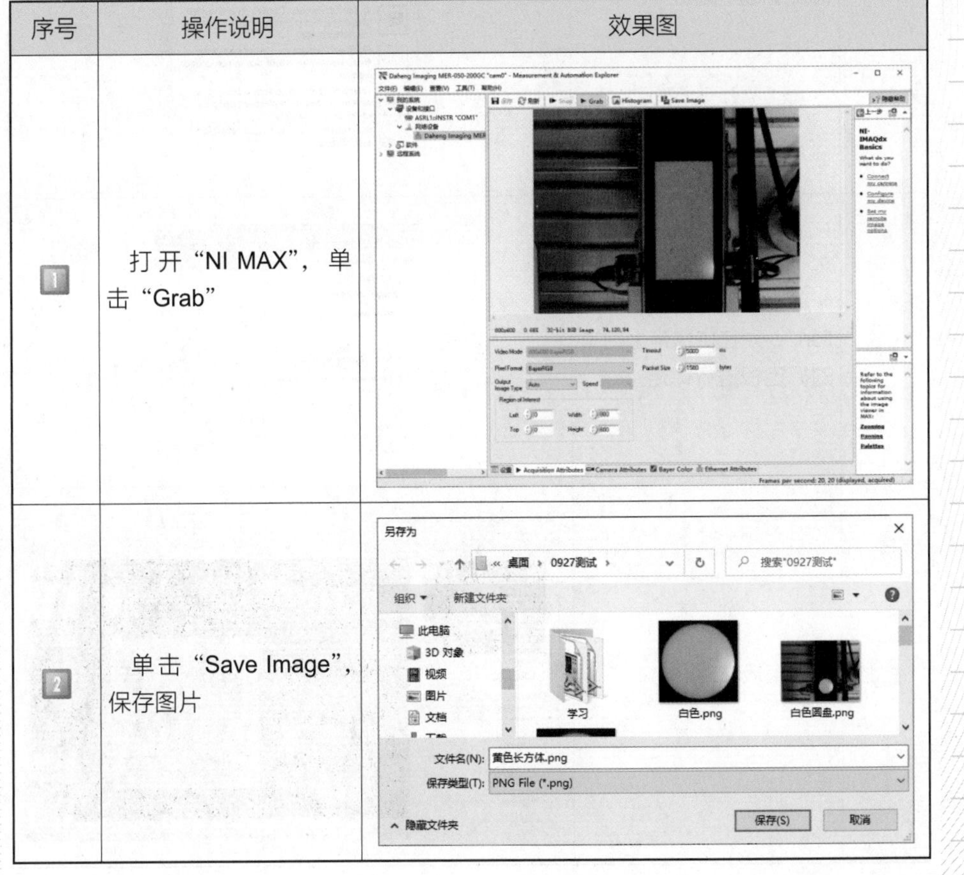

序号	操作说明	效果图
1	打开“NI MAX”，单击“Grab”	
2	单击“Save Image”，保存图片	

随堂记录

②图像标定

在程序框图中进入“Vision Assistant”，进行图像标定。见表 4.2.5。

表 4.2.5　图像标定

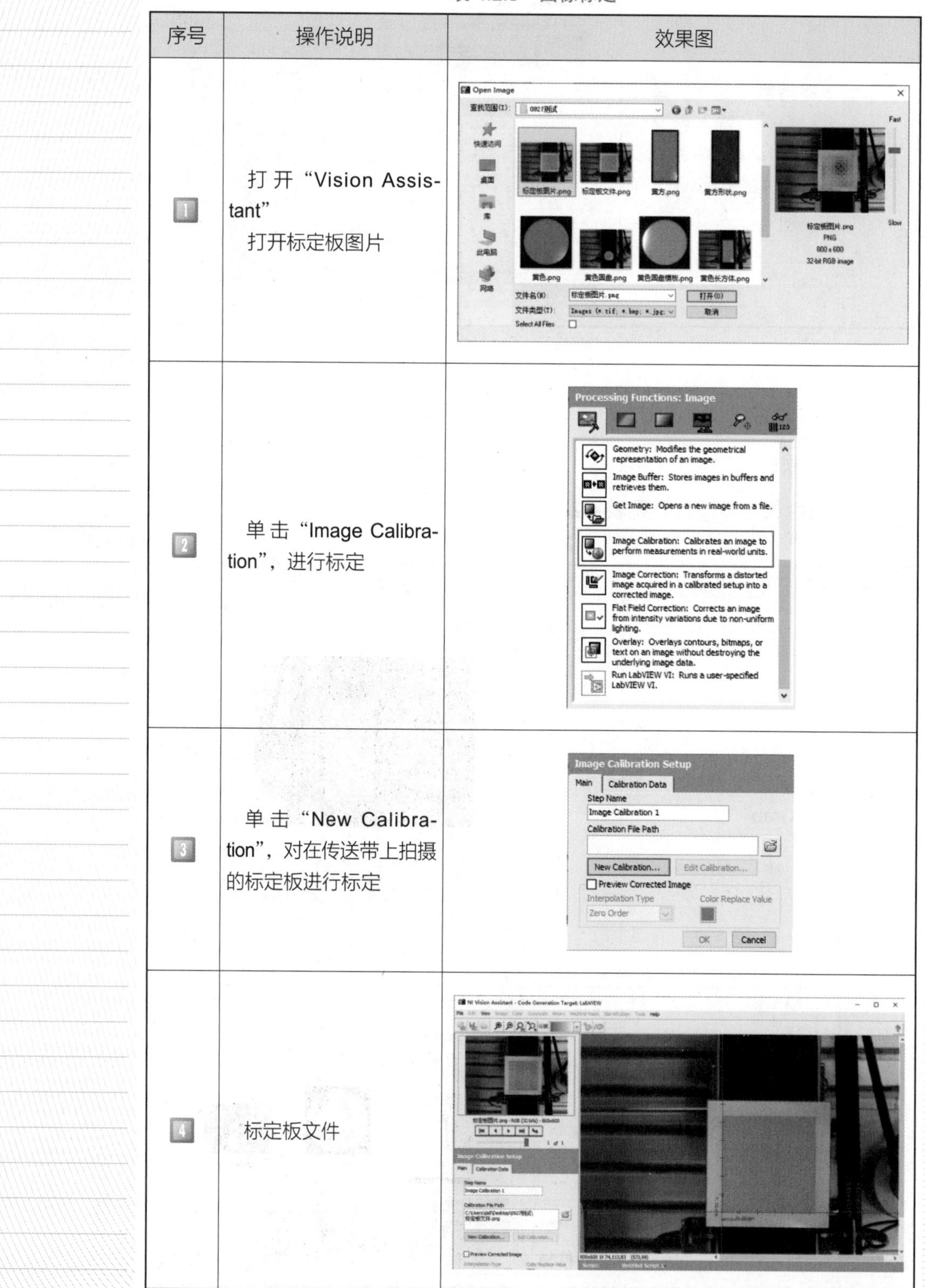

序号	操作说明	效果图
1	打开“Vision Assistant” 打开标定板图片	
2	单击“Image Calibration”，进行标定	
3	单击“New Calibration”，对在传送带上拍摄的标定板进行标定	
4	标定板文件	

续表　　随堂记录

序号	操作说明	效果图
5	标定完成后，单击“OK”	

③颜色模式匹配

插入黄色长方体图片，对其进行颜色模式匹配。见表 4.2.6。

表 4.2.6　颜色模式匹配

序号	操作说明	效果图
1	打开白色圆盘图片，双击“Color Pattern Matching”，单击“Create Template”，创建模板	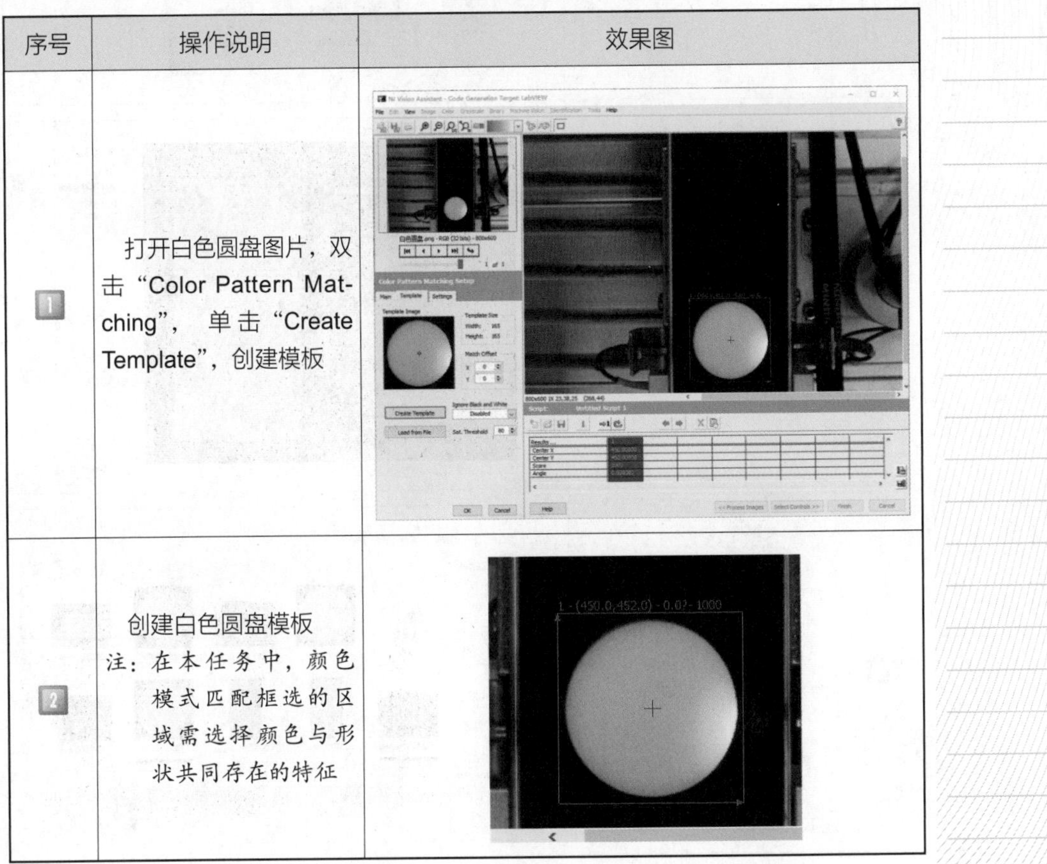
2	创建白色圆盘模板 注：在本任务中，颜色模式匹配框选的区域需选择颜色与形状共同存在的特征	

随堂记录

续表

序号	操作说明	效果图
3	打开黄色长方体图片，双击“Color Pattern Matching”	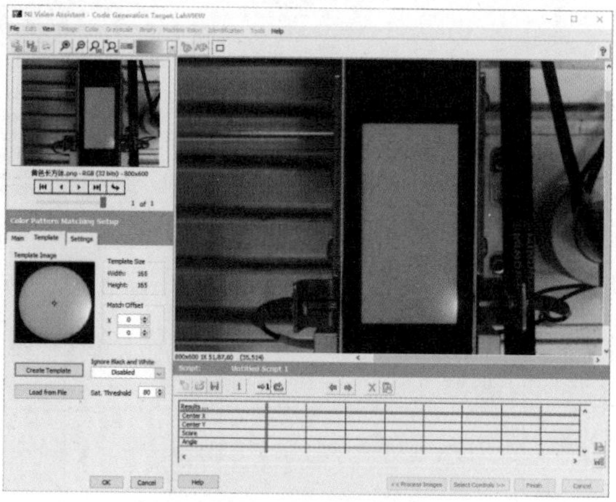
4	单击“Create Template”，创建模板	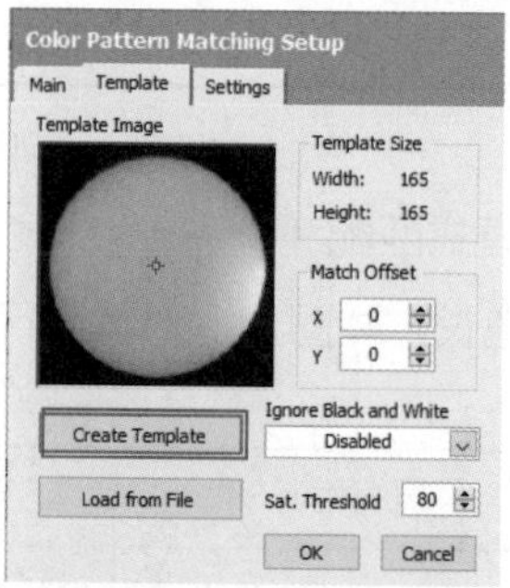
5	框选黄色长方体特征区域，单击“OK”	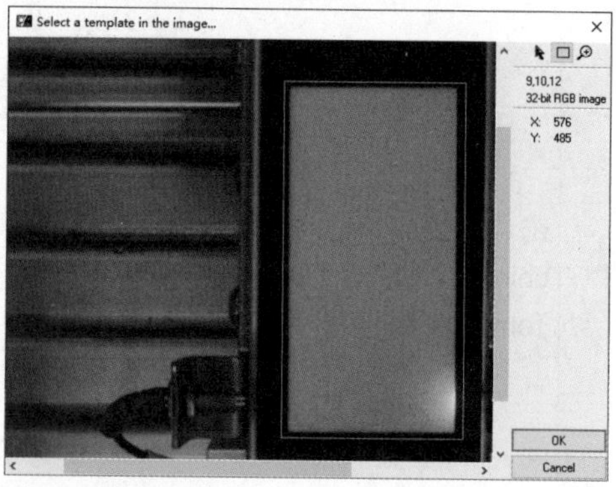
6	将文件名命名为“黄方”，单击“确定”	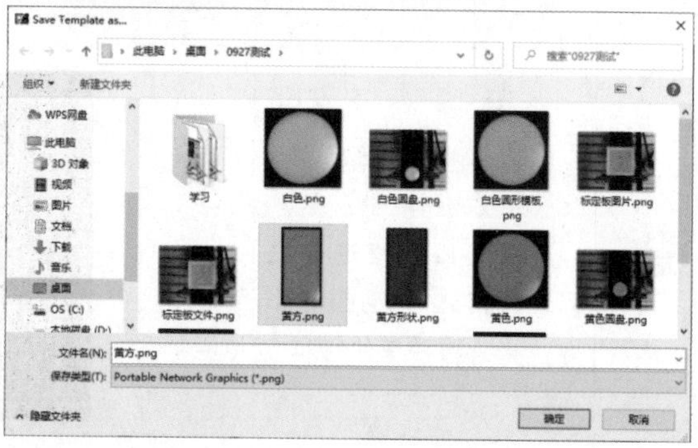

随堂记录

续表

序号	操作说明	效果图
7	创建黄色长方体颜色模式匹配文件的界面	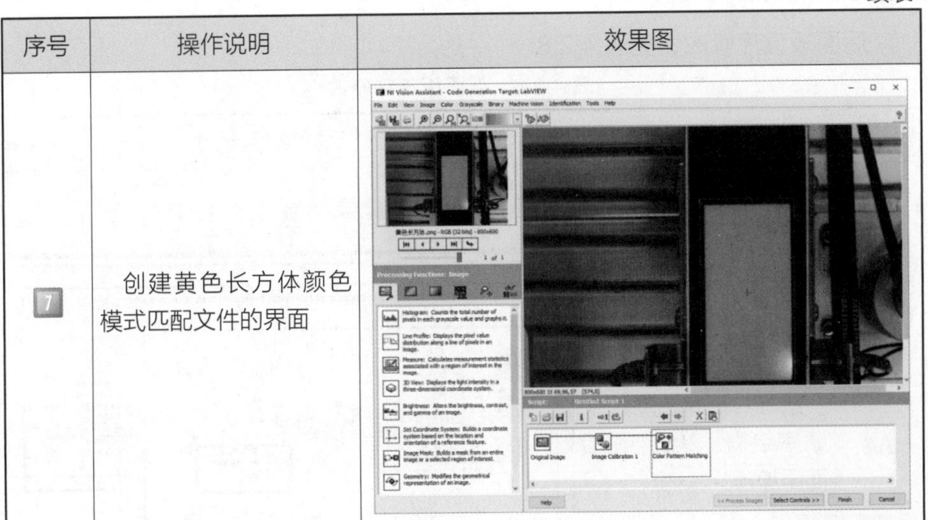

综合视觉分拣（二）

④ VA 设置

VA 设置，见表 4.2.7。

表 4.2.7　VA 设置

序号	操作说明	效果图
1	单击“Select Controls”	
2	勾选参数，单击“Finish”	

随堂记录

⑤后面板程序修改

后面板程序修改，见表 4.2.8。

表 4.2.8　后面板程序修改

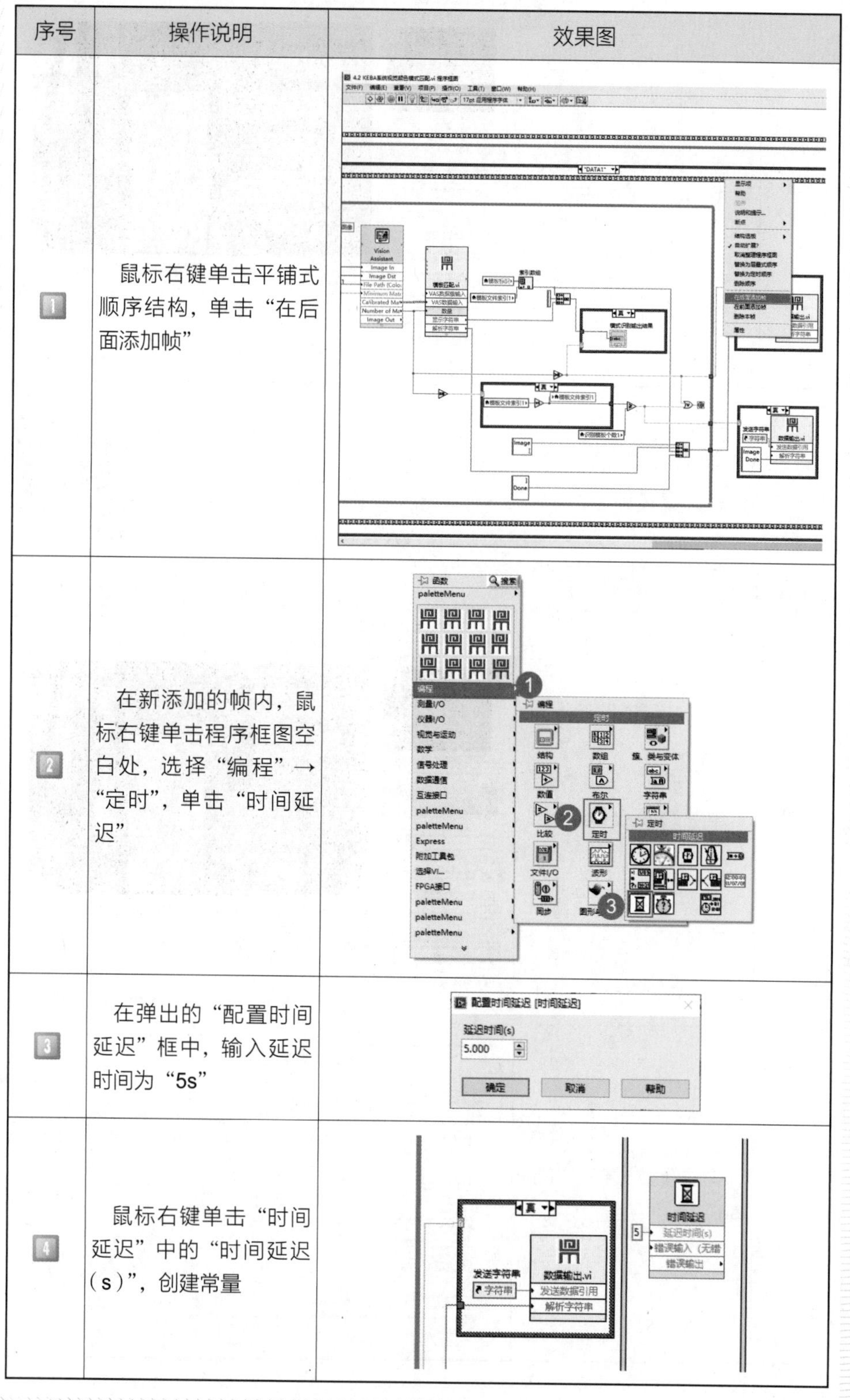

序号	操作说明	效果图
1	鼠标右键单击平铺式顺序结构，单击“在后面添加帧”	
2	在新添加的帧内，鼠标右键单击程序框图空白处，选择“编程”→“定时”，单击“时间延迟”	
3	在弹出的“配置时间延迟”框中，输入延迟时间为“5s”	
4	鼠标右键单击“时间延迟”中的“时间延迟(s)”，创建常量	

续表　随堂记录

序号	操作说明	效果图
5	创建一个模式识别输出结果的引用，再创建一个“清除数据.vi”，将引用连接到清除数据的“清除数据引用上”	
6	两个颜色模式匹配发的模板文件	

⑥保存程序

保存程序，见表 4.2.9。

表 4.2.9　保存程序

序号	操作说明	效果图
1	后面板程序	
2	后面板程序续	

随堂记录

续表

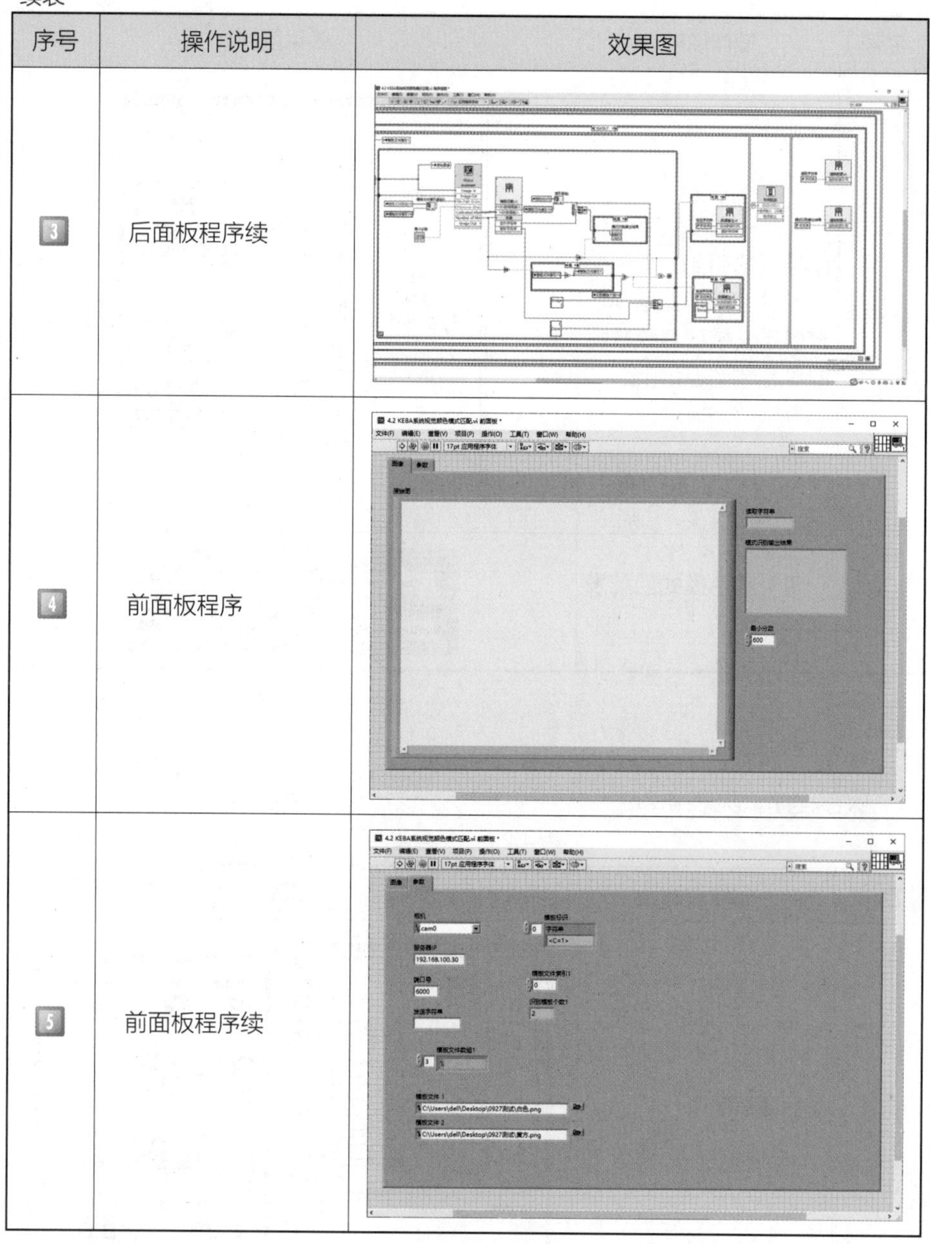

序号	操作说明	效果图
3	后面板程序续	
4	前面板程序	
5	前面板程序续	

⑦ KEBA 机器人程序编写

KEBA 机器人程序编写，见表 4.2.10。

表 4.2.10　KEBA 机器人程序编写

程序
PTP（ap0） Loop 2 DO 　　duopan2.ToPut（ ） 　　WaitTime（500）

续表　随堂记录

程序
xi0.Set（TRUE） WaitTime（500） duopan2.FromPut（） Lin（cp0） Lin（cp1） Lin（cp2） Lin（cp3） Lin（cp6） WaitTime（500） xi0.Set（FALSE） WaitTime（500） Lin（cp3） Lin（cp2） Lin（cp0） WaitTime（1000） chuansongdai0.Set（TRUE） WaitTime（4500） chuansongdai0.Set（FALSE） WaitTime（1000） xiangji0.Set（FALSE） WaitTime（1000） Xiangji1.Set（FALSE） WaitTime（1000） xiangji0.Set（TRUE） WaitTime（1000） Xiangji1.Set（TRUE） WaitTime（1000） IF IEC.Gvl_C = 2 THEN Lin（cp1） Lin（cp7） Lin（cp8） WaitTime（500） xi0.Set（TRUE） WaitTime（500） Lin（cp7） Lin（cp1） Duopan3.ToPut（） WaitTime（500） xi0.Set（FALSE） WaitTime（500） Duopan3.FromPut（） PTP（ap0）

随堂记录

续表

程序

Duopan4.ToPut（）
WaitTime（500）
xi0.Set（TRUE）
WaitTime（500）
Duopan4.FromPut（）
Lin（cp0）
Lin（cp1）
Lin（cp2）
Lin（cp3）
Lin（cp6）
WaitTime（500）
xi0.Set（FALSE）
WaitTime（500）
Lin（cp3）
Lin（cp2）
Lin（cp0）
WaitTime（1000）
chuansongdai0.Set（TRUE）
WaitTime（4500）
chuansongdai0.Set（FALSE）
WaitTime（1000）
xiangji0.Set（FALSE）
WaitTime（1000）
Xiangji1.Set（FALSE）
WaitTime（1000）
xiangji0.Set（TRUE）
WaitTime（1000）
Xiangji1.Set（TRUE）
WaitTime（1000）
    IF IEC.Gvl_C ＝ 1 THEN
    Lin（cp1）
    Lin（cp9）
    Lin（cp10）
    WaitTime（500）
    xi0.Set（TRUE）
    WaitTime（500）
    Lin（cp9）
    Lin（cp1）
    Duopan5.ToPut（）
    WaitTime（500）
    xi0.Set（FALSE）
    WaitTime（500）

续表　　随堂记录

程序

``
        Duopan5.FromPut ( )
        PTP (ap0)
        END_IF
    END_IF
    PTP (ap0)
END_LOOP
PTP (ap0)
CALL zzm3 ( )
Duopan2.Reset
Duopan3.Reset
Duopan4.Reset
Duopan5.Reset
``

（3）运行程序

程序运行，见表 4.2.11。

表 4.2.11　运行程序

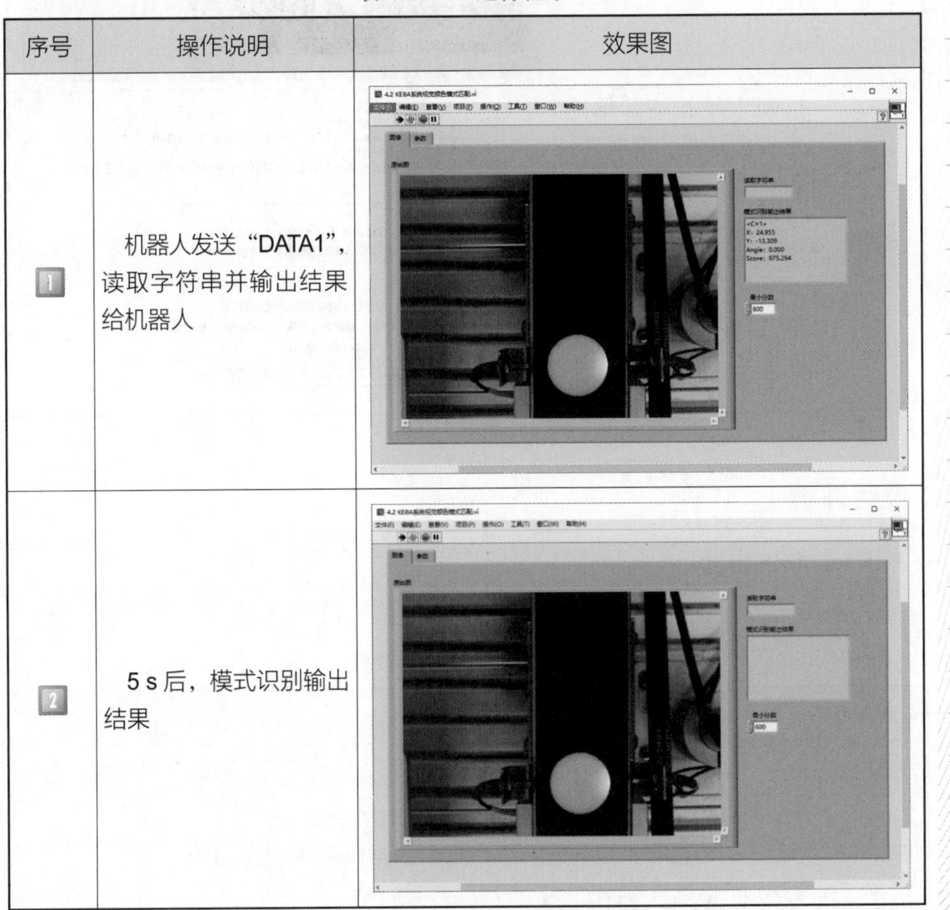

序号	操作说明	效果图
1	机器人发送“DATA1”，读取字符串并输出结果给机器人	
2	5 s 后，模式识别输出结果	

随堂记录

续表

序号	操作说明	效果图
3	机器人发送“DATA1”，读取字符串并输出结果给机器人	
4	5 s 后，模式识别输出结果	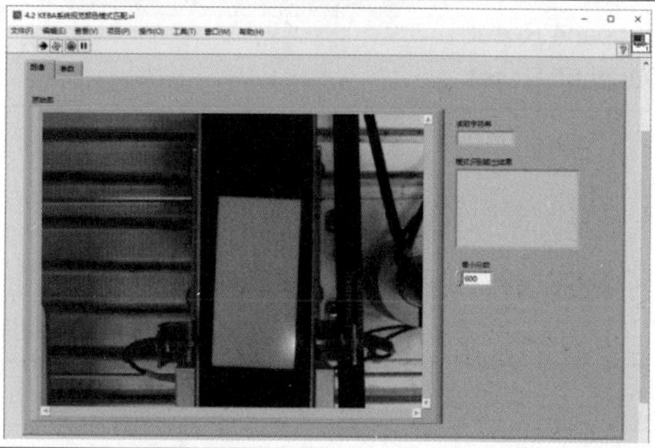
5	机器人接收的数据，分别检测到两个模板文件的数据	17:41:16 发送数据：DATA1[1次] 17:41:16 收到数据：Image[<X=24.717><Y=-9.982><A=0.000><N=1><C=1>]Done 17:41:26 发送数据：DATA1[1次] 17:41:26 收到数据：Image[<X=24.955><Y=13.309><A=0.000><N=1><C=2>]Done
6	没有检测到模板文件时的数据	17:41:01 发送数据：DATA1[1次] 17:41:02 收到数据：ImageDone
7	单击“停止”按钮，程序停止运行	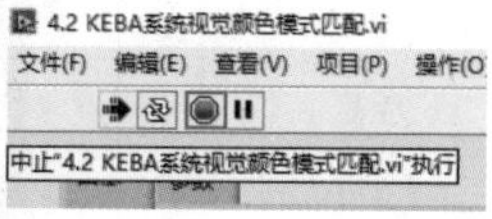 4.2 KEBA系统视觉颜色模式匹配.vi 文件(F) 编辑(E) 查看(V) 项目(P) 操作(O 中止"4.2 KEBA系统视觉颜色模式匹配.vi"执行

【任务评价】

评一评

（1）学生自评

学生进行自评，并将结果填入表 4.2.12 中。

表 4.2.12　学生自评表

班级		组名		日期	年　月　日
评价指标	评价要素			分数	分数评定
信息检索	能有效利用网络资源、工作手册查找有效信息；能用自己的语言有条理地去解释、表述所学知识；能将查找到的信息有效转换到学习中			10	

续表　随堂记录

评价指标	评价要素	分数	分数评定
感知工作	在学习中能获得满足感	10	
参与状态	与教师、同学之间能相互尊重、理解、平等交流，能够保持多向、丰富、适宜的信息交流	10	
	探究学习、自主学习不流于形式，处理好合作学习和独立思考的关系，做到有效学习；能发表个人见解；能按要求正确操作；能够倾听、协作分享	10	
学习方法	工业机器人视觉综合分拣编程应用的工作计划、操作技能符合规范要求；能获得进一步发展的能力	10	
工作过程	遵守管理规程，工业机器人视觉综合分拣编程应用的操作过程符合要求；平时上课的出勤情况和每天完成工作任务情况良好；善于多角度思考问题，能主动发现、提出有价值的问题	15	
思维状态	能自行解决在工业机器人视觉综合分拣编程应用的操作过程中遇到的问题	10	
自评反馈	按时保质完成工业机器人视觉综合分拣编程应用的 vi 文件和机器人程序，并能够正常运行；较好地掌握了专业知识点；具有较强的信息分析能力和理解能力；具有较为全面严谨的思维能力并能条理清晰地表述成文	25	
合计		100	
经验总结			
反思			

（2）学生互评

学生以小组为单位，对以上学习情境的过程与结果进行互评，并将结果填入表 4.2.13 中。

表 4.2.13　学生互评表

班级		被评组名		日期	年　月　日
评价指标	评价要素			分数	分数评定
信息检索	该组能有效利用网络资源、工作手册查找有效信息			5	
	该组能用自己的语言有条理地去解释、表述所学知识			5	
	该组能将查找到的信息有效转换到工作中			5	

随堂记录

续表

评价指标	评价要素	分数	分数评定
感知工作	该组能熟悉自己的工作岗位，认同工作价值	5	
	该组成员在工作中能获得满足感	5	
参与状态	该组与教师、同学之间能相互尊重、理解、平等交流	5	
	该组与教师、同学之间能够保持多向、丰富、适宜的信息交流	5	
	该组能处理好合作学习和独立思考的关系，做到有效学习	5	
	该组能提出有意义的问题或能发表个人见解；能按要求正确操作；能够倾听、协作分享	5	
	该组能积极参与，在实训练习的过程中不断学习，提升动手能力	5	
学习方法	该组工业机器人视觉综合分拣编程应用的工作计划、操作技能符合规范要求	5	
	该组能获得进一步发展的能力	5	
工作过程	该组能遵守管理规程，操作过程符合现场管理要求	5	
	该组平时上课的出勤情况和每天完成工作任务情况良好	5	
	该组成员能成功完成任务，并善于多角度思考问题，能主动发现、提出有价值的问题	15	
思维状态	能自行解决在工业机器人视觉综合分拣编程应用的操作过程中遇到的问题	5	
自评反馈	该组能严肃认真地对待自评，并能独立完成自测试题	10	
合计		100	
简要评述			

（3）教师综合评价

教师对学生的工作过程与结果进行评价，并将结果填入表 4.2.14 中。

表 4.2.14　教师综合评价表

班级		组名		姓名	
出勤情况					
序号	评价指标	评价要求		分数	分数评定
一	任务描述、接受任务	口述任务内容细节		2	

随堂记录

续表

序号	评价指标	评价要求	分数	分数评定
二	任务分析、分组情况	依据任务分析程序编写步骤	3	
三	制订计划	①创建视觉程序 ②修改与编写视觉程序 ③编写机器人程序 ④视觉与机器人程序的在线联调	15	
四	计划实施	①创建视觉程序 ②修改与编写视觉程序 ③编写机器人程序 ④视觉与机器人程序的在线联调。	55	
五	检测分析	是否完成任务	15	
六	总结	任务总结	10	
合计			100	

综合评价	自评（20%）	小组互评（30%）	教师评价（50%）	综合得分

随堂记录

项目 5　机器人随动识别与分拣

任务 5.1　工业机器人应用程序编写

课程思政

自主学习 KEBA 机器人应用程序时，要着力提升学生的思考能力、价值分析和价值判断能力；让学生在自主性学习中体会、领悟做人做事的基本道理；践行社会主义核心价值观，坚定实现民族复兴的伟大梦想，担负起实现民族复兴的使命和责任。

关键词	物体追踪	功能块	参数设置
	库文件	应用程序	在线调试

【任务描述】

本项目主要介绍了在机器人系统工程中开发物体追踪功能，以及该功能在 KEBA 机器人标准训练台上的应用。机器人的工作流程为：井式上料机构把工件推送到传送带上，固定在传送带上方的相机对经过的工件进行拍照，相机系统把拍到的工件颜色（黄色和白色）和位置信息发送给机器人，机器人根据这些信息，在移动中的传送带上抓取工件，并按照颜色分类放到不同的物料盒中，如图 5.1.1 所示。

本任务主要是编写工业机器人应用程序，让机器人能够与视觉正常通信，进行随动抓取的操作。

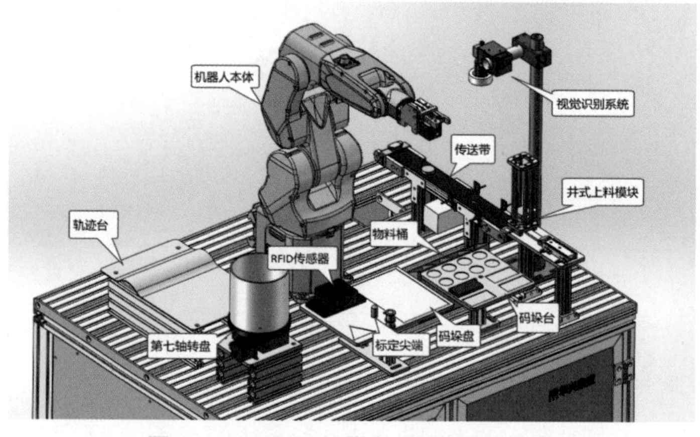

图 5.1.1　KEBA 机器人系统标准工作台

【任务目标】

1. 知识目标

（1）了解与掌握物体追踪相关的功能块功能及使用。

（2）了解与物体追踪相关的软硬件参数及配置。

随堂记录

想一想

Q：试用自己的语言描述物体追踪的概念。

2. 能力目标

（1）掌握搭建一个物体追踪工作站。

（2）掌握开发物体追踪应用功能。

3. 素质目标

（1）有责任感，敬业精神。

（2）有自信心。

（3）有较强的社会责任感和集体荣誉感。

【相关知识】

5.1.1　物体追踪的概念

学习机器人追踪技术，须先了解其定义的几个名词，见表 5.1.1。

表 5.1.1　KEBA 系统对传送带追踪名词的定义

序号	名词	定义
1	Conveyor	代表物理意义上实际的传送带，它是持有传送带上每个物体数据的中央管理单元
2	WorkStation	可以访问和加工传送带上的物体
3	Trackobject	表示传送带上的物体；它包含有关传送带上的位置信息，并持有计数器或属性等管理数据。如果物体被分配给一个工作站，它将获得一些附加的、特定于工作站的数据，比如状态和工作站内的位置
4	Object Factory	物体工厂，用于在软件传送带（区别于物理意义上的传送带）上创建物体。根据相机系统、光线开关或模拟物体工厂的使用情况，可以使用不同的物体工厂
5	Object Stream	传送带上的物体列表，对应的是传输缓冲区中待跟踪的传送带上的物体
6	Object Handling	各种对物体列表的筛选、拆分或修改物体列表中的物体都可以称为“Object Handling”

例如机器人向下抓运动中的物体的过程如下：

①垂直机器人向下移动，如图 5.1.2 所示。

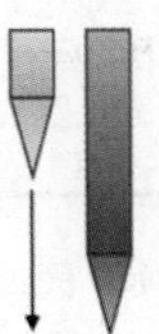

图 5.1.2　机器人向下抓运动中的物体的过程 Ⅰ

②跟踪的物体（水平参考坐标系）向前移动，机器人向下移动，如图 5.1.3 所示。

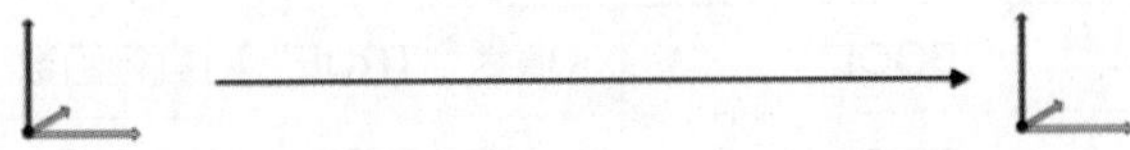

图 5.1.3　机器人向下抓运动中的物体的过程 Ⅱ

随堂记录

③得到机器人的路径是垂直机器人和水平参考坐标系运动的组合，如图5.1.4所示。

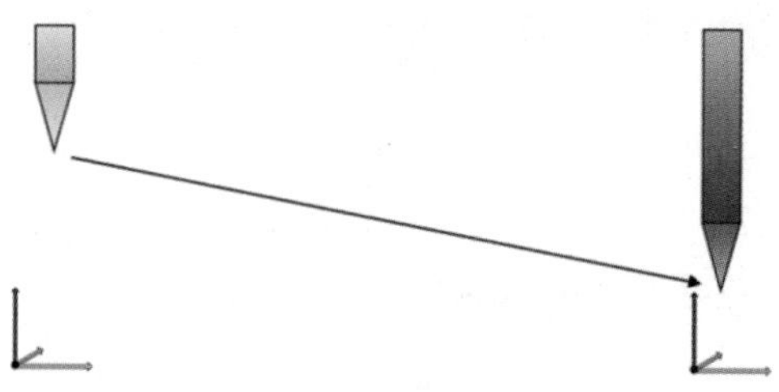

图 5.1.4　机器人向下抓运动中的物体的过程Ⅲ

5.1.2　库文件介绍

①库文件 K_AxisInterface：提供了用于轴集成的功能块，这些功能块可用于轴的配置。

②库文件 K_Conveyor：可以操作在运行中的传送带上需处理的物体。通常用一个视觉系统或者一个光线开关来检测传送带上的这些物体，用编码器来提供这些物体在传送带上的精确位置给控制器，特定的工作站（如机器人）会从正在运行的传送带上处理这些物体（工件）。

想一想

Q：库文件 K_MotionControl 的作用是什么？

③库文件 K_ConveyorTracking：为连接到机器人的工作站提供功能。

④库文件 K_MotionControl：包含实现监控与设定参数的功能块、单轴控制的功能块、多轴控制的功能块。

⑤库文件 K_SignalProcessing：包含处理信号的功能块。

⑥库文件 K_Vision：提供了与相机交互的功能（例如与 PLC 连接或触发图片）。

5.1.3　功能块介绍

1）MC_Reset

想一想

Q：你有什么快速记住功能块名称的小妙招吗？

该功能块可以将一个轴从 ErrorStop（错误停止）的 PLCopen 状态重置为 StandStill（停顿）的 PLCopen 状态。图 5.1.5 是 MC_Reset 功能块图，表 5.1.2 是 MC_Reset 功能块的输入输出端口说明。

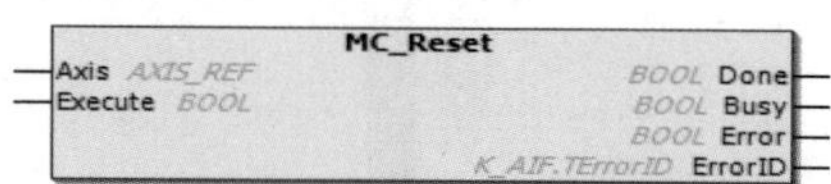

图 5.1.5　MC_Reset 功能块图

表 5.1.2　MC_Reset 功能块的输入输出端口说明

名称	数据类型	描述
Axis	AXIS_REF	使用功能块的机器人轴
Execute	BOOL	值为“TRUE”时执行函数块
Done	BOOL	重置状态完成

随堂记录

续表

名称	数据类型	描述
Busy	BOOL	功能块还未执行完成
Error	BOOL	功能块出现了错误的信号
ErrorID	K_AIF.TErrorID	对出现的错误的描述

2) MC_Power

该功能块用来控制轴的电源开关，图 5.1.6 是 MC_Power 功能块图，表 5.1.3 是 MC_Power 功能块的输入输出端口说明。

图 5.1.6　MC_Power 功能块图

表 5.1.3　MC_Power 功能块的输入输出端口说明

名称	数据类型	描述
Axis	AXIS_REF	使用功能块的机器人轴
Enable	BOOL	给使用功能块的机器人轴上电、下电
StopCategory	K_AIF.TMCE_StopCategory	当轴下电时，选择轴驱动的停止模式
Status	BOOL	轴的使能状态（上电或者下电）
DriveState	K_AIF.TMCE_DriveState	轴的驱动状态
Error	BOOL	值为 TRUE 时函数块未成功执行
ErrorID	K_AIF.TErrorID	对出现的错误的描述

3) MC_MoveVelocity

该功能块可以让轴以设定的速度执行不停止运动，图 5.1.7 是 MC_MoveVelocity 功能块图，表 5.1.4 是 MC_MoveVelocity 功能块的输入输出端口说明。

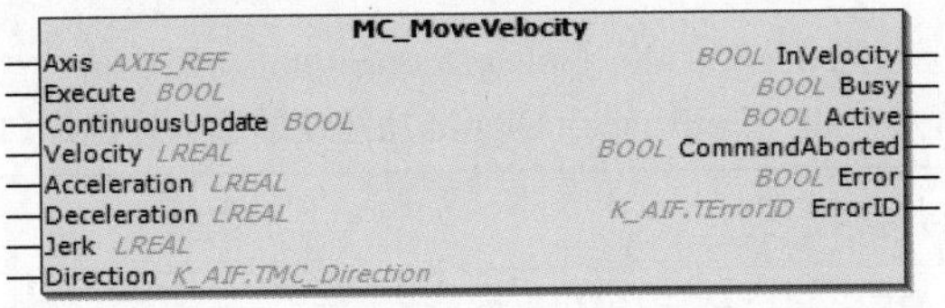

图 5.1.7　MC_MoveVelocity 功能块图

表 5.1.4　MC_MoveVelocity 功能块的输入输出端口说明

名称	数据类型	描述
Axis	AXIS_REF	使用功能块的机器人轴

随堂记录

续表

名称	数据类型	描述
Execute	BOOL	值为“TRUE”时的执行函数块
ContinuousUpdate	BOOL	持续更新所有的输入
Velocity	LREAL	设置轴的速度，超过最大限值时不可达到
Acceleration	LREAL	轴的加速度，有最大限值，值为正
Deceleration	LREAL	轴的减速度，有最大限值，值为正
Jerk	LREAL	轴的加速度的改变速度，有最大限值，值为正
Direction	K_AIF.TMC_Direction	轴的运动方向的选择
InVelocity	BOOL	值为“TRUE”时，达到命令的速度（考虑应用程序的限制和覆盖）
Busy	BOOL	值为“TRUE”时，函数块运动命令未完成
Active	BOOL	值为“TRUE”时，函数块运动命令已经控制了轴
CommandAborted	BOOL	值为“TRUE”时，运动命令中止
Error	BOOL	值为“TRUE”时，函数块未成功执行
ErrorID	K_AIF.TErrorID	对出现的错误的描述

4) AIF_GetPositionSignal

该功能块把轴的位置转换为编码器信号，此功能块可以在库文件 K_AxisInterface 中找到，当伺服驱动启动轴时，该功能块就会启动。输出的信号可以被滤波器处理等。如果是模块轴（如旋转盘），信号的分辨率则为 [65336 增量] / [模块周期]。图 5.1.8 是 AIF_GetPositionSignal 功能块图，表 5.1.5 是 AIF_GetPositionSignal 功能块的输入输出端口说明。

图 5.1.8　AIF_GetPositionSignal 功能块图

表 5.1.5　AIF_GetPositionSignal 功能块的输入输出端口说明

名称	数据类型	描述
Axis	AXIS_REF	使用功能块的机器人轴
Enable	BOOL	启用输出信号的更新
Source	TMC_Source	定义是否使用轴的设置值或实际值作为编码器信号源 注：强烈建议使用设置值（eMC_SourceSetValues），因为这样不会失真也不会延时

随堂记录

续表

名称	数据类型	描述
Valid	BOOL	值为“TRUE”时，信号有效；值为 FALSE 时，信号无效
Error	BOOL	值为“TRUE”时表示功能块出现错误
ErrorID	TErrorID	对出现的错误的描述
Position	K_SP.Signal	已经转换为增量输出信号的轴位置

5) Conveyor

此功能块代表了实体传送带，一个传送带可以把物体传送到一个或多个工作站。在高优先级任务中，必须在任务循环中调用该功能块，最好是在 MotionTask 中，编码器位置信号也必须在调用该函数块的相同周期内提供。Conveyor 功能块可用来更新传输缓冲区中所有对象的数据，并调用已注册连接的工作站。图 5.1.9 是 Conveyor 功能块图，表 5.1.6 是 Conveyor 功能块的输入输出端口说明。

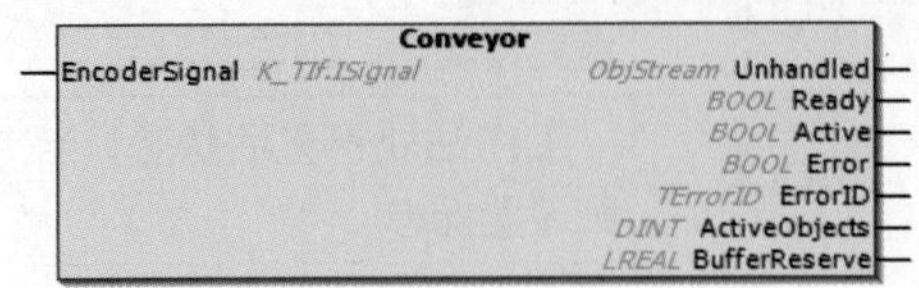

图 5.1.9　Conveyor 功能块图

表 5.1.6　Conveyor 功能块的输入输出端口说明

名称	数据类型	描述
EncoderSignal	K_TIf.ISignal	用于推算出传送带位置的编码器信号
Unhandled	ObjStream	从未分配给工作站的未处理物体（工件）
Ready	BOOL	传送带已准备好，意味着实体传送带和编码器是在有效状态
Active	BOOL	传送带已激活
Error	BOOL	传送带处于错误状态
ErrorID	TErrorID	对出现的错误的描述
ActiveObjects	DINT	已激活的物体的数量
BufferReserve	LREAL	传送带缓冲区中的空槽百分比

6) WorkStationRobot

该功能块表示在传送带上处理追踪物体的机器人，只有输出端口和其他属性。图 5.1.10 是 WorkStationRobot 功能块图，表 5.1.7 是 WorkStationRobot 功能块的输出端口说明。

随堂记录

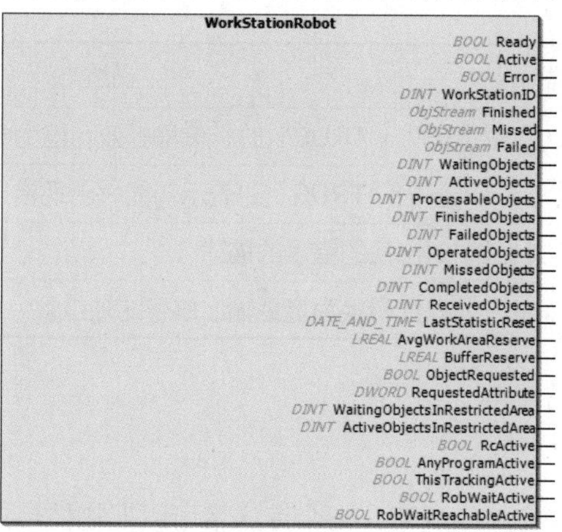

图 5.1.10　WorkStationRobot 功能块图

表 5.1.7　WorkStationRobot 功能块的输出端口说明

名称	数据类型	描述
Ready	BOOL	工作站就绪，完全初始化且工作位置（范围）设置完成之后，则设置标志
Active	BOOL	工作站处于激活状态，当更新类函数被执行时，则设置标志
Error	BOOL	值为 TRUE 时表示功能块出现错误
WorkStationID	DINT	工作站的 ID，一旦工作站检测到传送带，就会设置 1 个 ID
Finished	ObjStream	完成的物体输出列表
Missed	ObjStream	丢失的物体输出列表
Failed	ObjStream	失败的物体输出列表
WaitingObjects	DINT	待处理物体的数量
ActiveObjects	DINT	正在工作站被处理的激活中的物体的数量
ProcessableObjects	DINT	所有已激活的物体和待处理物体的总和
FinishedObjects	DINT	已成功处理的物体的数量
FailedObjects	DINT	处理的物体中出现错误的物体的数量
OperatedObjects	DINT	已处理物体的总数（包括有错误和无错误的）
MissedObjects	DINT	在等待过程中被移除的物体
CompletedObjects	DINT	完成物体总数（操作或遗漏）
ReceivedObjects	DINT	接收物体的总数
LastStatisticReset	DATE_AND_TIME	最后一次统计重置的日期和时间
AvgWorkAreaReserve	LREAL	当 ActMaxWorkArea 改变时，相对于已完成物体的最大工作区域的保留平均工作区域（单位：mm）也会相应重置

随堂记录

续表

名称	数据类型	描述
BufferReserve	LREAL	工作站缓冲区的空闲槽（% 表示）
ObjectRequested	BOOL	正在挂起 1 个物体请求
RequestedAttribute	DWORD	请求物体的属性
WaitingObjectsInRestrictedArea	DINT	等待的物体的数量超过最大值
ActiveObjectsInRestrictedArea	DINT	激活的物体的数量超过最大值
RcActive	BOOL	工作站被 1 个激活状态中的 KAIRO 变量使用
AnyProgramActive	BOOL	1 个激活中的机器人程序
ThisTrackingActive	BOOL	机器人在当前的工作站中追踪 1 个物体
RobWaitActive	BOOL	1 个程序流正在宏传送带等待区等待获取工作站的数据
RobWaitReachableActive	BOOL	1 个程序流正在宏传送带等待可达区域等待获取工作站的数据

7）ObjFactoryFrameCamExtLatch

带有外部编码器锁存数据的相机物体工厂，当物体放在传送带上拍照区域时，相机触发产生一个对象，相机曝光瞬间产生的信号让功能块获得了物体在传送带上的位置。图 5.1.11 是 ObjFactoryFrameCamExtLatch 功能块图，表 5.1.8 是 ObjFactoryFrameCamExtLatch 功能块的输入输出端口说明。

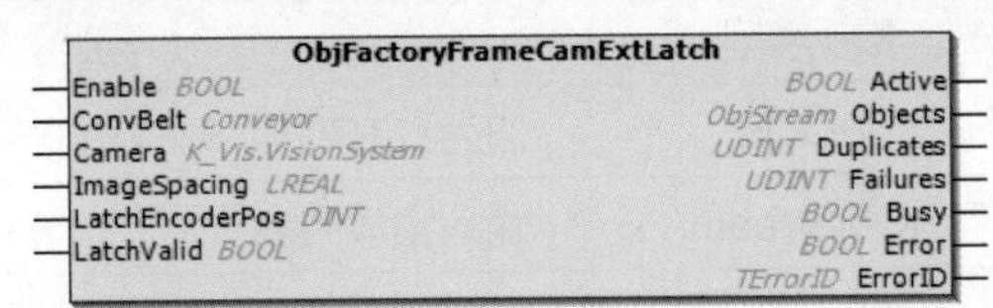

图 5.1.11　ObjFactoryFrameCamExtLatch 功能块图

表 5.1.8　ObjFactoryFrameCamExtLatch 功能块的输出端口说明

名称	数据类型	描述
Enable	BOOL	值为“TRUE”时，功能块启用
ConvBelt	Conveyor	物体工厂所属的传送带
Camera	K_Vis.VisionSystem	连接物体工厂的相机
ImageSpacing	LREAL	在传送带 X 方向上，两个后续图像触发器之间的间距（单位：mm）；如果为“0”，则物体工厂没有触发相机
LatchEncoderPos	DINT	当相机拍照信号触发时锁定传送带编码器的位置

随堂记录

续表

名称	数据类型	描述
LatchValid	BOOL	相机拍照瞬间获得数据时反馈 1 个 TRUE 位给该端口
Active	BOOL	物体工厂正在激活状态
Objects	ObjStream	生成物体列表
Duplicates	UDINT	由于重复检测而没有创建的物体的总数
Failures	UDINT	由于传送带物体缓冲区已满，无法创建的物体的总数
Busy	BOOL	功能块正在工作（即启动或关闭相机）
Error	BOOL	功能块处于错误状态，通过调用 Enable＝FALSE 来确认
ErrorID	TErrorID	对出现的错误的描述

8）ObjStreamAssignWS

此功能块用来将传送带缓冲区中的物体分配到工作站上，图 5.1.12 是 ObjStreamAssignWS 功能块图，表 5.1.9 是 ObjStreamAssignWS 功能块的输入输出端口说明。

图 5.1.12　ObjStreamAssignWS 功能块图

表 5.1.9　ObjStreamAssignWS 功能块的输入输出端口说明

名称	数据类型	描述
Enable	BOOL	值为“TRUE”时，功能块运行
In	IObjStream	输入物体列表
Workstation	IObjectTarget	物体列表中的物体将分配到此工作中

9）TP

该功能块能产生一个单脉冲信号，常用于将一开关量信号转换成一个高电平脉冲信号。如果 IN 是“FALSE”，那么 ET 是“0”且 Q 是“FALSE”。只要 IN 为“TRUE”，输出端 ET 以 ms 开始计算时间值，直到其值等于 PT 就保持，不再计时。当 ET 的值达到 PT 时，Q 变为“FALSE”（即 ET 小于或等于 PT 时，Q 为“TRUE”；否则 Q 是“FALSE”）。图 5.1.13 是 TP 功能块图，表 5.1.10 是 TP 功能块的输入输出端口说明。

想一想

Q：TP 和 TON 的区别在哪里？

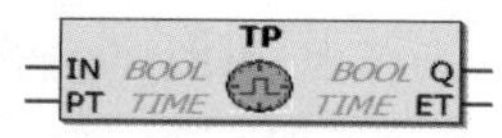

图 5.1.13　TP 功能块图

随堂记录

表 5.1.10　TP 功能块的输入输出端口说明

名称	数据类型	描述
IN	BOOL	值为“TRUE”时，启动功能块开始计时，且输出 Q 为“TRUE”
PT	TIME	定时的时长（脉冲长度）
Q	BOOL	脉冲信号，IN值为“TRUE”且ET小于或等于PT时，Q为“TRUE”
ET	TIME	开始计时，且当值达到 PT 时，如果 IN 值为“TRUE”，则数据保持

10）TON

该功能块是计时触发器，TON（IN，PT，Q，ET）表示在 IN 变为“TRUE”时，ET 中的时间开始以 ms 计数，直到其值等于 PT，然后保持恒定。当 IN 为“TRUE”并且 ET 等于 PT 时，Q 为“TRUE”，否则 Q 是“FALSE”。图 5.1.14 是 TON 功能块图，表 5.1.11 是 TON 功能块的输入输出端口说明。

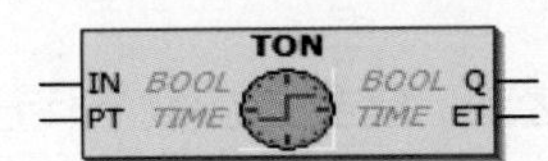

图 5.1.14　TON 功能块图

表 5.1.11　TON 功能块的输入输出端口说明

名称	数据类型	描述
IN	BOOL	值为“TRUE”时，启动功能块开始延时计时
PT	TIME	定时的时长
Q	BOOL	IN 值为“TRUE”且 ET 等于 PT 时 Q 为“TRUE”
ET	TIME	开始计时，且当值达到 PT 时，如果 IN 为“TRUE”则数据保持

【任务演练】

1）任务分组

学生任务分配表

<table>
<tr><td>班级</td><td></td><td>组号</td><td></td><td>指导老师</td><td></td></tr>
<tr><td>组长</td><td></td><td>学号</td><td colspan="3"></td></tr>
<tr><td rowspan="4">组员</td><td>姓名</td><td>学号</td><td>姓名</td><td colspan="2">学号</td></tr>
<tr><td></td><td></td><td></td><td colspan="2"></td></tr>
<tr><td></td><td></td><td></td><td colspan="2"></td></tr>
<tr><td></td><td></td><td></td><td colspan="2"></td></tr>
</table>

随堂记录

续表

任务分工

2）任务准备

①准备多媒体教学平台

② KEBA 控制器、示教器、教学实训台。

③ KeStudio LX-KeMotion 03.16a 软件。

3）实施步骤

（1）添加库文件及设备

本任务在编写应用程序之前，需要先加载与传送带追踪所需的库文件，再添加相机等设备，并进行设置。具体操作步骤见表 5.1.12。

表 5.1.12　添加库文件及设备的操作步骤

序号	操作说明	效果图
1	打开本项目配套资料中的系统工程，添加库文件 “K_AxisInterface” “K_Conveyor” “K_Conveyor-Tracking” “K_MotionCon-trol” “K_SignalPro-cessing” “K_Vision”	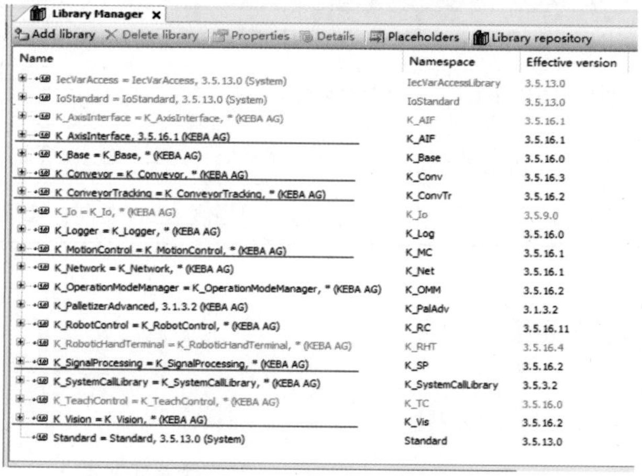 Library Manager Add library　Delete library　Properties　Details　Placeholders　Library repository Name / Namespace / Effective version IecVarAccess = IecVarAccess, 3.5.13.0 (System) / IecVarAccessLibrary / 3.5.13.0 IoStandard = IoStandard, 3.5.13.0 (System) / IoStandard / 3.5.13.0 K_AxisInterface = K_AxisInterface, * (KEBA AG) / K_AIF / 3.5.16.1 K_AxisInterface, 3.5.16.1 (KEBA AG) / K_AIF / 3.5.16.1 K_Base = K_Base, * (KEBA AG) / K_Base / 3.5.16.0 K_Conveyor = K_Conveyor, * (KEBA AG) / K_Conv / 3.5.16.3 K_ConveyorTracking = K_ConveyorTracking, * (KEBA AG) / K_ConvTr / 3.5.16.2 K_Io = K_Io, * (KEBA AG) / K_Io / 3.5.9.0 K_Logger = K_Logger, * (KEBA AG) / K_Log / 3.5.16.0 K_MotionControl = K_MotionControl, * (KEBA AG) / K_MC / 3.5.16.1 K_Network = K_Network, * (KEBA AG) / K_Net / 3.5.16.1 K_OperationModeManager = K_OperationModeManager, * (KEBA AG) / K_OMM / 3.5.16.2 K_PalletizerAdvanced, 3.1.3.2 (KEBA AG) / K_PalAdv / 3.1.3.2 K_RobotControl = K_RobotControl, * (KEBA AG) / K_RC / 3.5.16.11 K_RoboticHandTerminal = K_RoboticHandTerminal, * (KEBA AG) / K_RHT / 3.5.16.4 K_SignalProcessing = K_SignalProcessing, * (KEBA AG) / K_SP / 3.5.16.2 K_SystemCallLibrary = K_SystemCallLibrary, * (KEBA AG) / K_SystemCallLibrary / 3.5.3.2 K_TeachControl = K_TeachControl, * (KEBA AG) / K_TC / 3.5.16.0 K_Vision = K_Vision, * (KEBA AG) / K_Vis / 3.5.16.2 Standard = Standard, 3.5.13.0 (System) / Standard / 3.5.13.0
2	选中系统工程中的“Ethernet 1”节点，单击鼠标右键，选择菜单中的“Add Device”	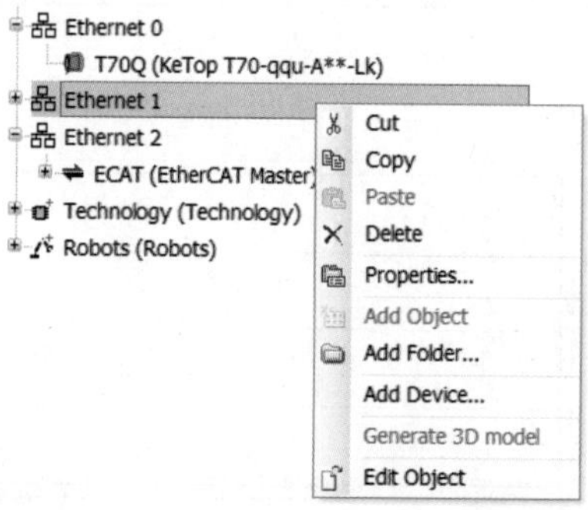 Ethernet 0 T70Q (KeTop T70-qqu-A**-Lk) Ethernet 1 Ethernet 2 ECAT (EtherCAT Master) Technology (Technology) Robots (Robots) Cut Copy Paste Delete Properties... Add Object Add Folder... Add Device... Generate 3D model Edit Object

小提示

步骤 2—4 是系统工程添加视觉（相机）配置。

续表

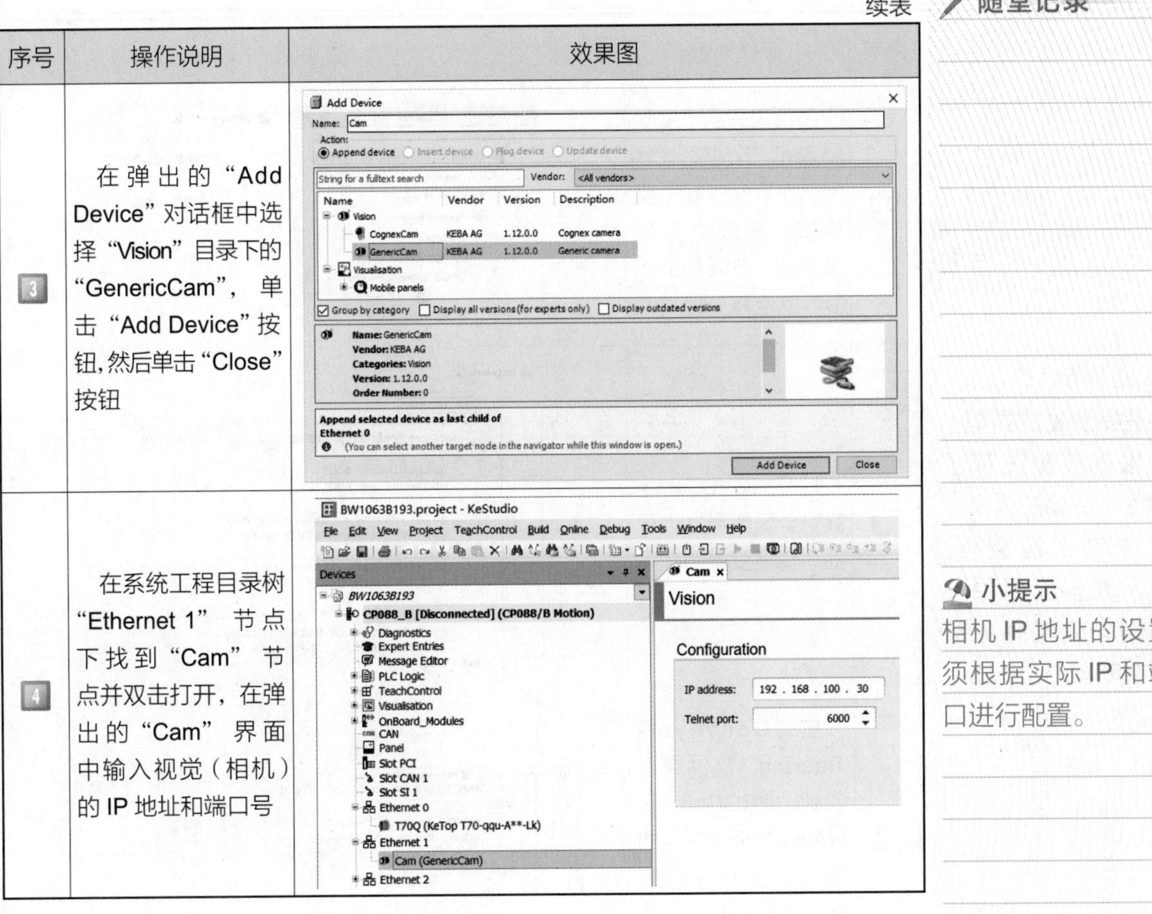

序号	操作说明	效果图
3	在弹出的“Add Device”对话框中选择“Vision”目录下的“GenericCam”，单击“Add Device”按钮，然后单击“Close”按钮	
4	在系统工程目录树“Ethernet 1”节点下找到“Cam”节点并双击打开，在弹出的“Cam”界面中输入视觉（相机）的 IP 地址和端口号	

随堂记录

小提示

相机 IP 地址的设置须根据实际 IP 和端口进行配置。

（2）开发物体追踪应用功能

本任务中的物体追踪功能的开发，分为几个程序完成。首先建立全局变量以便示教器调用，然后编写传送带轴控制程序（见表 5.1.13）、获取传送带位置程序（见表 5.1.14）、初始化工作站和传送带程序（见表 5.1.15）、传送带生成及处理物体程序（见表 5.1.16）。

表 5.1.13　编写传送带轴控制程序

序号	操作说明	效果图
1	打开目录树中的“OnBoard Modules”下的“Digital_IO_2”节点，在该节点界面中的“I/O Mapping”中，配置 I/O	

小提示

提示：根据实训工作站的信号线接线，进行 I/O 信号的配置。所有的 IO 信号接在 DM2 模块上。

随堂记录

小提示

①注意变量的类型。②根据变量注释了解各个变量的含义。③通过工程文件，在示教器变量中勾选相关变量并更新到控制器中。

小提示

功能块可通过“Function Block”下的“K_MC”库文件找到，也可通过查找（text search）获取。

续表

序号	操作说明	效果图
2	在目录树的“Application”下创建“ConveyorTracking”文件夹，在该文件夹下新建“GVLConvrTr”的全局变量文件	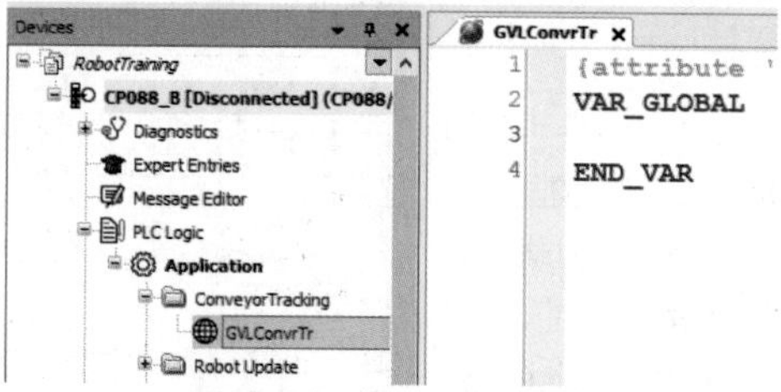Devices RobotTraining CP088_B [Disconnected] (CP088/ Diagnostics Expert Entries Message Editor PLC Logic Application ConveyorTracking GVLConvrTr Robot Update GVLConvrTr {attribute ' VAR_GLOBAL END_VAR

3	打开“GVLConvrTr”全局变量文件界面，创建变量	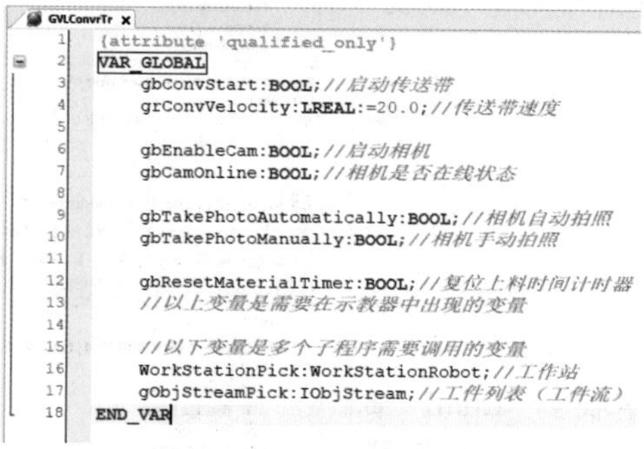GVLConvrTr
		{attribute 'qualified_only'}
		VAR_GLOBAL
		gbConvStart:BOOL;//启动传送带
		grConvVelocity:LREAL:=20.0;//传送带速度
		gbEnableCam:BOOL;//启动相机
		gbCamOnline:BOOL;//相机是否在线状态
		gbTakePhotoAutomatically:BOOL;//相机自动拍照
		gbTakePhotoManually:BOOL;//相机手动拍照
		gbResetMaterialTimer:BOOL;//复位上料时间计时器
		//以上变量是需要在示教器中出现的变量
		//以下变量是多个子程序需要调用的变量
		WorkStationPick:WorkStationRobot;//工作站
		gObjStreamPick:IObjStream;//工件列表（工件流）
		END_VAR

4	在“ConveyorTracking”文件夹下创建“PRGConveyorAxisControl”的CFC语言程序组织单元，并声明3个功能块变量	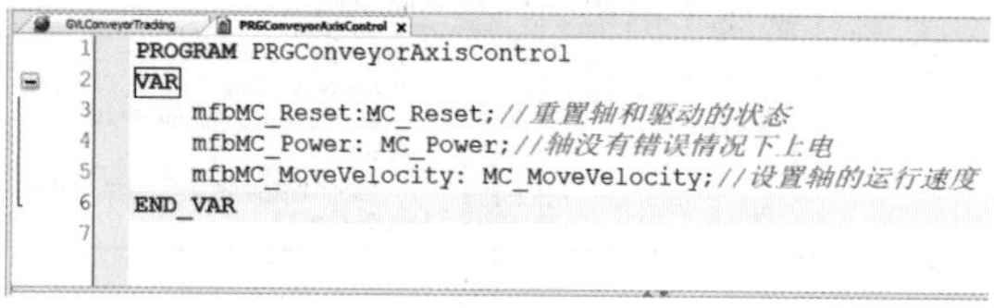PRGConveyorAxisControl
		PROGRAM PRGConveyorAxisControl
		VAR
		mfbMC_Reset:MC_Reset;//重置轴和驱动的状态
		mfbMC_Power: MC_Power;//轴没有错误情况下上电
		mfbMC_MoveVelocity: MC_MoveVelocity;//设置轴的运行速度
		END_VAR

5	创建3个功能块，功能块可通过“Input Assistant”对话框中的“Function Block”下的“K_MC”库文件找到	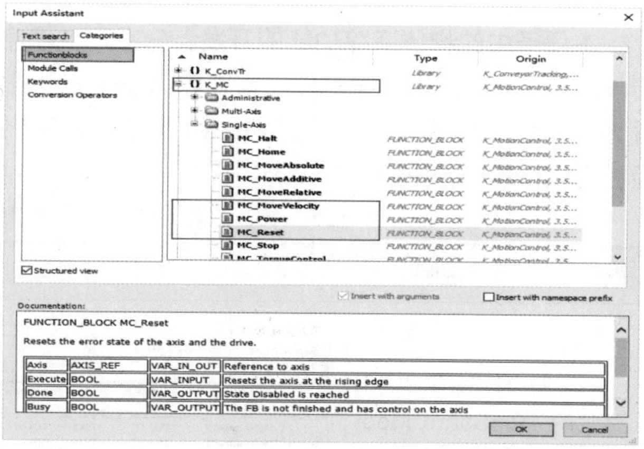Input Assistant Text search Categories Functionblocks Module Calls Keywords Conversion Operators Name Type Origin K_ConvTr K_MC Administrative Multi-Axis Single-Axis MC_Halt MC_Home MC_MoveAbsolute MC_MoveAdditive MC_MoveRelative MC_MoveVelocity MC_Power MC_Reset MC_Stop Structured view Documentation: FUNCTION_BLOCK MC_Reset Resets the error state of the axis and the drive. Axis AXIS_REF VAR_IN_OUT Reference to axis Execute BOOL VAR_INPUT Resets the axis at the rising edge Done BOOL VAR_OUTPUT State Disabled is reached Busy BOOL VAR_OUTPUT The FB is not finished and has control on the axis OK Cancel
6	把功能块和变量名称对应并完成创建	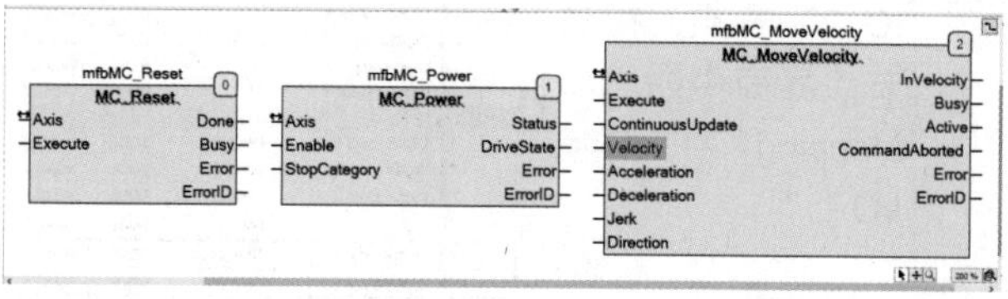mfbMC_Reset MC_Reset Axis Execute Done Busy Error ErrorID mfbMC_Power MC_Power Axis Enable StopCategory Status DriveState Error ErrorID mfbMC_MoveVelocity MC_MoveVelocity Axis Execute ContinuousUpdate Velocity Acceleration Deceleration Jerk Direction InVelocity Busy Active CommandAborted Error ErrorID

随堂记录

续表

序号	操作说明	效果图
7	把功能块的输入输出端补充完整，步骤3—6 创建的 CFC 程序的主要功能是启动传送带，上电运行，并对传送带速度进行设置	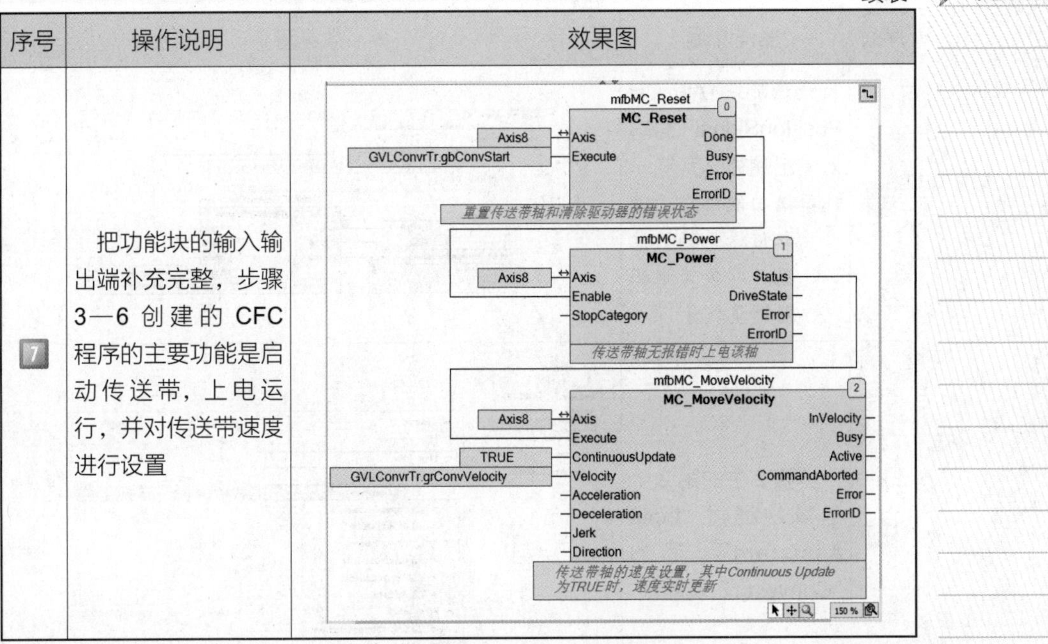

表 5.1.14　编写获取传送带位置程序

序号	操作说明	效果图
1	在“Conveyor-Tracking”文件夹下创建名为“PRGConvrUpdate”的CFC语言程序组织单元，并声明两个变量	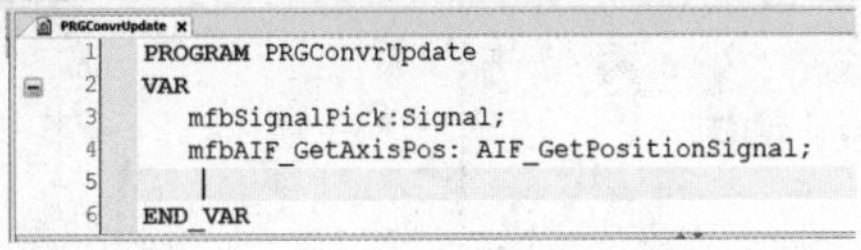 PROGRAM PRGConvrUpdate VAR mfbSignalPick:Signal; mfbAIF_GetAxisPos: AIF_GetPositionSignal; END_VAR ① mfbSignalPick：传送带轴位置转换的编码器增量输出信号。 ② mfbAIF_GetAxisPos：把轴的位置转换为编码器信号。
2	添加两个运算块，一对输入输出端	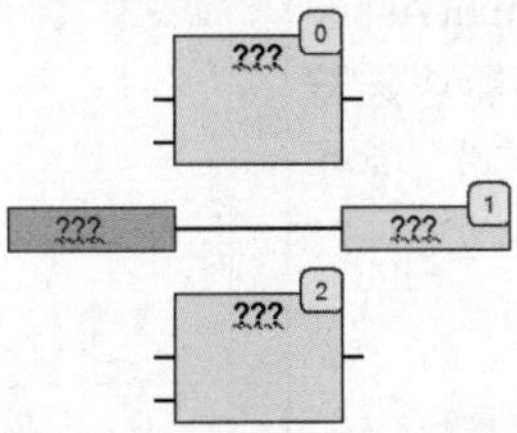 ??? ???　??? ???
3	步骤 2 中的第 1 个运算块通过“Input Assistant”添加“AIF_GetPositionSignal”功能块	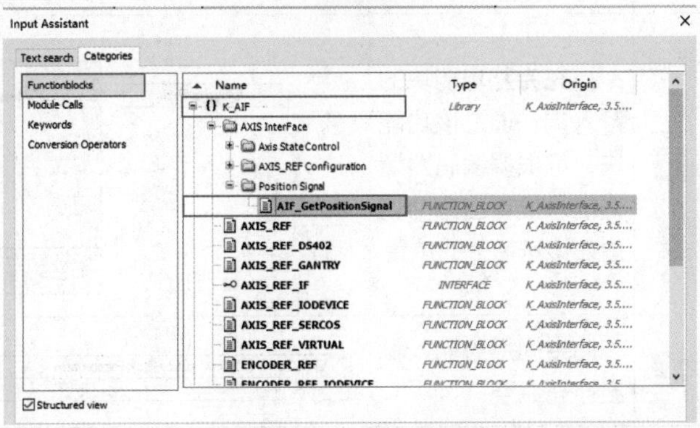 Input Assistant Text search　Categories Functionblocks Module Calls Keywords Conversion Operators Name　Type　Origin K_AIF　Library　K_AxisInterface, 3.5.... AXIS InterFace Axis StateControl AXIS_REF Configuration Position Signal AIF_GetPositionSignal　FUNCTION_BLOCK　K_AxisInterface, 3.5.... AXIS_REF　FUNCTION_BLOCK　K_AxisInterface, 3.5.... AXIS_REF_DS402　FUNCTION_BLOCK　K_AxisInterface, 3.5.... AXIS_REF_GANTRY　FUNCTION_BLOCK　K_AxisInterface, 3.5.... AXIS_REF_IF　INTERFACE　K_AxisInterface, 3.5.... AXIS_REF_IODEVICE　FUNCTION_BLOCK　K_AxisInterface, 3.5.... AXIS_REF_SERCOS　FUNCTION_BLOCK　K_AxisInterface, 3.5.... AXIS_REF_VIRTUAL　FUNCTION_BLOCK　K_AxisInterface, 3.5.... ENCODER_REF　FUNCTION_BLOCK　K_AxisInterface, 3.5.... Structured view

随堂记录

续表

序号	操作说明	效果图
4	把功能块“AIF_GetPositionSignal”的输入输出端补充完整 注：该功能块用于读取传送带轴的位置并转换为编码器增量信号	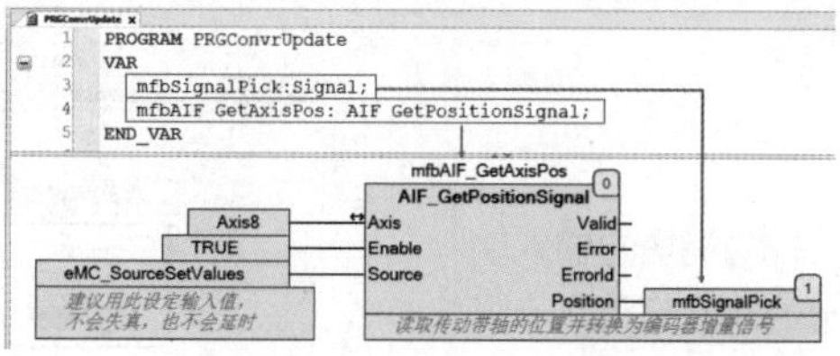 PROGRAM PRGConvrUpdate VAR mfbSignalPick:Signal; mfbAIF GetAxisPos: AIF GetPositionSignal; END_VAR mfbAIF_GetAxisPos AIF_GetPositionSignal Axis8 — Axis　Valid TRUE — Enable　Error eMC_SourceSetValues — Source　ErrorId Position — mfbSignalPick 建议用此设定输入值，不会失真，也不会延时 读取传动带轴的位置并转换为编码器增量信号
5	步骤2中的第2个运算块通过“Input Assistant”添加“Conveyor”功能块	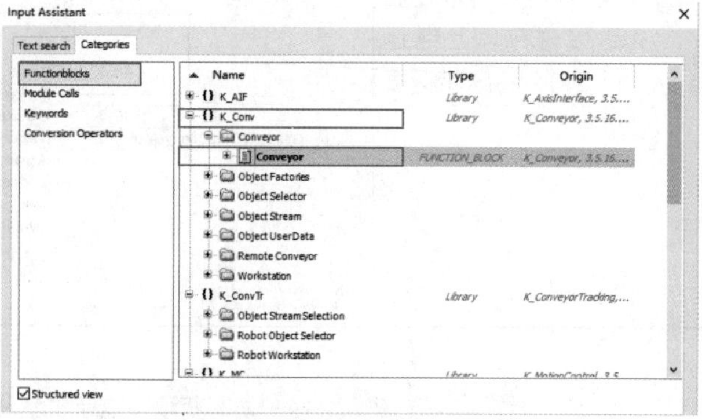 Input Assistant Text search　Categories Functionblocks　Module Calls　Keywords　Conversion Operators Name　Type　Origin K_AIF　Library　K_AxisInterface, 3.5.... K_Conv　Library　K_Conveyor, 3.5.16.... Conveyor Conveyor　FUNCTION_BLOCK　K_Conveyor, 3.5.16.... Object Factories Object Selector Object Stream Object UserData Remote Conveyor Workstation K_ConvTr　Library　K_ConveyorTracking,... Object Stream Selection Robot Object Selector Robot Workstation Structured view
6	单击功能块顶部的“???”，再单击“...”按钮	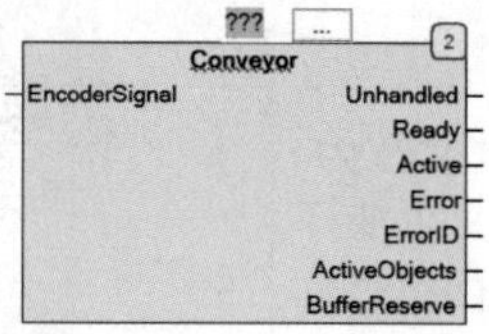 ???　... Conveyor EncoderSignal　Unhandled Ready Active Error ErrorID ActiveObjects BufferReserve
7	通过“Input Assistant”把功能块关联到实体传送带“ConvrPick”	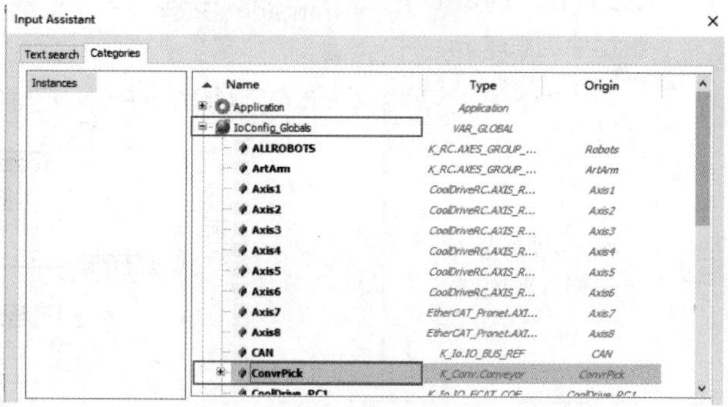 Input Assistant Text search　Categories Instances Name　Type　Origin Application　Application IoConfig_Globals　VAR_GLOBAL ALLROBOTS　K_RC.AXES_GROUP_...　Robots ArtArm　K_RC.AXES_GROUP_...　ArtArm Axis1　CoolDriveRC.AXIS_R...　Axis1 Axis2　CoolDriveRC.AXIS_R...　Axis2 Axis3　CoolDriveRC.AXIS_R...　Axis3 Axis4　CoolDriveRC.AXIS_R...　Axis4 Axis5　CoolDriveRC.AXIS_R...　Axis5 Axis6　CoolDriveRC.AXIS_R...　Axis6 Axis7　EtherCAT_Pronet.AXI...　Axis7 Axis8　EtherCAT_Pronet.AXI...　Axis8 CAN　K_Io.IO_BUS_REF　CAN ConvrPick　K_Conv.Conveyor　ConvrPick
8	补充完整功能块的输入端，通过该功能块，可根据编码器增量信号推算出每个物体在传送带上的位置	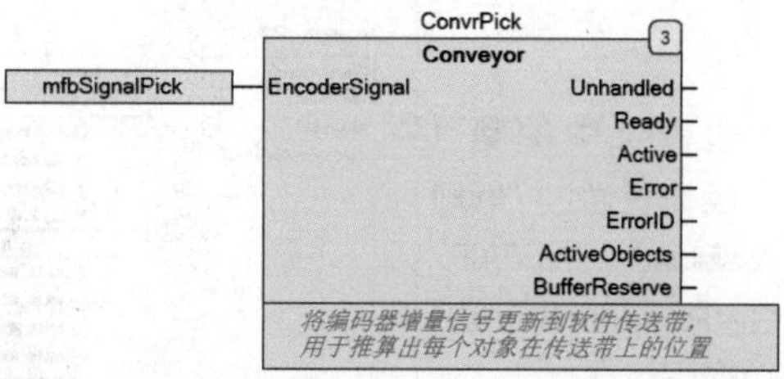 ConvrPick Conveyor mfbSignalPick — EncoderSignal　Unhandled Ready Active Error ErrorID ActiveObjects BufferReserve 将编码器增量信号更新到软件传送带，用于推算出每个对象在传送带上的位置
9	把中间那对输入输出补充完整	 GVLConvrTr.WorkStationPick.Resolution — mfbSignalPick.Resolution 设置传送带编码器分辨率，工作站使用的是伺服轴，故设置成跟伺服轴分辨率一致

小提示

步骤9主要用于设置传送带编码器分辨率，工作站使用的是伺服轴，故传送带编码器的分辨率应设置成与伺服轴分辨率一致。

续表

序号	操作说明	效果图
10	完成 CFC 程序	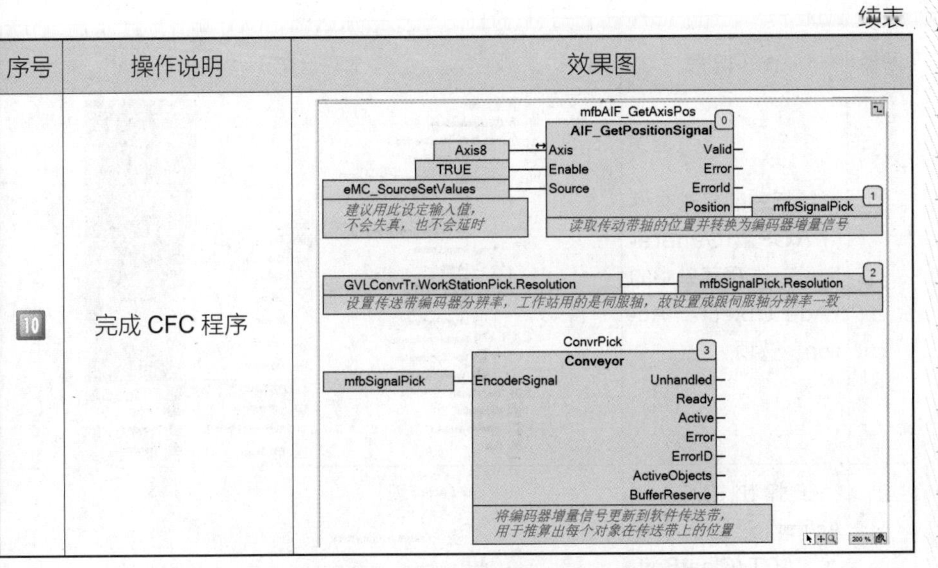

表 5.1.15　编写初始化工作站和传送带程序

序号	操作说明	效果图
1	在“Conveyor-Tracking”文件夹下创建名为“PRGInit-Conveyor”的 ST 语言程序组织单元，并声明 1 个名为“Init-Done”的布尔变量	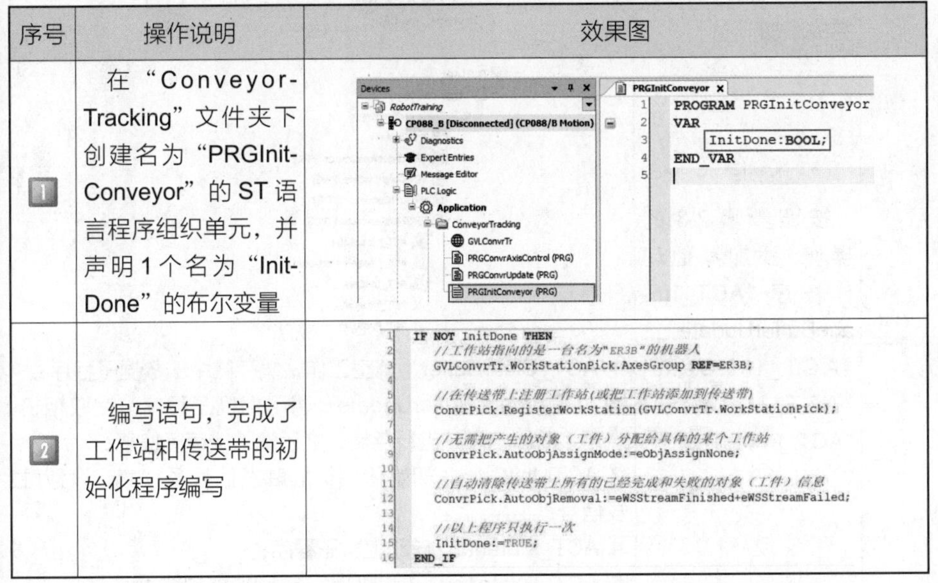
2	编写语句，完成了工作站和传送带的初始化程序编写	

表 5.1.16　编写传送带生成及处理物体程序

序号	操作说明	效果图
1	在“Conveyor-Tracking”文件夹下创建名为“PRGPart-Generation”的CFC 语言程序组织单元	RobotTraining CP088_B [Disconnected] (CP088/B Motion) Diagnostics Expert Entries Message Editor PLC Logic Application ConveyorTracking GVLConvrTr PRGConvrAxisControl (PRG) PRGConvrUpdate (PRG) PRGInitConveyor (PRG) PRGPartGeneration (PRG)

随堂记录

小提示

①把工作站添加到传送带之前对工作站初始化，且工作站的初始化也须在传送带初始化之前。

②工作站指向的机器人名称应与系统工程文件中的机器人名称一致。

随堂记录

续表

<table>
<tr><th>序号</th><th>操作说明</th><th>效果图</th></tr>
<tr><td>2</td><td>鼠标右键单击文件“PRGPartGeneration”，选择菜单中的“Add Object->Action”选项</td><td>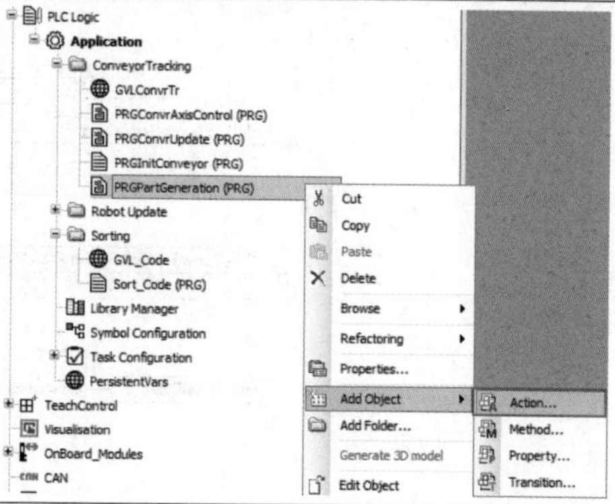
</td></tr>
<tr><td>3</td><td>在弹出的“Add Action”对话框中输入“ACT_ClearBuffer”并选择ST语言，单击“Add”按钮，完成添加</td><td>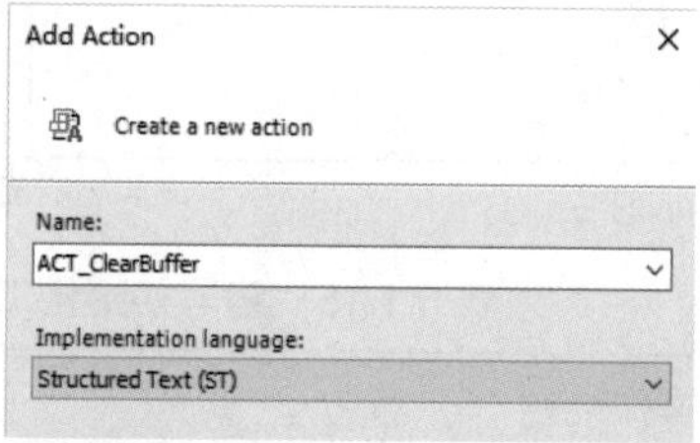
</td></tr>
<tr><td>4</td><td>按照步骤2-3的操作，添加其他动作程序“ACT_ImageBufferUpdate”“ACT_InitCam”“ACT_Material”“ACT_PhotoTrig”</td><td>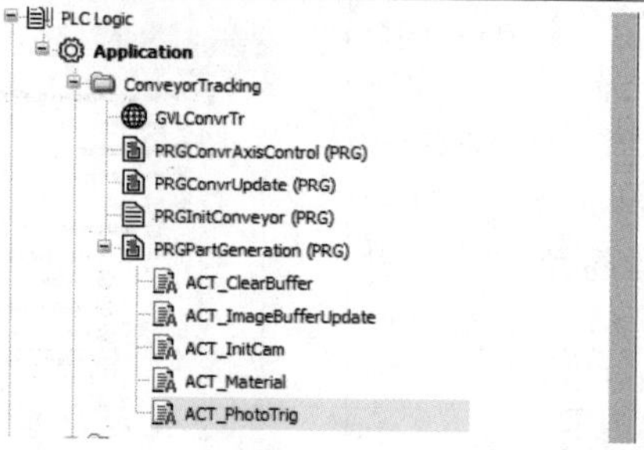

①ACT_ClearBuffer：清空工作站缓存区中的数据子程序；
②ACT_ImageBufferUpdate：调用相机子程序，读取相机缓存诊断区信息并进行存储，之后清除缓存区信息；
③ACT_InitCam：初始化相机的触发信号子程序，设置触发信号；
④ACT_Material：自动上料子程序；
⑤ACT_PhotoTrig：相机拍照，返回拍摄的结果值</td></tr>
<tr><td>5</td><td>双击打开“PRGPartGeneration”程序组织单元，声明变量，其动作子程序的变量也从此处声明</td><td><pre>PROGRAM PRGPartGeneration
VAR
  //以下为主程序所用变量
    nfbObjFactoryFrameCamExtLatch_0: ObjFactoryFrameCamExtLatch;
    mfbAssignObjsToWSPick: ObjStreamAssignWS;
    R_TRIG_0: R_TRIG;
  //以下为ACT_ClearBuffer程序所用变量
    mbClearBuffer: BOOL;
  //以下为ACT_ImageBufferUpdate程序所用变量
    mbGetImageBuffer: BOOL;
    mtsImageBuffer:TDiagBuffer;
    mbClearImageBuffer: BOOL;
  //以下为ACT_InitCam程序所用变量
    mbIniDone: BOOL;
  //以下为ACT_Material程序所用变量
    SignalTrig: BOOL;
    mfbPushMaterialTimer : TON;
    mfbVisionFailTime: TIME:=T#8000MS;
    mfbCylinderTimer : TON;
    mbIniPusDone: BOOL;
  //以下为ACT_PhotoTrig程序所用变量
    mfbFTrigTakePhoto: F_TRIG;
    mfbRTrigTakePhotoManually: R_TRIG;
    mbPhotoTrigResult: BOOL;
    mbCamSendResult: BOOL;
    mtsResultReceiver: IResultReceiver;
    mfbLatchTimer: TP;
    mdLatchPulseLenth: TIME :=T#100MS;
END_VAR</pre></td></tr>
</table>

续表

序号	操作说明	效果图
6	在程序组织单元“PRGPartGeneration”的主体部分，创建 7 个运算块和一对输入输出端	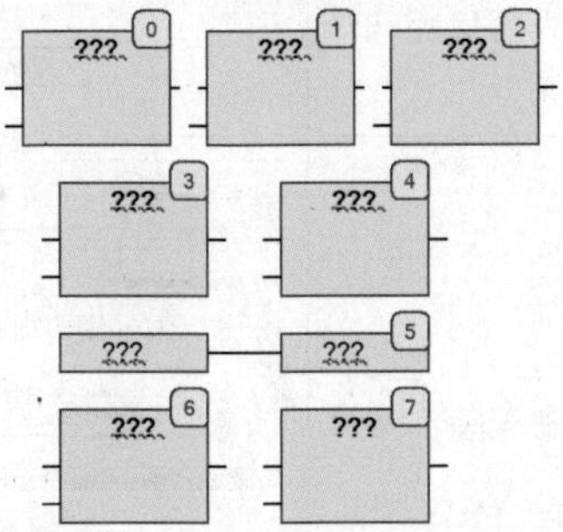
7	通过“Input Assistant”把子程序赋值给 5 个运算块，实现子程序调用	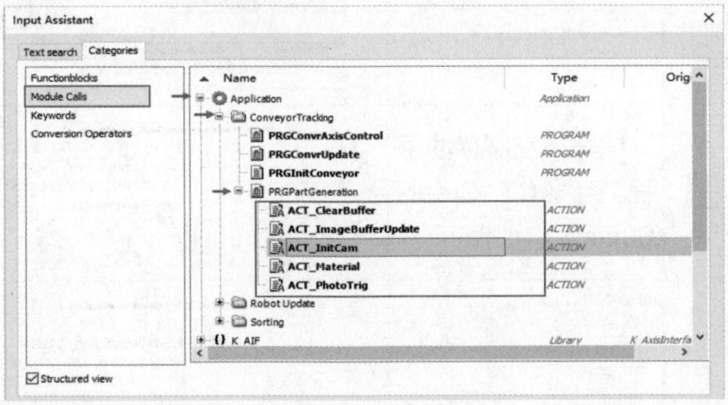
8	通过“Input Assistant”把“ObjFactoryFrameCamExtLatch”赋值给其中 1 个运算块	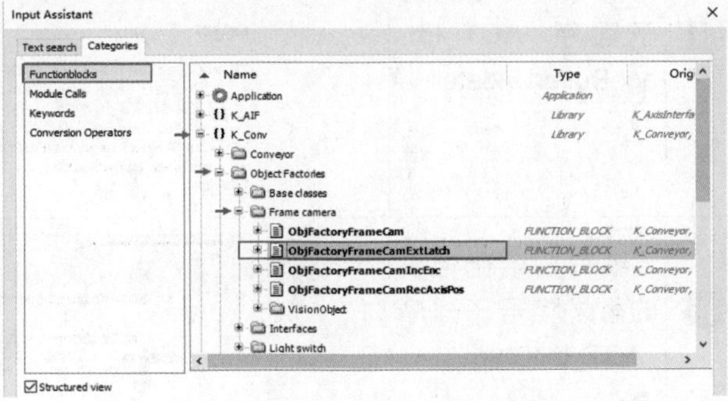
9	补充完成此功能块的输入端	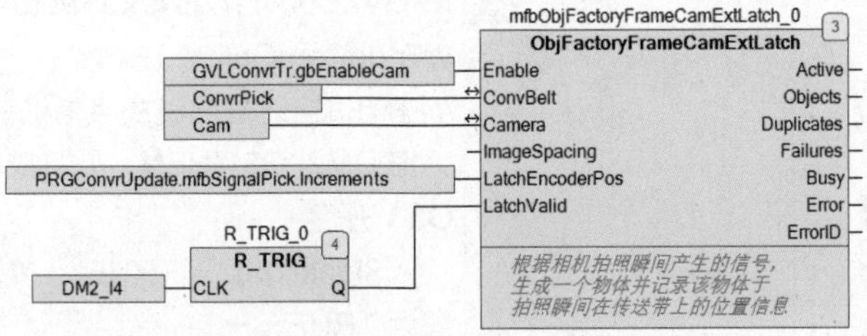
10	新建功能块“ObjStreamAssignWS”并补充完成其输入端	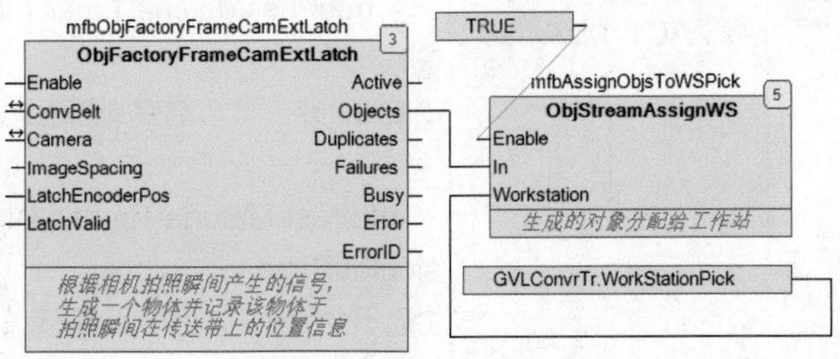

随堂记录

小提示

步骤 10 中的功能，主要用来把生成的对象分配给工作站（机器人）。

随堂记录

续表

序号	操作说明	效果图
11	补充完整功能块输入输出端	Cam.Online — GVLConvrTr.gbCamOnline 6
12	完成主程序	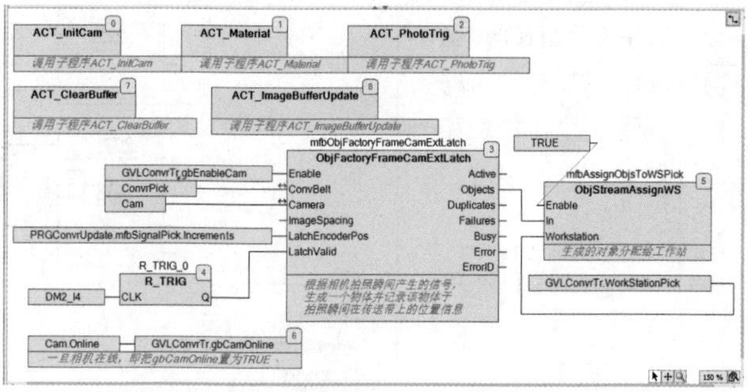 ACT_InitCam 0 调用子程序ACT_InitCam ACT_Material 1 调用子程序ACT_Material ACT_PhotoTrig 2 调用子程序ACT_PhotoTrig ACT_ClearBuffer 7 调用子程序ACT_ClearBuffer ACT_ImageBufferUpdate 8 调用子程序ACT_ImageBufferUpdate mfbObjFactoryFrameCamExtLatch 3 ObjFactoryFrameCamExtLatch: GVLConvrTr.gbEnableCam—Enable, ConvrPick—ConvBelt, Cam—Camera, ImageSpacing, PRGConvrUpdate.mfbSignalPick.Increments—LatchEncoderPos, LatchValid; Active, Objects, Duplicates, Failures, Busy, Error, ErrorID 根据相机拍照瞬间产生的信号，生成一个物体并记录该物体于拍照瞬间在传送带上的位置信息 R_TRIG_0 4 R_TRIG: DM2_I4—CLK, Q TRUE mfbAssignObjsToWSPick 5 ObjStreamAssignWS: Enable, In, Workstation 生成的对象分配给工作站 GVLConvrTr.WorkStationPick Cam.Online — GVLConvrTr.gbCamOnline 6 一旦相机在线，即把gbCamOnline置为TRUE

13	编写清空缓存的子程序“ACT_ClearBuffer”	PRGPartGeneration.ACT_ClearBuffer
		//此子程序于调试时使用，用于清空工作站缓存区中的数据
		IF mbClearBuffer THEN
		    GVLConvrTr.WorkstationPick.ClearList();
		    mbClearBuffer := FALSE;
		END_IF

14	编写清空缓存的子程序“ACT_ImageBufferUpdate”	PRGPartGeneration.ACT_ImageBufferUpdate
		//调试相机用
		IF mbGetImageBuffer THEN
		    //GetDiagnosisBuffer读取相机诊断缓存区的诊断信息，
		    //其中eDiagBufRecvCmd为读取的缓存区，
		    //把读取到的信息存储在mtsImageBuffer
		    Cam.GetDiagnosisBuffer(eDiagBufRecvCmd,mtsImageBuffer);
		
		END_IF
		
		IF mbClearImageBuffer THEN
		    //ClearDiagnosisBuffer清除相机Cam诊断缓存区，
		    //清除的缓存区为eDiagBufRecvCmd，可以清除三个缓存区
		    //(ediagbufrecvmd + eDiagBufRecvData + eDiagBufSendCmd)
		    Cam.ClearDiagnosisBuffer(eDiagBufRecvCmd);
		    mbClearImageBuffer := FALSE;
		END_IF

15	编写初始化相机的触发信号子程序“ACT_InitCam”	PRGPartGeneration.ACT_InitCam
		
		//初始化相机的触发信号，触发信号为'HELLO'
		IF NOT mbInitDone THEN
		
		    mbInitDone:=TRUE;
		END_IF

16	编写自动上料子程序“ACT_Material”	IF GVLConvrTr.gbTakePhotoAutomatically AND GVLConvrTr.gbCamOnline THEN
		// 在相机自动拍照模式且相机在线的状态下
		  IF DM2_O2 THEN // 如果井式上料气动信号（DM2_O2）开启
		    SignalTrig：=TRUE； // 则把开始计时信号 SignalTrig 置为 TRUE
		    mfbPushMaterialTimer（IN:= FALSE）； // 定时器也复位
		  END_IF // 结束判断语句
		
		  mfbPushMaterialTimer（IN:= SignalTrig，PT:= mfbVisionFailTime）；
		  // 开始计时，如果超过设定的拍照失败时长则判定视觉检测失败

续表

序号	操作说明	效果图
		IF NOT DM2_O2 THEN　// 如果井式上料气动信号（DM2_O2）关闭 IF mfbPushMaterialTimer.Q THEN　// 且定时器计时完成，为 TRUE SignalTrig：=FALSE；// 则把 SignalTrig 置为 FALSE DM2_O2：=TRUE；　// 把井式上料气动信号打开 END_IF　// 结束判断语句 END_IF　// 结束判断语句 mfbCylinderTimer（IN:= DM2_O2，PT:= T#1000MS）；// 设定上料所需时间，即设定井式上料走完行程所需的时间为 1000ms IF mfbCylinderTimer.Q THEN　// 如果上料完成，即走完设定时间 DM2_O2：=FALSE；　// 则把井式上料气动信号关闭 END_IF IF GVLConvrTr.gbResetMaterialTimer THEN　// 如果重置了上料计时 SignalTrig：=FALSE；　// 则把 SignalTrig 置为 FALSE mfbPushMaterialTimer（IN:= FALSE）；　// 定时器也复位 END_IF IF NOT mbIniPusDone THEN　// 初始化定时器，只执行一次 mfbPushMaterialTimer（IN:= FALSE）；　// 初始化拍照定时器 mfbCylinderTimer（IN:= FALSE）；　// 初始化上料定时器 mbIniPusDone:= TRUE；　// 初始化信号置为 TRUE END_IF END_IF

17	编写生成物体（工件）子程序“ACT_PhotoTrig”	mfbFTrigTakePhoto（CLK：=DM2_I5）；
		// 工件到达抓拍位置（即 DM2_I5 由 TRUE 变为 FALSE 的下降沿），相机自动拍照模式触发
		mfbRTrigTakePhotoManually（CLK：=GVLConvrTr.gbTakePhotoManually AND GVLConvrTr.gbCamOnline）；
		// 手动拍照变量和相机在线变量都为 TREU 时，相机手动拍照模式触发
		IF mfbFTrigTakePhoto.Q OR mfbRTrigTakePhotoManually.Q THEN

随堂记录

随堂记录

续表

序号	操作说明	效果图

		// 当相机自动或手动拍照模式中的任一个触发输出为 TRUE 时
		mbPhotoTrigResult：=Cam.Execute（‘DATA1’，mbCamSendResult，mtsResultReceiver）；
		// 向相机发送‘DATA1’字符串作为触发相机拍照的信号，
		mbCamSendResult 为 TRUE 就返回一个结果，为 FALSE 不返回，返回的结果赋值给 mtsResultReceiver
		mfbLatchTimer（IN：=TRUE，PT：=mdLatchPulseLenth）；　// 锁存计时
		END_IF

（3）应用程序在线调试

本任务中 KEBA 控制器的 ETHERNET0 的 IP 为 192.168.100.100，在 KEBA 系统工程中配置的服务器地址为 192.168.100.30，故用来调试计算机的 IP 地址须改为 192.168.100.30。也可根据实际情况来调整涉及的 IP 地址，只需通信的设备保持在同一网段即可。应用程序调试步骤见表 5.1.17。

表 5.1.17　应用程序调试步骤

序号	操作说明	效果图
1	修改 PC 的 IP 地址为“192.168.100.30”，让其与控制器处于同一网段	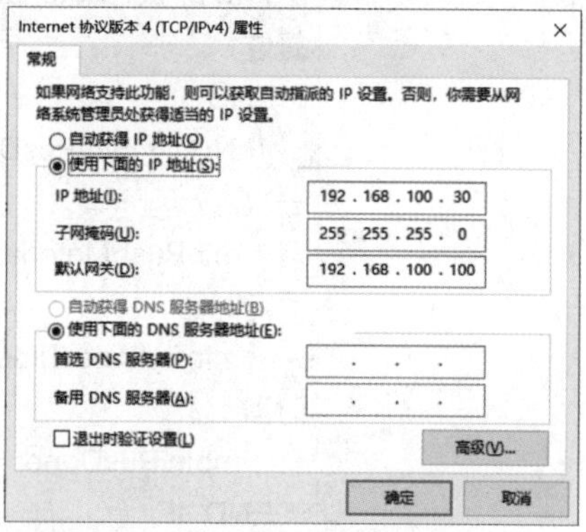
2	返回系统工程，打开通信设置选项卡，搜索并连接到 IP 地址为“192.168.100.100”的控制器	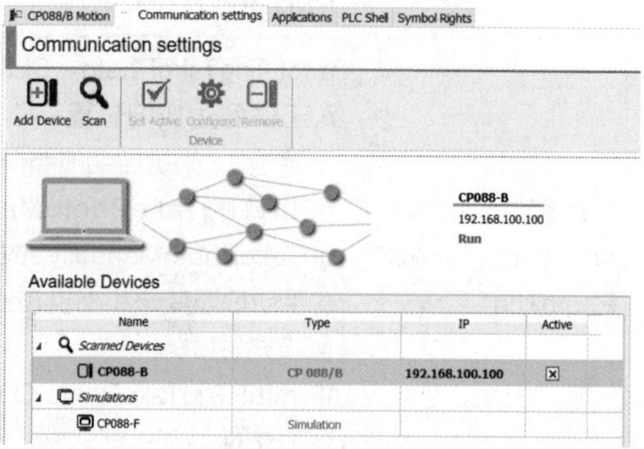

想一想

Q：为什么用于调试计算机的 IP 地址要设置为 192.168.100.30？

随堂记录

续表

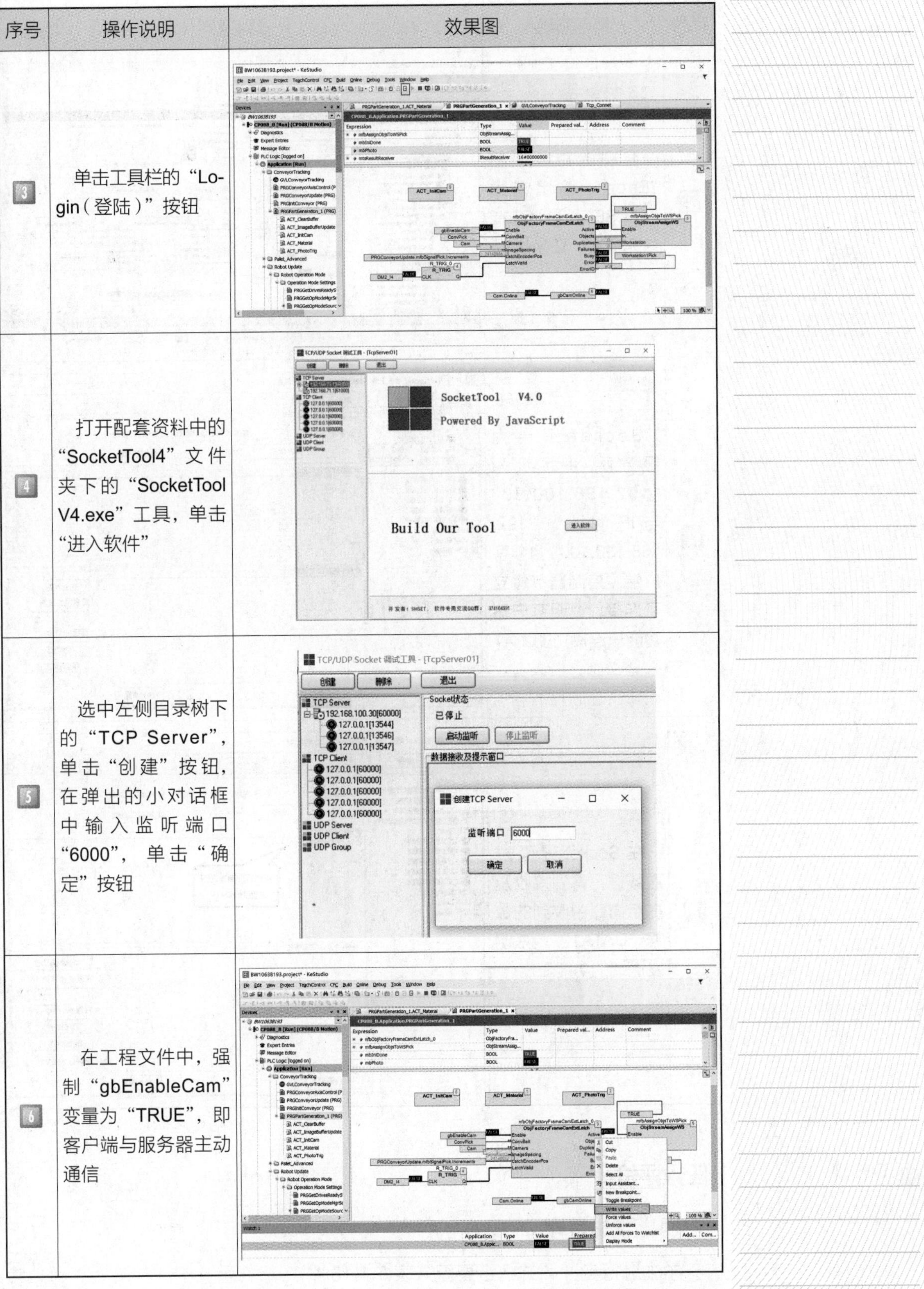

序号	操作说明	效果图
3	单击工具栏的“Login（登陆）”按钮	
4	打开配套资料中的“SocketTool4”文件夹下的“SocketTool V4.exe”工具，单击“进入软件”	
5	选中左侧目录树下的“TCP Server”，单击“创建”按钮，在弹出的小对话框中输入监听端口“6000”，单击“确定”按钮	
6	在工程文件中，强制“gbEnableCam”变量为“TRUE”，即客户端与服务器主动通信	

随堂记录

续表

序号	操作说明	效果图
7	客户端功能块的“Error”输出端为“FALSE”，说明功能块无报错，正常执行	
8	Socket 工具为服务器，IP 地址为“192.168.100.30”与 IP 地址为“192.168.100.100”的客户端（控制器）建立了连接，说明客户端功能块连接功能正常	
9	在 Socket 界面发送数据，看到接收及提示窗口中收到的数据“DATA1”，说明发送端的功能正常	

评一评

【任务评价】

（1）学生自评

学生进行自评，并将结果填入表 5.1.18 中。

随堂记录

表 5.1.18　学生自评表

班级		组名		日期	年　月　日
评价指标	评价要素			分数	分数评定
信息检索	能有效利用网络资源、工作手册查找有效信息；能用自己的语言有条理地去解释、表述所学知识；能将查找到的信息有效转换到学习中			10	
感知工作	在学习中能获得满足感			10	
参与状态	与教师、同学之间能相互尊重、理解、平等交流，能够保持丰富、适宜的信息交流			10	
	探究学习、自主学习不流于形式，处理好合作学习和独立思考的关系，做到有效学习；能发表个人见解；能按要求正确操作；能够倾听、协作分享			10	
学习方法	工作计划、操作技能符合规范要求；能获得进一步发展的能力			10	
工作过程	遵守管理规程，工业机器人应用程序的调试操作过程符合现场管理要求；平时上课的出勤情况和每天完成工作任务情况良好；善于多角度思考问题，能主动发现、提出有价值的问题			15	
思维状态	是否能发现问题、提出问题、分析问题、解决问题			10	
自评反馈	按时按质完成工作任务；较好地掌握了专业知识点；具有较强的信息分析能力和理解能力；具有较为全面严谨的思维能力并能条理清晰地表述成文			25	
合计				100	
经验总结					
反思					

（2）学生互评

学生以小组为单位，对以上学习情境的过程与结果进行互评，并将结果填入表 5.1.19 中。

表 5.1.19　学生互评表

班级		被评组名		日期	年　月　日
评价指标	评价要素			分数	分数评定
信息检索	该组能有效利用网络资源、工作手册查找有效信息			5	
	该组能用自己的语言有条理地去解释、表述所学知识			5	
	该组能将查找到的信息有效转换到工作中			5	

随堂记录

续表

评价指标	评价要素	分数	分数评定
感知工作	该组能熟悉自己的工作岗位，认同工作价值	5	
	该组成员在工作中能获得满足感	5	
参与状态	该组与教师、同学之间能相互尊重、理解、平等交流	5	
	该组与教师、同学之间能够保持多向、丰富、适宜的信息交流	5	
	该组能处理好合作学习和独立思考的关系，做到有效学习	5	
	该组能提出有意义的问题或能发表个人见解；能按要求正确操作；能够倾听、协作分享	5	
	该组能积极参与，合作完成工业机器人应用程序和程序的调试，并综合运用信息技术的能力得到提高	5	
学习方法	该组的工作计划、操作技能符合规范要求	5	
	该组能获得进一步发展的能力	5	
工作过程	该组遵守管理规程，操作过程符合现场管理要求	5	
	该组平时上课的出勤情况和每天完成工作任务情况良好	5	
	该组成员能成功编写应用程序并进行通信调试，善于多角度思考问题，能主动发现、解决问题	15	
思维状态	该组能发现问题、提出问题、分析问题、解决问题	5	
自评反馈	该组能严肃认真地对待自评，并能独立完成自测试题	10	
合计		100	
简要评述			

(3) 教师综合评价

教师对学生的工作过程与结果进行评价，并将结果填入表 5.1.20 中。

表 5.1.20　教师综合评价表

班级		组名		姓名	
出勤情况					
序号	评价指标	评价要求		分数	分数评定
一	任务描述、接受任务	口述任务内容细节		2	
二	任务分析、分组情况	依据任务分析程序编写步骤		3	

续表

序号	评价指标	评价要求	分数	分数评定
三	制订计划	①添加库文件 ②添加视觉（相机）配置 ③创建全局变量 ④编写物体追踪应用程序	15	
四	计划实施	①添加动态追踪相关库文件 ②添加相机设备及参数设置 ③机器人信号设置 ④创建全局变量 ⑤编写传送带轴控制应用程序 ⑥编写获取传送带位置应用程序 ⑦初始化工作站和传送带的应用程序 ⑧编写生成及处理物体的应用程序	55	
五	检测分析	是否完成任务	15	
六	总结	任务总结	10	
合计			100	

综合评价	自评（20%）	小组互评（30%）	教师评价（50%）	综合得分

任务 5.2　机器视觉程序编写

关键词	视觉程序	动态追踪
	传送带	通信测试

【任务描述】

本任务主要是编写物体追踪的视觉程序，使相机能够拍摄传送带上动态工件的位置和颜色，并把信息传送给机器人，完成信号的传输。

【任务目标】

1. 知识目标

（1）理解动态追踪的工作原理。

随堂记录

课程思政

视觉的标定需要精益求精，同学们应该养成精益求精、提升效率的生活习惯和学习习惯。

随堂记录

2. 能力目标

（1）能完成视觉模版的创建。

（2）能完成视觉程序的编写。

（3）能调试传送带轴及相机。

3. 素质目标

（1）自律，能正确评价自己，有自制力。

（2）正直、诚实、遵守社会道德行为准则。

【相关知识】

视觉追踪技术作为计算机视觉领域的热门课题之一，是对连续的图像序列进行运动目标检测、提取特征、分类识别、跟踪滤波、行为识别，以获得目标准确的运动信息参数（如位置、速度等），并对其进行相应的处理分析，实现对目标的行为理解的一种技术。

视觉追踪是指对图像序列中的运动目标进行检测、提取、识别和跟踪，获得运动目标的运动参数，如位置、速度、加速度和运动轨迹等，从而进行下一步的处理与分析，实现对运动目标的行为理解，以完成更高一级的检测任务。

1）单摄像头与多摄像头

在视频追踪的过程中，根据使用的摄像头的数目，可将目标追踪方法分为单摄像头追踪方法（Monocular camera）与多摄像头追踪方法（Multiple cameras）。由于单摄像头视野有限，大范围场景下的目标追踪需要使用多摄像头系统。基于多个摄像头的追踪方法有利于解决遮挡问题以及场景混乱、环境光照突变情况下的目标跟踪问题。

2）摄像头静止与摄像头运动

在实际的目标追踪系统中，摄像头可以是固定在某个位置，不发生变化的，也可以是运动，不固定的。例如，对于大多数的视频监视系统而言，都是在摄像机静止状态下，对特定关注区域进目标的识别跟踪；而在视觉导航等的应用系统中，摄像头往往随着无人汽车、无人机等载体进行运动。

3）单目标追踪与多目标追踪

根据追踪目标的数量可以将追踪算法分为单目标追踪与多目标追踪。相比单目标追踪而言，多目标追踪问题更加复杂和困难。多目标追踪问题需要考虑视频序列中多个独立目标的位置、大小等数据，多个目标各自外观的变化、不同的运动方式、动态光照的影响以及多个目标之间相互遮挡、合并与分离等情况均是多目标追踪问题中的难点。

4）刚体追踪与非刚体追踪

根据被追踪目标的结构属性，可将追踪目标分为刚体与非刚体。刚体，是指具备刚性结构、不易形变的物体，例如车辆等目标；非刚体，通常是指外形容易变形的物体，例如布料表面、衣服表面等。针对刚体目标的追踪一直得到

随堂记录

广泛深入的研究，而非刚体目标的跟踪，由于目标发生变形以及出现自身遮挡等现象，不能直接应用基于刚体目标的追踪算法，针对非刚体目标的跟踪一直是非常困难并且具有挑战性的课题。

5）可见光与红外图像的目标追踪

根据传感器成像的类型不同，目标追踪还可以分为基于可见光图像的追踪和基于红外图像的追踪两种。目标的红外图像和目标的可见光图像不同，它不是人眼所能看到的可见光图像，而是目标表面温度分布的图像。红外图像属于被动式成像，无须各种光源照明，具有全天候工作、安全隐敝、使用方便等特征；红外光较之可见光的波长则长得多，透烟雾性能较好，可在夜间工作。可见光图像具有光谱信息丰富、分辨率高、动态范围大等优点，但在夜间和低能见度等条件下，成像效果差。

【任务演练】

1）任务分组

学生任务分配表

<table>
<tr><td>班级</td><td></td><td>组号</td><td></td><td>指导老师</td><td></td></tr>
<tr><td>组长</td><td></td><td>学号</td><td colspan="3"></td></tr>
<tr><td rowspan="4">组员</td><td>姓名</td><td>学号</td><td>姓名</td><td colspan="2">学号</td></tr>
<tr><td></td><td></td><td></td><td colspan="2"></td></tr>
<tr><td></td><td></td><td></td><td colspan="2"></td></tr>
<tr><td></td><td></td><td></td><td colspan="2"></td></tr>
<tr><td colspan="6">任务分工</td></tr>
<tr><td colspan="6"></td></tr>
</table>

2）任务准备

①准备“NI LabVIEW 2014”视觉软件。

②准备多媒体教学平台

③ KEBA 控制器、示教器、教学实训台。

④ KeStudio LX-KeMotion 03.16a 软件。

3）实施步骤

（1）另存程序

打开任务 4.2 的程序，另存程序见表 5.2.1。

随堂记录

表 5.2.1　另存程序

序号	操作说明	效果图
1	打开程序	4.2 KEBA系统视觉颜色模式匹配.vi
2	选择文件，单击“另存为”，单击“继续”按钮	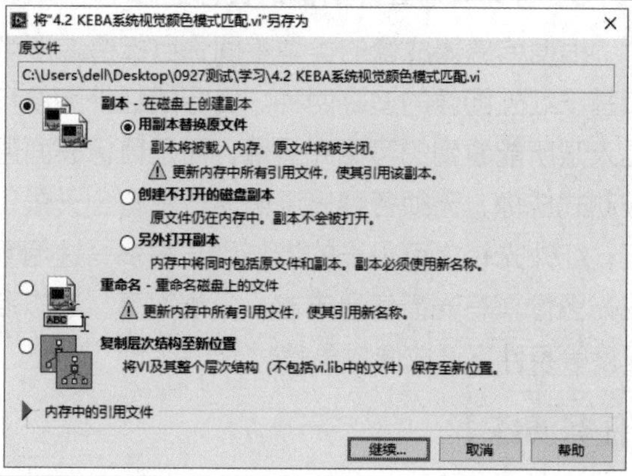 将“4.2 KEBA系统视觉颜色模式匹配.vi”另存为 原文件 C:\Users\dell\Desktop\0927测试\学习\4.2 KEBA系统视觉颜色模式匹配.vi 副本 - 在磁盘上创建副本 用副本替换原文件 副本将被载入内存。原文件将被关闭。 更新内存中所有引用文件，使其引用该副本。 创建不打开的磁盘副本 原文件仍在内存中。副本不会被打开。 另外打开副本 内存中将同时包括原文件和副本。副本必须使用新名称。 重命名 - 重命名磁盘上的文件 更新内存中所有引用文件，使其引用新名称。 复制层次结构至新位置 将VI及其整个层次结构（不包括vi.lib中的文件）保存至新位置。 内存中的引用文件 继续… 取消 帮助
3	输入文件名为“5.2 KEBA 系统随动分拣”，单击“确定”	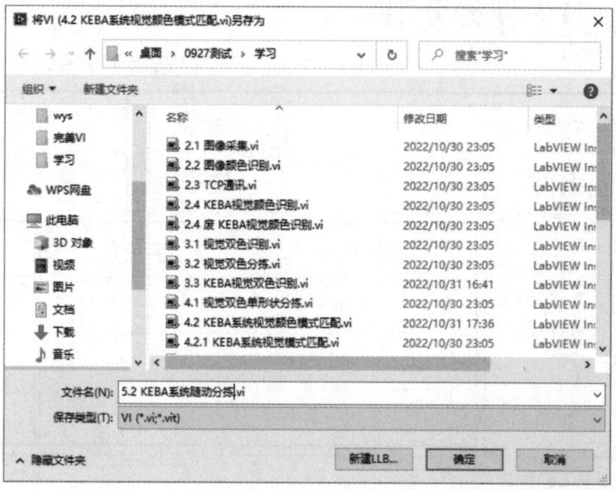 将VI (4.2 KEBA系统视觉颜色模式匹配.vi)另存为 文件名(N): 5.2 KEBA系统随动分拣.vi 保存类型(T): VI (*.vi;*.vit) 新建LLB… 确定 取消

（2）保存程序

保存程序，见表 5.2.2。

机器视觉程序

表 5.2.2　保存程序

序号	操作说明	效果图
1	后面板程序	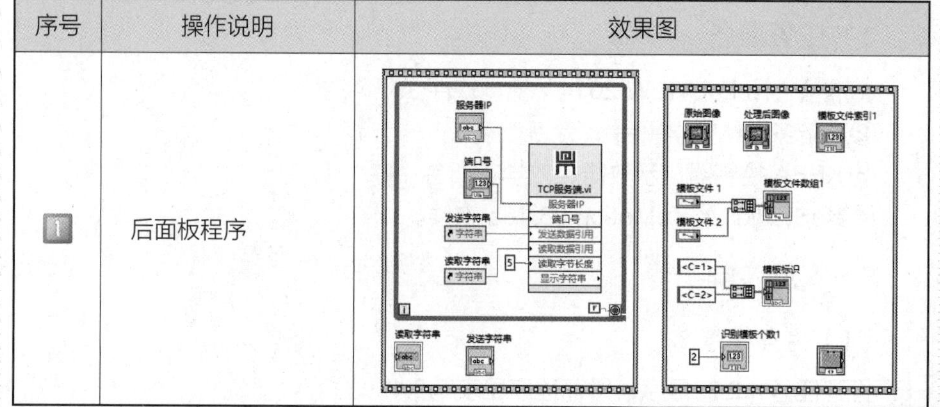

续表

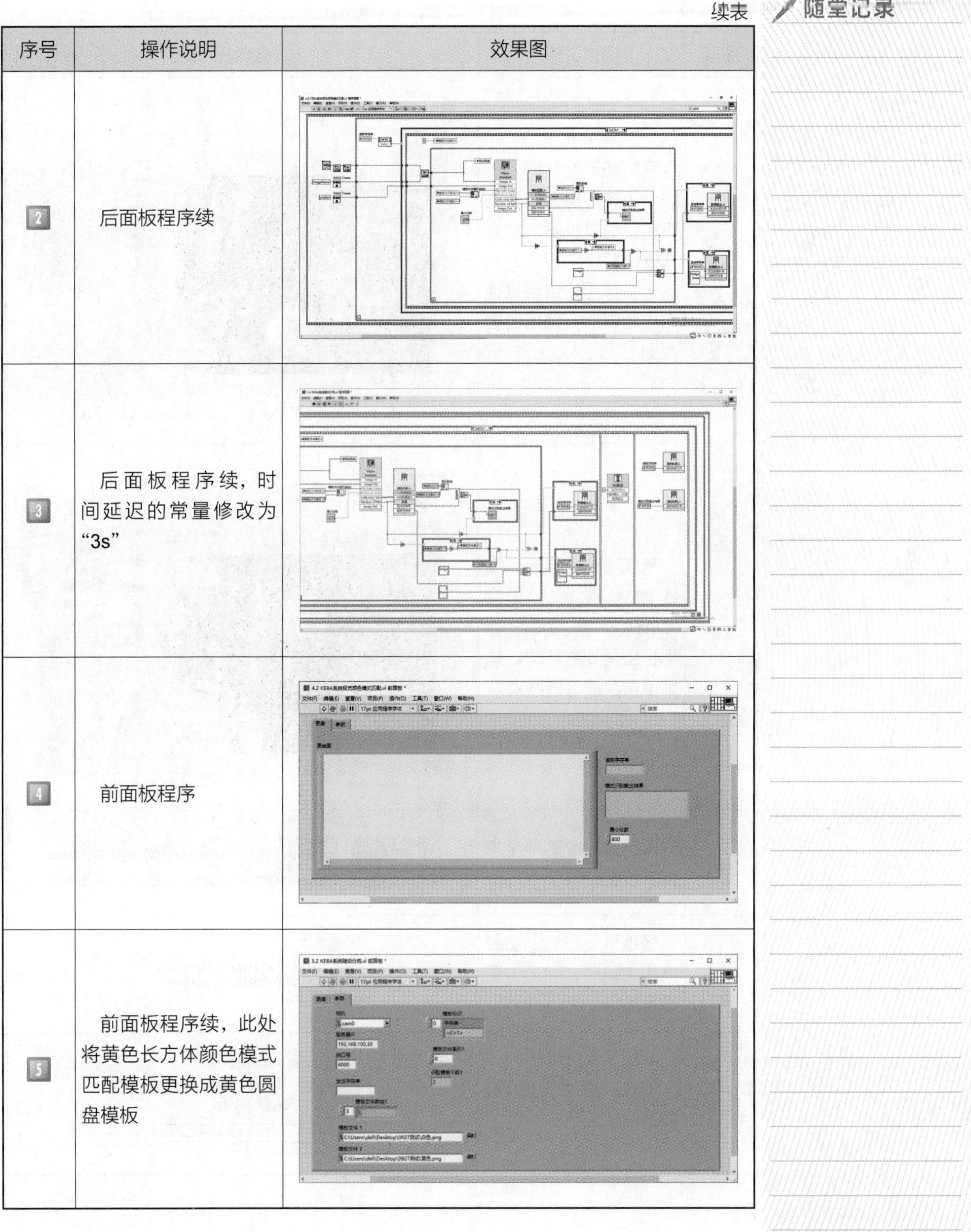

序号	操作说明	效果图
2	后面板程序续	
3	后面板程序续，时间延迟的常量修改为“3s”	
4	前面板程序	
5	前面板程序续，此处将黄色长方体颜色模式匹配模板更换成黄色圆盘模板	

（3）运行程序

运行程序，见表 5.2.3。

随堂记录

随堂记录

表 5.2.3　运行程序

序号	操作说明	效果图
1	气缸随动出料时，传送带上的传感器感应到物料，触发机器人发送“DATA1”字符串，启动相机拍照；当相机检测到物料时，输出位置数据给机器人	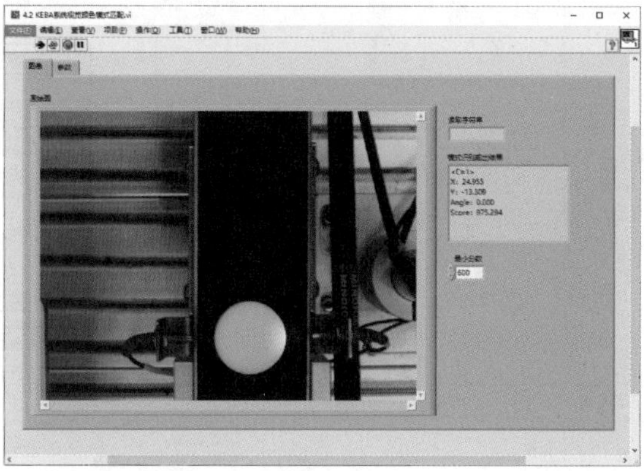
2	气缸连续出料，继续触发机器人发送“DATA1”字符串；当相机检测到物料时，输出位置数据给机器人	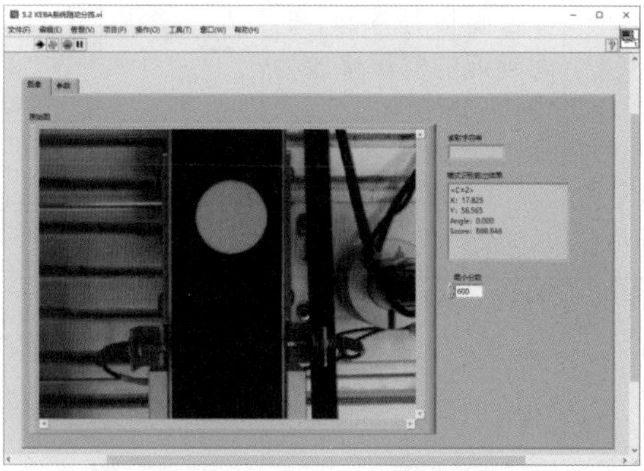
3	机器人接收的两个物料的位置数据	17:41:16 发送数据：DATA1[1次] 17:41:16 收到数据：Image[<X=24.717><Y=-9.982><A=0.000><N=1><C=1>]Done 17:41:26 发送数据：DATA1[1次] 17:41:26 收到数据：Image[<X=24.955><Y=13.309><A=0.000><N=1><C=2>]Done
4	当相机没有检测到合格的物料时，则无位置数据输出	17:41:01 发送数据：DATA1[1次] 17:41:02 收到数据：ImageDone
5	单击“停止”按钮，程序停止运行	 5.2 KEBA系统随动分拣.vi 文件(F) 编辑(E) 查看(V) 项目(P) 中止"5.2 KEBA系统随动分拣.vi"执行

【任务评价】

评一评

（1）学生自评

学生进行自评，并将结果填入表 5.2.4 中。

随堂记录

表 5.2.4　学生自评表

班级		组名		日期	年　月　日
评价指标	评价要素			分数	分数评定
信息检索	能有效利用网络资源、工作手册查找有效信息；能用自己的语言有条理地去解释、表述所学知识；能将查找到的信息有效转换到学习中			10	
感知工作	在学习中能获得满足感			10	
参与状态	与教师、同学之间能相互尊重、理解、平等交流，能够保持多向、丰富、适宜的信息交流			10	
	探究学习、自主学习不流于形式，处理好合作学习和独立思考的关系，做到有效学习；能发表个人见解；能按要求正确操作；能够倾听、协作分享			10	
学习方法	机器视觉程序编写的工作计划、操作技能符合规范要求；能获得进一步发展的能力			10	
工作过程	机器视觉程序编写的操作过程符合要求；平时上课的出勤情况和每天完成工作任务情况良好；善于多角度思考问题，能主动发现、解决问题			15	
思维状态	能自行解决在机器视觉程序编写的操作过程中遇到的问题			10	
自评反馈	按时保质完成机器视觉程序编写的 vi 文件，并能够正常运行；较好地掌握了专业知识点；具有较强的信息分析能力和理解能力；具有较为全面严谨的思维能力并能条理清晰地表述成文			25	
总分				100	
经验总结					
反思					

（2）学生互评

学生以小组为单位，对以上学习情境的过程与结果进行互评，并将结果填入表 5.2.5 中。

随堂记录

表 5.2.5　学生互评表

班级		被评组名		日期	年　月　日
评价指标	评价要素			分数	分数评定
信息检索	该组能有效利用网络资源、工作手册查找有效信息			5	
	该组能用自己的语言有条理地去解释、表述所学知识			5	
	该组能将查找到的信息有效转换到工作中			5	
感知工作	该组能熟悉自己的工作岗位，认同工作价值			5	
	该组成员在工作中能获得满足感			5	
参与状态	该组与教师、同学之间能相互尊重、理解、平等交流			5	
	该组与教师、同学之间能够保持多向、丰富、适宜的信息交流			5	
	该组能处理好合作学习和独立思考的关系，做到有效学习			5	
	该组能提出有意义的问题或能发表个人见解；能按要求正确操作；能够倾听、协作分享			5	
	该组能积极参与，在实训练习的过程中不断学习，提升动手能力			5	
学习方法	该组机器视觉程序编写的工作计划、操作技能符合规范要求			5	
	该组能获得进一步发展的能力			5	
工作过程	该组能遵守管理规程，操作过程符合现场管理要求			5	
	该组平时上课的出勤情况和每天完成工作任务情况良好			5	
	该组成员能按时完成机器视觉程序的编程和测试，并善于多角度思考问题，能主动发现			15	
思维状态	能自行解决在机器视觉程序编写的操作过程中遇到的问题			5	
自评反馈	该组能严肃认真地对待自评，并能独立完成自测试题			10	
合计				100	
简要评述					

（3）教师综合评价

教师对学生的工作过程与结果进行评价，并将结果填入表 5.2.6 中。

表 5.2.6　教师综合评价表

班级		组名		姓名	
出勤情况					
序号	评价指标	评价要求		分数	分数评定
一	任务描述、接受任务	口述任务内容细节		2	
二	任务分析、分组情况	依据任务分析程序编写步骤		3	
三	制订计划	①创建程序 ②修改与编写程序 ③视觉程序通信测试		15	
四	计划实施	①创建程序 ②修改与编写程序 ③视觉程序通信测试		55	
五	检测分析	是否完成任务		15	
六	总结	任务总结		10	
合计				100	
综合评价	自评（20%）	小组互评（30%）	教师评价（50%）	综合得分	

任务 5.3　动态追踪画面设置

关键词	视觉坐标系	机器人抓取范围
	传送带画面参数	运动平滑度

【任务描述】

本任务主要介绍了进行物体动态追踪的画面设置，使机器人能够准确抓取到动态的工件。

【任务目标】

1. 知识目标

（1）理解动态追踪画面各参数的含义。

（2）掌握传送带追踪画面的参数设置。

随堂记录

课程思政

机器人程序的完成有难度，动态追踪比机器人程序更有难度，只要抓住其中的关键部分，问题就可迎刃而解。

思考： 关键意识，抓住关键点是成功的关键和路径。想想看，我们如何才能抓住关键点?

随堂记录

小提示

机器人程序中追踪项目被激活后，才会在变量子菜单中出现“视觉追踪”图标。

2. 能力目标

（1）掌握机器人抓取范围的设置方法。

（2）掌握运动平滑度的设置方法。

3. 素质目标

（1）做人心宽，做事细心。

（2）做人讲品格，做事讲风格。

（3）做人有“悟”，做事有“度”。

【相关知识】

5.3.1　传送带跟踪画面参数介绍

配置传送带跟踪功能，将视觉坐标系偏移到传送带上。

1）进入传送带配置画面

如图 5.3.1、图 5.3.2 所示，示教器界面按照①②③④⑤的顺序进入 Conveyor 的配置画面。

图 5.3.1　示教器主页面

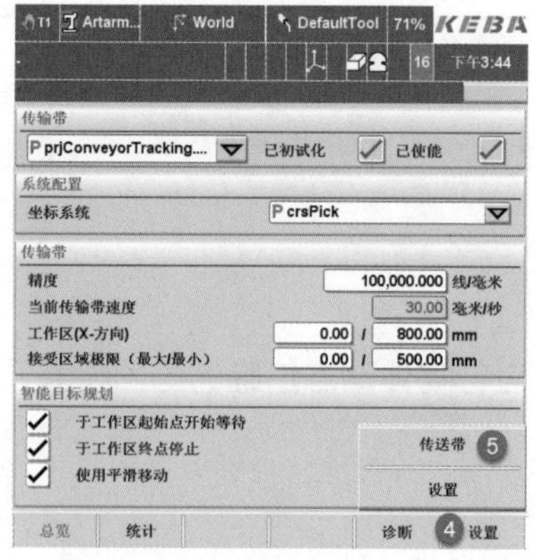

图 5.3.2　传送带追踪界面

2）示教方法的选择

KEBA 系统提供了两种示教方法，根据设备的实际配置进行相应的选择，本实训台选择含有视觉的两个工件对角摆放的示教方式，如图 5.3.3 所示。

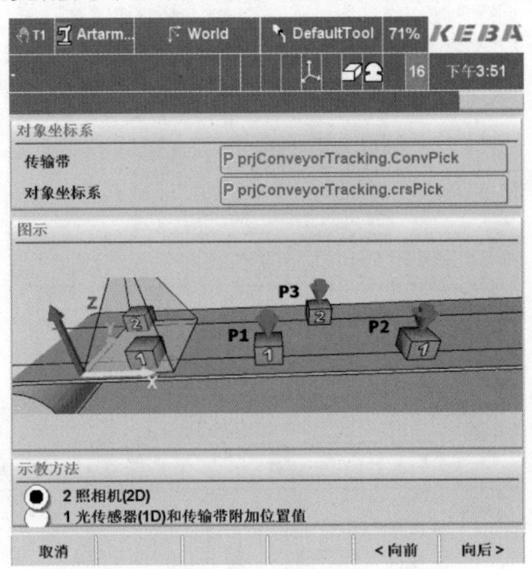

图 5.3.3　示教方法选择界面

3）抓取工件 1

在图 5.3.3 所示的页面中，根据提示，在视觉范围的某一个顶点放置物体，然后单击“工件抓取”按钮。此时，物体的坐标值会出现在下方的坐标框中，如图 5.3.4 所示。

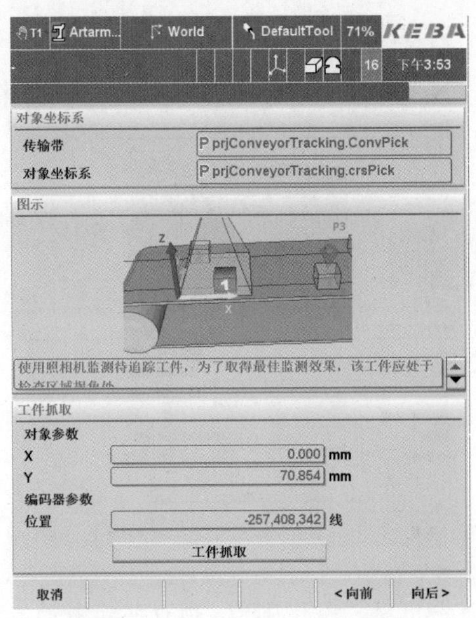

图 5.3.4　抓取工件 1 参数设置

4）示教第 1 点 P1 的位置

根据页面提示，启动传送带，将工件移动到机器人的工作空间内（刚好进入工作空间），然后停下传送带，手动将机器人移动到工件上方 P1 点的抓取位置，单击“示教”按钮。此时，机器人的位置和编码器的位置已经被记录，如图 5.3.5 所示。

随堂记录

想一想

Q：KEBA 系统提供的两种示教方法分别是哪些？

随堂记录

小提示

为了取得最佳检测效果，该工件应处于检查区域拐角处。

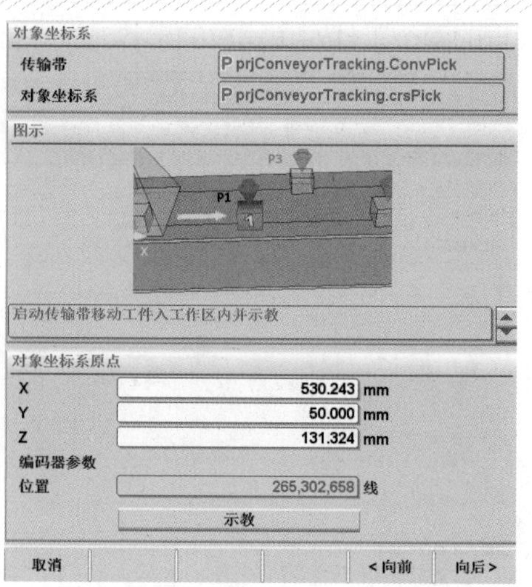

图 5.3.5　示教第 1 点 P1 的位置界面

5) 示教第 2 点 P2 的位置

再次启动传送带移动工件，将工件往后移，尽量靠近机器人工作空间的末端（但需要保证机器人能抓取到工件），停下传送带并手动移动机器人到工件上方 P2 点的抓取位置，单击“示教”按钮，再次记下机器人和编码器的位置，如图 5.3.6 所示。

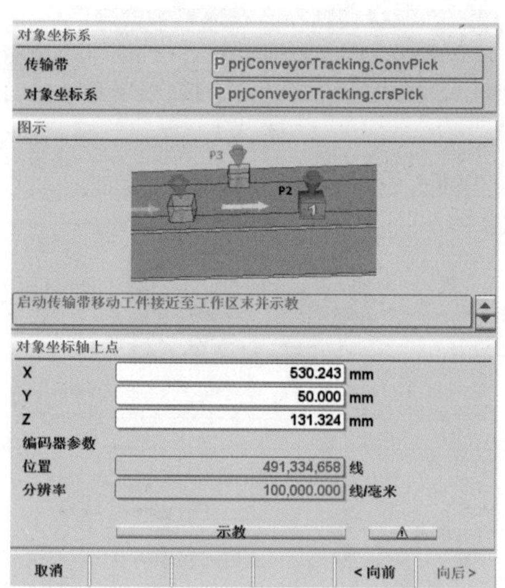

图 5.3.6　示教第 2 点 P2 的位置界面

注意：①若界面中出现“！”符号，则说明示教的点出错，单击“报错”图标查看出错的原因，如图 5.3.7 所示。根据出错的原因，重新示教点。

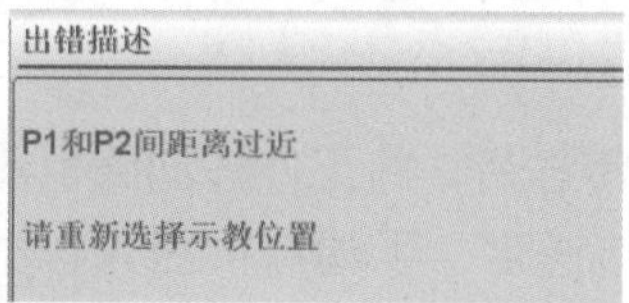

图 5.3.7　“出错描述”界面

②第 1 个工件的示教工作已经完成，接着进行第 2 个工件的示教。

6）抓取工件 2

将第 2 个工件放在视觉范围内的第 1 个工件的对角点上，然后单击“工件抓取”，如图 5.3.8 所示。

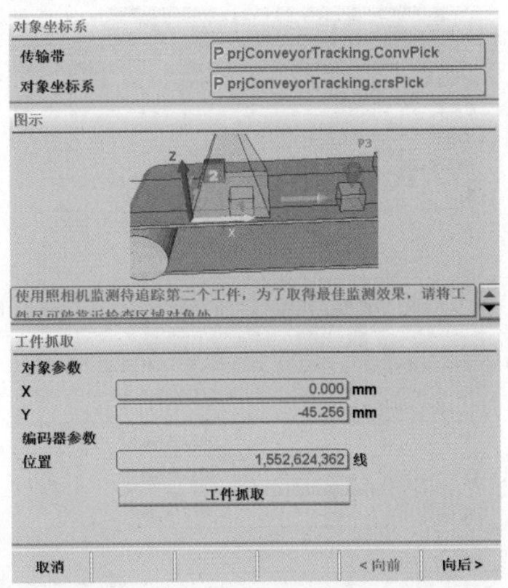

图 5.3.8　抓取工件 2 参数设置界面

7）示教第 3 点 P3 的位置

开启传送带，移动工件 2 到机器人的工作空间内，然后移动机器人到工件抓取位置，单击“示教”按钮，记录机器人和编码器的位置，如图 5.3.9 所示。

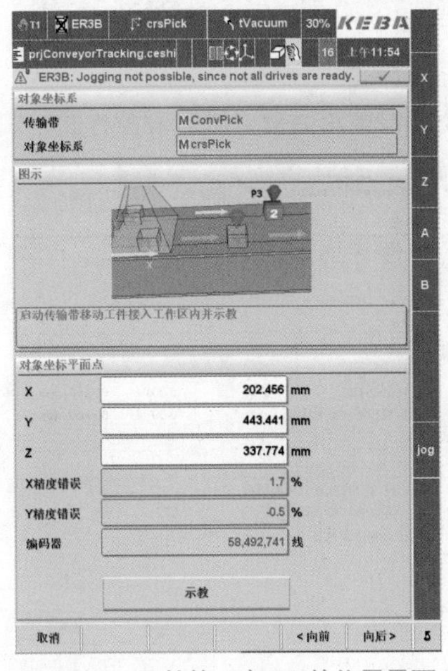

图 5.3.9　示教第三点 P3 的位置界面

8）示教第 4 点 P4 的位置

将机器人竖直向上抬高一定的距离，示教该点，然后单击“下一步”，完成

随堂记录

小提示

为了提高精度，工件 2 与工件 1 在 Y 轴方向上，要有尽量大的偏差。

示教点 P3 后，若示教器上显示的误差值在 –5% ～ 5% 范围内，则点位示教成功；若误差值不在 –5% ～ 5% 范围内，则该部分的示教出错，并且不能进入下一步，须查找原因。

随堂记录

视觉坐标系偏移到传送带上。通过这 4 个点的示教功能，系统自动计算出了视觉坐标相对于机器人坐标的偏移，并使用该坐标系进行实际工艺的应用，如图 5.3.10 所示。再将坐标系切换到视觉拍到的工件坐标系时，实际抓取工件的位置也可以直接设为“（X：0，Y：0，Z：0，A：0）”。

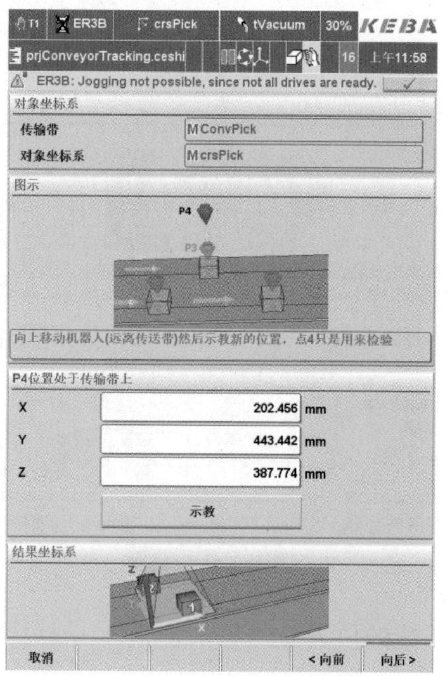

图 5.3.10　示教第 4 点 P4 的位置界面

5.3.2　对机器人的抓取范围、运动平滑度进行设置

①选择设置进入配置页面。

点击对话框右下角的设置对话框，进入设置界面，如图 5.3.11 所示。

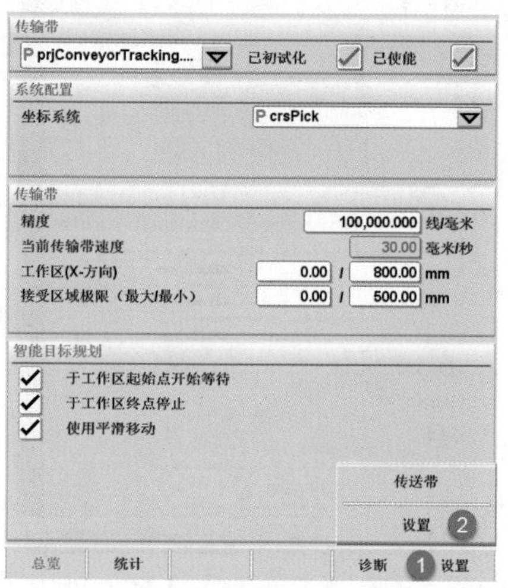

图 5.3.11　设置参数界面

②设置机器人在传送带上的抓取区域（图中蓝色部分 *c* 区域）。通过示教 *a*、*b* 区域的两点告知机器人抓取范围，如图 5.3.12 所示。

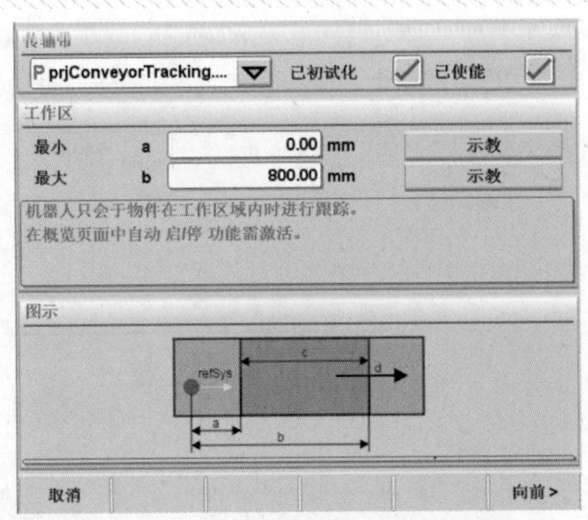

图 5.3.12 设置抓取区域界面

③设置对工件的最后接受范围。图 5.3.12 中 *c* 区域为机器人的抓取区域，在设置了最后接受范围之后，抓取区域被分为 *h* 和 *i* 两个区域。当机器人去抓取工件的时候，如果工件已经进入 *i* 区域，机器人会忽略而不去抓取，如图 5.3.13 所示。

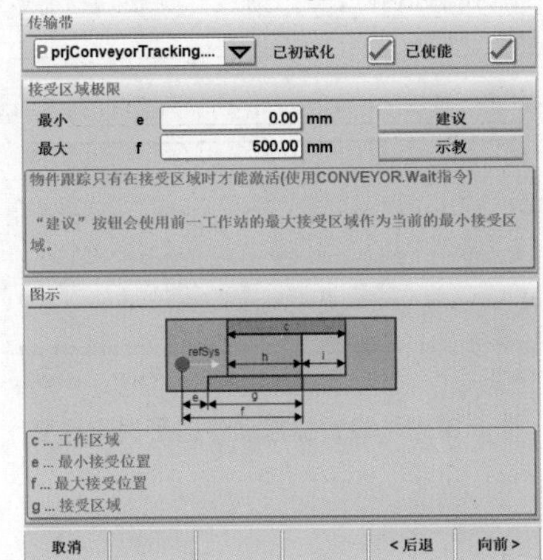

图 5.3.13 设置对工件的最后接受范围界面

④设置机器人在最小、最大工作区域时的平滑度，可以采用默认值，如图 5.3.14、图 5.3.15 所示。

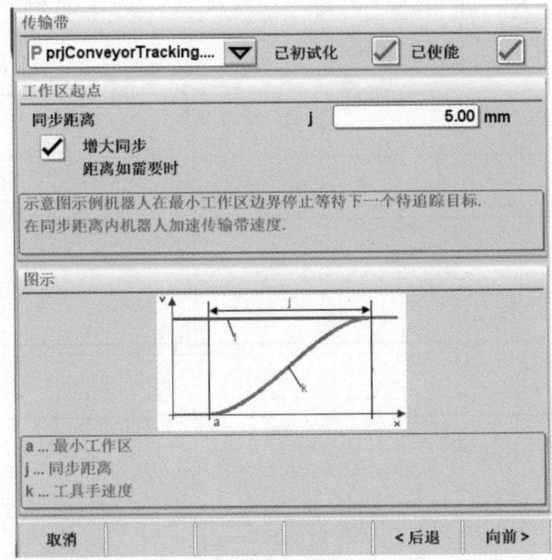

图 5.3.14 设置工作区起点参数界面

随堂记录

想一想

Q：最近工作点（靠近传送带前端），最远工作点（靠近传送带末端），这两点的意义分别是什么？

随堂记录

传输带
P prjConveyorTracking.... 已初试化 已使能
工作区终点
同步距离 m 5.00 mm
增大同步
距离如需要时
示意图示例当追踪中的目标移出可达区域.
在同步距离内机器人减速至静止.
图示
b ... 最大工作区
m ... 同步距离
n ... 工具手速度
取消 < 后退 向前 >

图 5.3.15　设置工作区终点参数界面

⑤设置抓取动作的平滑度，如图 5.3.16 所示。此时参数配置完成。

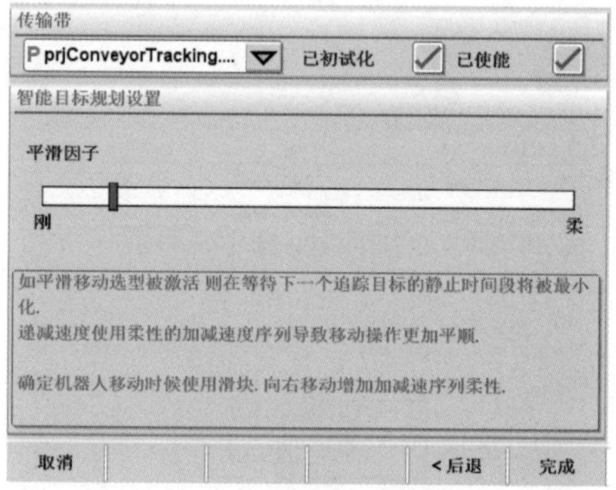

图 5.3.16　设置抓取动作的平滑度界面

【任务演练】

1）任务分组

练一练

学生任务分配表

<table>
<tr><td>班级</td><td colspan="2"></td><td>组号</td><td></td><td>指导老师</td><td></td></tr>
<tr><td>组长</td><td colspan="2"></td><td>学号</td><td colspan="3"></td></tr>
<tr><td rowspan="4">组员</td><td>姓名</td><td colspan="2">学号</td><td colspan="2">姓名</td><td>学号</td></tr>
<tr><td></td><td colspan="2"></td><td colspan="2"></td><td></td></tr>
<tr><td></td><td colspan="2"></td><td colspan="2"></td><td></td></tr>
<tr><td></td><td colspan="2"></td><td colspan="2"></td><td></td></tr>
<tr><td colspan="7">任务分工</td></tr>
<tr><td colspan="7"></td></tr>
</table>

2）任务准备

①准备“NI LabVIEW 2014”视觉软件。
②准备多媒体教学平台
③ KEBA 控制器、示教器、教学实训台。
④ KeStudio LX-KeMotion 03.16a 软件。

3）实施步骤

（1）将视觉坐标系偏移到传送带上

视觉坐标系偏移到传送带上的操作步骤见表 5.3.1。

表 5.3.1　视觉坐标系偏移到传送带上的操作步骤

序号	操作说明	效果图
1	通过示教器功能，进入 Conveyor 的配置画面	
2	选择含有视觉的两个工件对角摆放的示教方式，然后单击“下一步”	
3	抓取工件 1，把工件放到传送带上，工件 1 的放置位置	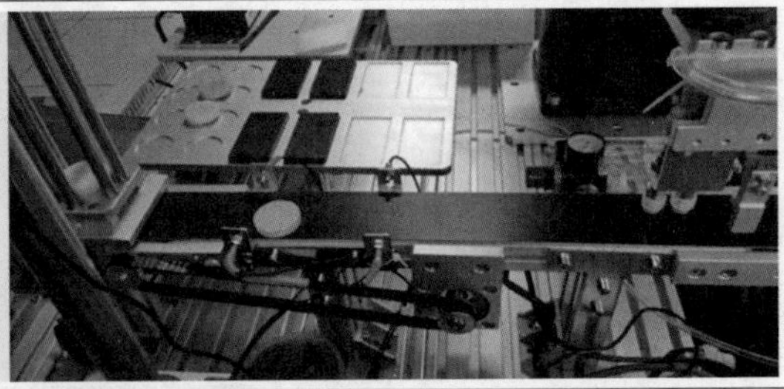
4	进入系统工程，追踪应用界面，手动设置变量 gbEnableCam、gbTakePhotoManually 为“TRUE”，启动相机进行手动拍照	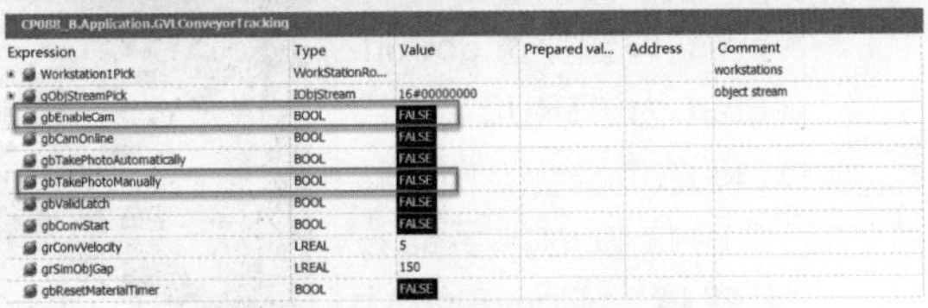
5	单击“工件抓取”，获取工件的位置信息	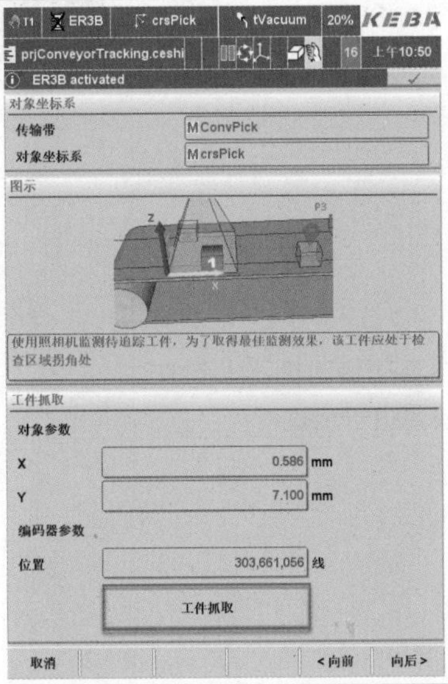

随堂记录

想一想

Q：用自己的语言描述配置传送带跟踪功能，以及将视觉坐标系偏移到传送带上的步骤。

小提示

系统工程需登录联机之后，才能进行调试。

随堂记录

续表

序号	操作说明	效果图
6	手动设置变量 gbConvStart 为“TRUE”，启动传送带，当工件到达 P1 的位置时，手动设置变量 gbConvStart 为“FALSE”，关闭传送带	
7	手动移动机器人到 P1 位置进行示教	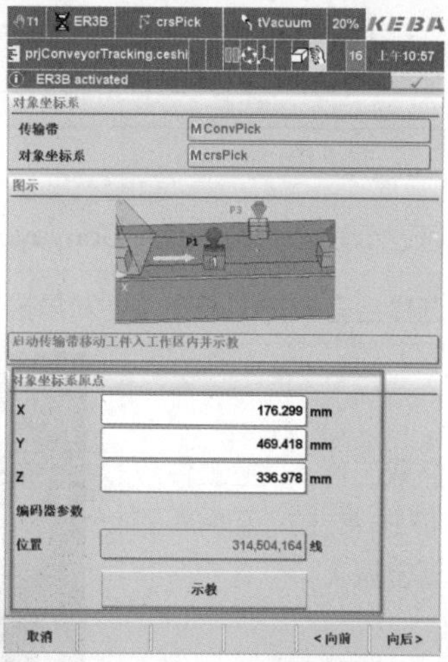
8	手动设置变量 gbConvStart 为“TRUE”，启动传送带，当工件到达 P2 的位置时，手动设置变量 gbConvStart 为“FALSE”，关闭传送带	
9	手动移动机器人到 P2 位置进行示教	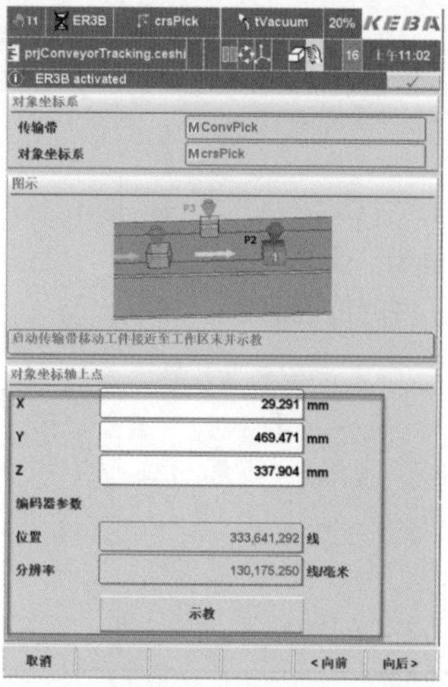

续表

随堂记录

序号	操作说明	效果图
10	抓取工件 2，把工件放到传送带上	
11	单击“工件抓取”，获取工件的位置信息	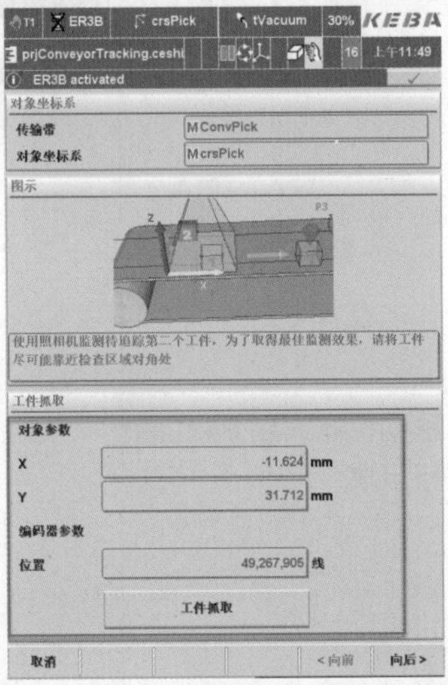
12	手动设置变量 gbConvStart 为“TRUE”，启动传送带，当工件到达 P3 的位置时，手动置变量 gbConvStart 为“FALSE”，关闭传送带	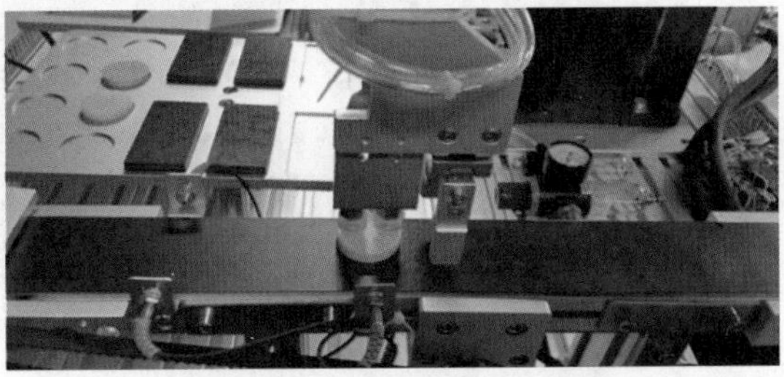
13	移动机器人到 P3 位置进行示教	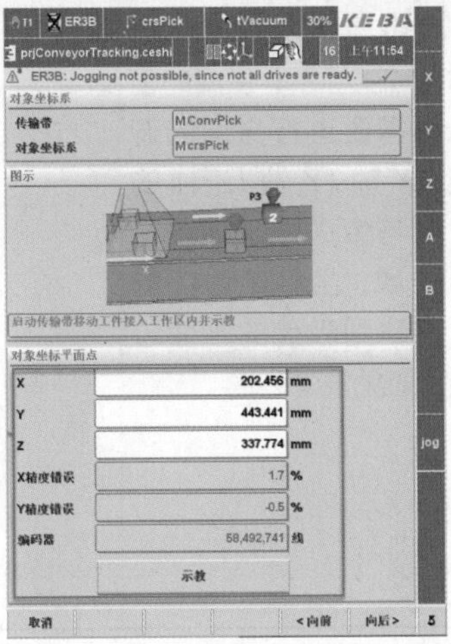

随堂记录

续表

序号	操作说明	效果图
14	手动设置变量 gbConvStart 为“TRUE”，启动传送带，当工件到达 P4 的位置时，手动设置变量 gbConvStart 为“FALSE”，关闭传送带	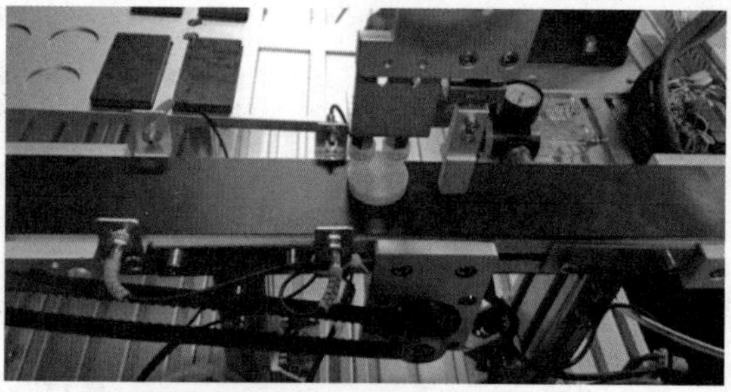
15	移动机器人到 P4 位置进行示教	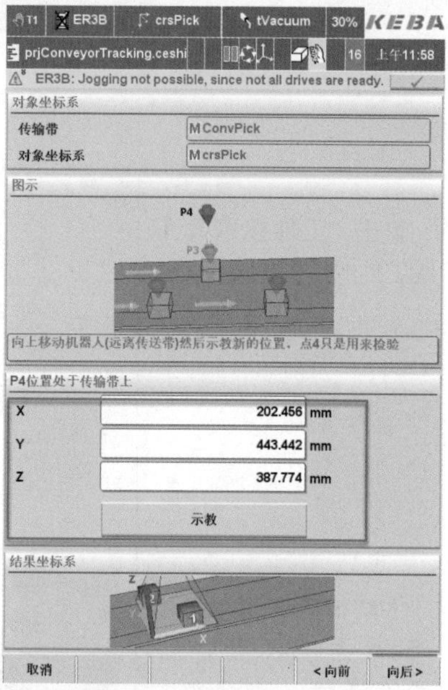
16	点位示教完成后，自动生成坐标系；生成的坐标系需要进行方向的调整，X 轴 /Y 轴 /Z 轴的方向与传送带坐标系方向一致；坐标 Z 轴上的值移动到吸盘的平面位置，避免发生碰撞	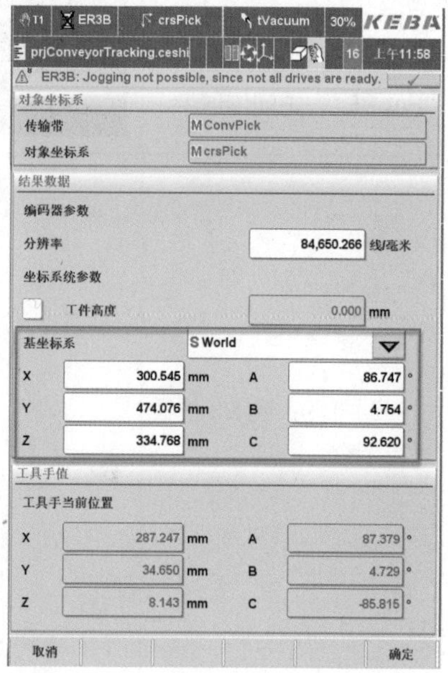

随堂记录

（2）对机器人的其他参数进行设置

设置机器人的抓取范围和运动平滑度的操作步骤，见表 5.3.2。

表 5.3.2　设置机器人的抓取范围和运动平滑度的操作步骤

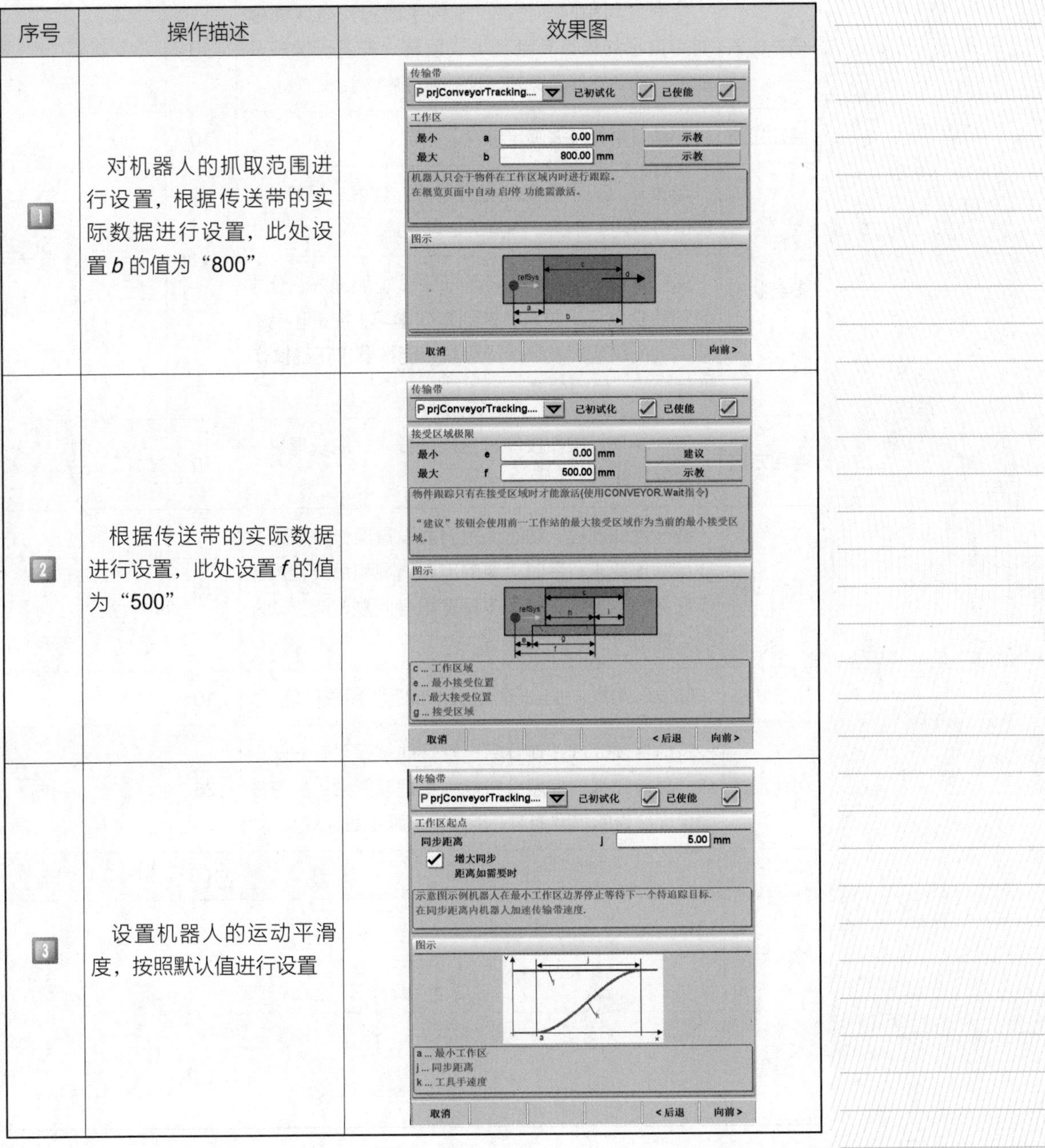

序号	操作描述	效果图
1	对机器人的抓取范围进行设置，根据传送带的实际数据进行设置，此处设置 *b* 的值为“800”	
2	根据传送带的实际数据进行设置，此处设置 *f* 的值为“500”	
3	设置机器人的运动平滑度，按照默认值进行设置	

【任务评价】

评一评

（1）学生自评

学生进行自评，并将结果填入表 5.3.3 中。

随堂记录

表 5.3.3　学生自评表

班级		组名		日期	年　月　日
评价指标	评价要素			分数	分数评定
信息检索	能有效利用网络资源、工作手册查找有效信息；能用自己的语言有条理地去解释、表述所学知识；能将查找到的信息有效转换到学习中			10	
感知工作	在学习中能获得满足感			10	
参与状态	与教师、同学之间能相互尊重、理解、平等，能够保持多向、丰富、适宜的信息交流			10	
	探究学习、自主学习不流于形式，处理好合作学习和独立思考的关系，做到有效学习；能提出有意义的问题或能发表个人见解；能按要求正确操作；能够倾听、协作分享			10	
学习方法	工作计划、操作技能符合规范要求；能获得进一步发展的能力			10	
工作过程	遵守管理规程，动态追踪画面设置操作过程符合现场管理要求；平时上课的出勤情况和每天完成工作任务情况良好；善于多角度思考问题，能主动发现、提出有价值的问题			15	
思维状态	能发现问题、提出问题、分析问题、解决问题			10	
自评反馈	按时保质完成工作任务；较好地掌握了专业知识点；具有较强的信息分析能力和理解能力；具有较为全面严谨的思维能力并能条理清晰地表述成文			25	
合计				100	
经验总结					
反思					

（2）学生互评

学生以小组为单位，对以上学习情境的过程与结果进行互评，并将结果填入表 5.3.4 中。

随堂记录

表 5.3.4　学生互评表

班级		被评组名		日期	年　月　日
评价指标	评价要素			分数	分数评定
信息检索	该组能有效利用网络资源、工作手册查找有效信息			5	
	该组能用自己的语言有条理地去解释、表述所学知识			5	
	该组能将查找到的信息有效转换到工作中			5	
感知工作	该组能熟悉自己的工作岗位，认同工作价值			5	
	该组成员在工作中能获得满足感			5	
参与状态	该组与教师、同学之间相互尊重、理解、平等交流			5	
	该组与教师、同学之间能够保持多向、丰富、适宜的信息交流			5	
	该组能处理好合作学习和独立思考的关系，做到有效学习			5	
	该组能提出有意义的问题或能发表个人见解；能按要求正确操作；能够倾听、协作分享			5	
	该组能积极参与，在画面设置过程中不断学习，综合运用信息技术的能力得到提高			5	
学习方法	该组的工作计划、操作技能符合规范要求			5	
	该组能获得进一步发展的能力			5	
工作过程	该组能遵守管理规程，操作过程符合现场管理要求			5	
	该组平时上课的出勤情况和每天完成工作任务情况良好			5	
	该组成员能成功设置画面参数，并善于多角度思考问题，能主动发现、提出有价值的问题			15	
思维状态	该组能发现问题、提出问题、分析问题、解决问题			5	
自评反馈	该组能严肃认真地对待自评，并能独立完成自测试题			10	
合计				100	
简要评述					

随堂记录

(3)教师综合评价

教师对学生的工作过程与结果进行评价，并将结果填入表 5.3.5 中。

表 5.3.5　教师综合评价表

班级		组名		姓名	
出勤情况					
序号	评价指标	评价要求		分数	分数评定
一	任务描述、接受任务	口述任务内容细节		2	
二	任务分析、分组情况	依据任务分析追踪画面设置的步骤，理解每个画面设置的含义		3	
三	制订计划	①追踪画面设置 ②与视觉配合调试		15	
四	计划实施	①配置传送带跟踪功能，将视觉坐标系偏移到传送带上 ②对机器人的抓取范围进行设置 ③对机器人的运动平滑度按照默认值进行设置		55	
五	检测分析	是否完成任务		15	
六	总结	任务总结		10	
合计				100	
综合评价	自评（20%）	小组互评（30%）	教师评价（50%）	综合得分	

任务 5.4　工业机器人程序编写与调试

关键词	跟踪指令	机器人程序
	机器人变量	在线调试

课程思政

在认识客观事物的过程中，当获得了一定的认识之后，还要对认识结果加以判定、鉴别，验证其是否正确。

【任务描述】

本任务主要进行工业机器人程序的编写和调试，让机器人判断传送带上的工件，并进行准确的抓取和放置。

✏ 随堂记录

【任务目标】

1. 知识目标

（1）掌握跟踪指令的含义和使用方法。

2. 能力目标

（1）能实现工业机器人随动识别与分拣任务。

（2）能对传送带追踪功能的机器人程序进行编写和调试。

3. 素质目标

（1）做人有进取心；做事有责任心，做好每件事。

（2）不断学习，提升自身素质。

【相关知识】

使用机器人动态追踪功能时，需要用到跟踪指令，如图 5.4.1 所示。

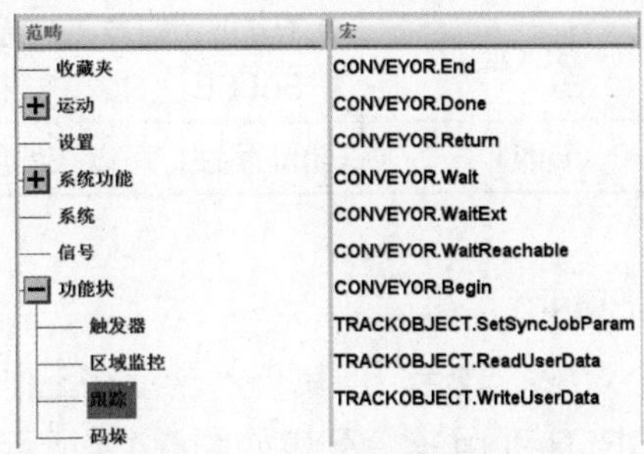

图 5.4.1　跟踪指令列表

1) CONVEYOR.Wait 指令

此指令用于从缓冲区激活对象，此对象的数据将被复制到 TRACKOBJECT 中用于跟踪。CONVEYOR.Wait 指令将激活接受区域中的对象，该区域在工作站上具有最高的有效赋值。当对象被成功选择或超过时间或达到最大等待距离时，指令将停止程序运行，CONVEYOR.Wait 指令列表如图 5.4.2 所示，CONVEYOR.Wait 相关指令参数列表如表 5.4.1 所示。

名字	数值
CONVEYOR.Wait()	
CONVEYOR	
object: TRACKOBJECT	
attribute: DINT (可选参数)	无数值
maxWaitDistance: REAL (可选参数)	无数值
timeoutMs: DINT (可选参数)	无数值

图 5.4.2　CONVEYOR.Wait 指令列表

表 5.4.1　指令参数列表

名称	类型	描述
object	TRACKOBJECT	被激活对象的数据结构
attribute	DINT	属性筛选器参数
maxWaitDistance	REAL	当对象请求挂起时，如果传输器移动的距离超过 maxWaitDistance，对象请求将被中止
timeoutMs	DINT	对象请求将在此时间之后中止

随堂记录

2）CONVEYOR.Done 指令

此指令用于禁用对象并将其从工作站上自动删除。这些对象通过传送带停用。指令完成后，将其从工作站上删除，仍可在传输缓冲区中使用。CONVEYOR.Done 指令列表如图 5.4.3 所示，相关指令参数列表见表 5.4.2。

CONVEYOR.Done()	
CONVEYOR	
object: TRACKOBJECT	
state: BOOL (可选参数)	无数值
attribute: DINT (可选参数)	无数值

图 5.4.3　CONVEYOR.Done 指令列表

表 5.4.2　CONVEYOR.Done 指令参数列表

名称	类型	描述
object	TRACKOBJECT	被禁用或停用的对象
state	BOOL	● TRUE：对象将被标记为“已完成” ● FALSE：对象将被标记为“失败”
attribute	DINT	Final 属性，可以在停用时将其设置为对象

3）CONVEYOR. Return

该指令可以使一个对象不激活，但其仍然会留在工作站缓冲区中，并可再次被激活。CONVEYOR. Return 指令列表如图 5.4.4 所示，相关指令参数列表见表 5.4.3。

名字	数值
CONVEYOR.Return()	
CONVEYOR	
object: TRACKOBJECT	
attribute: DINT (可选参数)	无数值

图 5.4.4　CONVEYOR. Return 指令列表

表 5.4.3　CONVEYOR. Return 指令参数列表

名称	类型	描述
object	TRACKOBJECT	被禁用或停用的对象
attribute	DINT	Final 属性，可以在停用时将其设置为对象

4）CONVEYOR. Begin 指令

该指令选择哪个传送带被激活。CONVEYOR. Begin 指令列表如图 5.4.5 所示。

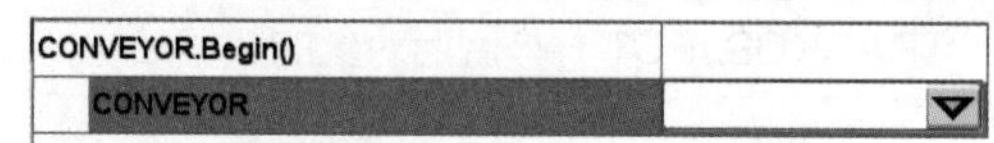

图 5.4.5　CONVEYOR. Begin 指令列表

5）CONVEYOR. End 指令

该指令表示选择的传送带被激活结束，与 CONVEYOR. Begin 指令配合使用。CONVEYOR. End 指令列表如图 5.4.6 所示。

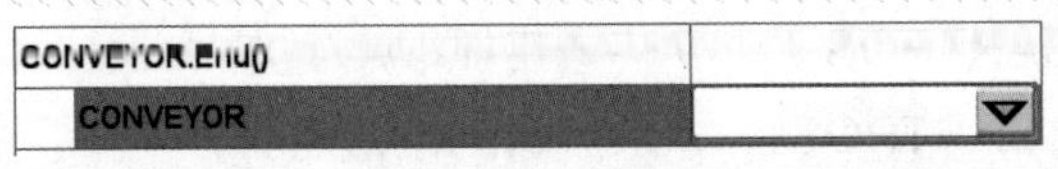

图 5.4.6　CONVEYOR. End 指令列表

【任务演练】

1）任务分组

学生任务分配表

<table>
<tr><td>班级</td><td></td><td>组号</td><td></td><td>指导老师</td><td></td></tr>
<tr><td>组长</td><td></td><td>学号</td><td colspan="3"></td></tr>
<tr><td rowspan="4">组员</td><td>姓名</td><td>学号</td><td>姓名</td><td colspan="2">学号</td></tr>
<tr><td></td><td></td><td></td><td colspan="2"></td></tr>
<tr><td></td><td></td><td></td><td colspan="2"></td></tr>
<tr><td></td><td></td><td></td><td colspan="2"></td></tr>
<tr><td colspan="6">任务分工</td></tr>
<tr><td colspan="6"></td></tr>
</table>

练一练

2）任务准备

①准备“NI LabVIEW 2014”视觉软件。

②准备多媒体教学平台

③ KEBA 控制器、示教器、教学实训台。

④ KeStudio LX-KeMotion 03.16a 软件。

3）实施步骤

（1）机器人变量

IO.DM2_O0；　　//数字输出信号，真空吸盘工具的气路开关信号

IO.DM2_O2；　　//数字输出信号，井式上料的气路开关信号

apHome：AXISPOS；　　//机器人起始点坐标

cpPutIn：CARTPOS；　　//进入放置工件的入口点

cpPutWhiteUp：CARTPOS；　　//白色工件放置点的上方

cpPutWhite：CARTPOS；　//白色工件放置点

cpPutYellowUp：CARTPOS；　　//黄色工件放置点的上方

cpPutYellow：CARTPOS；//黄色工件放置点

cpPickPos：CARTPOS；　//传送带抓取点

随堂记录

```
cpPickUp：CARTPOS；     // 传送带抓取点上方
cpWaitPick：CARTPOS；   // 放废料的位置点
dynFast：DYNAMIC；      // 动态参数（速度加大）
dynSlow：DYNAMIC；      // 动态参数（速度降低）
n：INT；   // 工件数量
j：INT；   // 把工件的颜色赋值给该变量以方便进行颜色判断
oa50：OVLABS；  // 绝对逼近参数
or100：OVLREL；  // 相对逼近参数
tVacuum：TOOL；  // 真空吸盘工具坐标系
```

（2）机器人程序编写

```
// 以下为项目的 mian 主程序
IO.DM2_O0：= FALSE     // 关闭真空吸盘的信号
IO.DM2_O2：= FALSE     // 关闭井式上料气动的信号
Tool（tVacuum）   // 使用吸盘工具坐标系
RefSys（World）   // 使用世界坐标系
IEC.gbEnableCam:= FALSE        // 打开相机的信号置为 FALSE
IEC.gbConvStart:= FALSE        // 启动传送带运动的信号置为 FALSE
IEC.gbResetMaterialTimer:= FALSE        // 复位定时器（TON）的信号置为 FALSE
n:= 1      // 初始化工件数量为 1
WaitTime（500）   // 等待 500ms
IEC.gbEnableCam:= TRUE   // 打开相机的信号置为 TRUE，启动相机
WAIT IEC.gbCamOnline    // 等待相机在线
IEC.grConvVelocity:= 20   // 传送带速度设置为 20
IEC.gbConvStart:= TRUE // 启动传送带运动的信号置为 TRUE，启动传送带
IEC.gbTakePhotoAutomatically:= TRUE    // 设置相机自动模式
IO.DM2_O2：= TRUE      // 启动井式上料气动的信号
WHILE n < 9 DO  // 只追踪 8 个工件，故 n<9
CALL Pick（）      // 调用在传送带上抓取工件的子程序
CALL Put（）       // 调用在放置工件的子程序
END_WHILE         // 结束循环语句
IO.DM2_O2：= FALSE     // 关闭井式上料气动的信号
IEC.gbResetMaterialTimer:= TRUE         // 定时器（TON）的信号置为TRUE，让定时器复位
IEC.gbConvStart:= FALSE         // 启动传送带运动的信号置为 FALSE
IEC.gbEnableCam:= FALSE        // 打开相机的信号置为 FALSE
IEC.gbTakePhotoAutomatically:= FALSE  // 关闭相机的自动模式
```

随堂记录

```
PTP（apHome）  // 机器人运动到一个安全点 apHome 点
WaitIsFinished（）// 等待机器人到位
Stop（）  // 停止所有激活的程序

// 以下为项目的 Pick 子程序
IF ConvPick.Wait（objPick, , , 0）< > WAITSUCCESS THEN    // 当工件未激活时，执行 IF 语句
RefSys（World）  // 使用世界坐标系
Tool（tVacuum）  // 使用吸盘工具坐标系
Lin（cpWaitPick）// 直线运动到传送带上方的等待抓取点
WaitIsFinished（）// 等待机器人到位
WaitTime（1000）// 等待 1000ms
IO.DM2_O2：= FALSE    // 关闭井式上料气动的信号
ConvPick.Wait（objPick）// 等待工件激活（拍照）
j:= objPick.attribute     // 工件属性（本任务只设颜色）给到整型变量 J
END_IF   // 结束 IF 语句
IEC.gbResetMaterialTimer:= TRUE      // 定时器（TON）的信号置为 TRUE，让定时器复位
RefSys（objPick.refSys）// 使用工作站的参考坐标系
Lin（cpPickUp, , or100）// 直线运动到移动抓取点的正上方
OnParameter（80）DO IO.DM2_O0：= TRUE    //cpPickUp 到 cpPick-Down 距离的 80% 打开吸盘
IEC.gbResetMaterialTimer:= FALSE     // 把定时器（TON）的信号置为 FALSE
Lin（cpPickPos）// 直线运动到移动抓取点
WaitTime（0）    // 移动抓取，不等待
Lin（cpPickUp, , or100）// 直线运动到移动抓取点的正上方
RefSys（World）  // 使用世界坐标系
ConvPick.Done（objPick）// 移动追踪完成

// 以下为项目的 Put 子程序
RefSys（World）  // 使用世界坐标系
Tool（tVacuum）  // 使用吸盘工具坐标系
IO.DM2_O2：= FALSE    // 关闭井式上料气动的信号
PTP（cpPutIn, dynFast, oa50）  // 点到点运动到放置工件入口点
WaitTime（50）   // 等待 50ms
IF j = 1 THEN    // 判断颜色，j=1 为白色
IO.DM2_O2：= TRUE    // 启动井式上料气动的信号
Lin（cpPutWhiteUp, dynSlow）   // 直线运动到白色工件放置点的上方
Lin（cpPutWhite, dynSlow）     // 直线运动到白色工件放置点
WaitIsFinished（）// 等待机器人到位
```

随堂记录

```
IO.DM2_O0：= FALSE     // 关闭真空吸盘的信号
Lin（cpPutWhiteUp，dynSlow）     // 直线运动到白色工件放置点的上方
n:= n + 1 // 放置工件计数 +1
ELSIF j = 2 THEN          // 判断颜色，j=2 为黄色
IO.DM2_O2：= TRUE      // 启动井式上料气动的信号
Lin（cpPutYellowUp，dynSlow）    // 直线运动到黄色工件放置点的上方
Lin（cpPutYellow，dynSlow）      // 直线运动到黄色工件放置点
WaitIsFinished（）// 等待机器人到位
IO.DM2_O0：= FALSE     // 关闭真空吸盘的信号
Lin（cpPutYellowUp，dynSlow）    // 直线运动到黄色工件放置点的上方
n:= n + 1 // 放置工件计数 +1
END_IF    // 结束 IF 语句
PTP（cpPutIn，dynFast，oa50）    // 点到点运动到放置工件入口点
WaitIsFinished（）// 等待机器人到位
```

【任务评价】

评一评

（1）学生自评

学生进行自评，并将结果填入表 5.4.4 中。

表 5.4.4 学生自评表

班级		组名		日期	年 月 日
评价指标	评价要素			分数	分数评定
信息检索	能有效利用网络资源、工作手册查找有效信息；能用自己的语言有条理地去解释、表述所学知识；能将查找到的信息有效转换到学习中			10	
感知工作	在学习中能获得满足感			10	
参与状态	与教师、同学之间能相互尊重、理解、平等交流，能够保持多向、丰富、适宜的信息交流			10	
	探究学习、自主学习不流于形式，处理好合作学习和独立思考的关系，做到有效学习；能发表个人见解；能按要求正确操作；能够倾听、协作分享			10	
学习方法	工作计划、操作技能符合规范要求；能获得进一步发展的能力			10	
工作过程	遵守管理规程，机器人操作过程符合现场管理要求；平时上课的出勤情况和每天完成工作任务情况良好；善于多角度思考问题，能主动发现、提出有价值的问题			15	
思维状态	能发现问题、提出问题、分析问题、解决问题			10	

续表　　随堂记录

评价指标	评价要素	分数	分数评定
自评反馈	按时保质完成工作任务，使机器人能正确抓取传输过程中的物料；较好地掌握了专业知识点；具有较强的信息分析能力和理解能力；具有较为全面严谨的思维能力并能条理清晰地表述成文	25	
合计		100	
经验总结			
反思			

（2）学生互评

学生以小组为单位，对以上学习情境的过程与结果进行互评，并将结果填入表 5.4.5 中。

表 5.4.5　学生互评表

班级		被评组名		日期	年　月　日
评价指标	评价要素			分数	分数评定
信息检索	该组能有效利用网络资源、工作手册查找有效信息			5	
	该组能用自己的语言有条理地去解释、表述所学知识			5	
	该组能将查找到的信息有效转换到工作中			5	
感知工作	该组能熟悉自己的工作岗位，认同工作价值			5	
	该组成员在工作中能获得满足感			5	
参与状态	该组与教师、同学之间能相互尊重、理解、平等交流			5	
	该组与教师、同学之间能够保持多向、丰富、适宜的信息交流			5	
	该组能处理好合作学习和独立思考的关系，做到有效学习			5	
	该组能提出有意义的问题或能发表个人见解；能按要求正确操作；能够倾听、协作分享			5	
	该组能积极参与，在机器人操作应用过程中不断学习			5	

随堂记录

续表

评价指标	评价要素	分数	分数评定
学习方法	该组的工作计划、实施过程符合规范要求	5	
	该组能获得进一步发展的能力	5	
工作过程	该组能遵守管理规程，操作过程符合现场管理要求	5	
	该组平时上课的出勤情况和每天完成工作任务情况良好	5	
	该组成员是否能成功编写机器人程序并进行调试，善于多角度思考问题，能主动发现、提出有价值的问题	15	
思维状态	该组能发现问题、提出问题、分析问题、解决问题、创新问题	5	
自评反馈	该组能严肃认真地对待自评，并能独立完成自测试题	10	
合计		100	
简要评述			

(3) 教师综合评价

教师对学生的工作过程与结果进行评价，并将结果填入表 5.4.6 中。

表 5.4.6　教师综合评价表

班级		组名		姓名	
出勤情况					
序号	评价指标	评价要求		分数	分数评定
一	任务描述、接受任务	口述任务内容细节		2	
二	任务分析、分组情况	依据任务分析程序编写调试步骤		3	
三	制订计划	①制订工件抓取放置工作流程 ②创建变量 ③编写子程序 ④编写主程序 ⑤程序调试		15	

随堂记录

续表

序号	评价指标	评价要求	分数	分数评定
四	计划实施	①制订工件抓取放置工作流程 ②创建变量 ③编写子程序，点位示教，程序调试 ④编写主程序，点位示教，程序调试	55	
五	检测分析	是否按时完成任务，达到理想的效果	15	
六	总结	任务总结	10	
合计			100	

综合评价	自评（20%）	小组互评（30%）	教师评价（50%）	综合得分

参考文献

[1] 丁少华，李雄军，周天强．机器视觉技术与应用实战 [M]. 北京：人民邮电出版社，2022.

[2] 张明文，王璐欢．工业机器人视觉技术及应用 [M]. 北京：人民邮电出版社，2020.

[3] 刘秀平，景军锋，张凯兵．工业机器视觉技术及应用 [M]. 西安：西安电子科技大学出版社，2019.

[4] 郭森．工业机器视觉基础教程：HALCON 篇 [M]. 北京：机械工业出版社，2021.

[5] 陈树学，刘萱．LabVIEW 宝典 [M]. 3 版．北京：电子工业出版社，2022.

[6] 钟健，鲍清岩．KEBA 机器人控制系统基础操作与编程应用 [M]. 北京：电子工业出版社，2019.

[7] 房磊，周彦兵．KEBA 机器人控制系统编程与调试 [M]. 北京：电子工业出版社，2020.

[8] 房磊，周彦兵．KEBA 机器人控制系统编程与调试 [M]. 北京：电子工业出版社，2020.

[9] 葛新锋，孙书情，秦涛，等．视觉引导的机器人条烟分拣系统设计与实现 [J]. 包装工程，2022,43(7)：238-243.

[10] 赵甜，张飞飞．基于 LabVIEW 的机器人的运动控制系统研究 [J]. 工业控制计算机，2022,35(2)：116-117.

[11] 蔡佳丽，史玉红，蔡丽娟，等．工业机器人视觉引导关键技术的思考 [J]. 新型工业化，2021,11(11)：73-74＋77.

[12] 陈强．基于 LabVIEW 的机械臂分拣系统设计 [J]. 电子设计工程，2022,30(6)：38-41＋46.

[13] 杨正华，朱健．基于机器视觉的阀芯自动装配系统 [J]. 机械制造与自动化，2021,50(1)：231-234＋236.

[14] 曾飞，黄书伟，刘欣，等．基于 LabVIEW 的带式输送机能效控制系统 [J]. 仪表技术与传感器，2021,(8)：45-49.

[15] 朱名强，韦娟，老盛林，等．基于机器视觉的机器人物料分拣系统的设计 [J]. 电子制作，2022,30(12)：38-40＋53.

[16] 刘黎明，王雪斌．基于机器视觉的工业机器人自动分拣系统设计 [J]. 自动化应用，2022,(1)：97-100.